Martin Stier

Magnetische Phasen in korrelierten Systemen lokaler Momente

Martin Stier

Magnetische Phasen in korrelierten Systemen lokaler Momente

Eine Modellstudie des Kondo-Gitter-Modells in geordneten, ungeordneten und geschichteten Systemen

Südwestdeutscher Verlag für Hochschulschriften

Impressum/Imprint (nur für Deutschland/only for Germany)
Bibliografische Information der Deutschen Nationalbibliothek: Die Deutsche Nationalbibliothek verzeichnet diese Publikation in der Deutschen Nationalbibliografie; detaillierte bibliografische Daten sind im Internet über http://dnb.d-nb.de abrufbar.

Alle in diesem Buch genannten Marken und Produktnamen unterliegen warenzeichen-, marken- oder patentrechtlichem Schutz bzw. sind Warenzeichen oder eingetragene Warenzeichen der jeweiligen Inhaber. Die Wiedergabe von Marken, Produktnamen, Gebrauchsnamen, Handelsnamen, Warenbezeichnungen u.s.w. in diesem Werk berechtigt auch ohne besondere Kennzeichnung nicht zu der Annahme, dass solche Namen im Sinne der Warenzeichen- und Markenschutzgesetzgebung als frei zu betrachten wären und daher von jedermann benutzt werden dürften.

Verlag: Südwestdeutscher Verlag für Hochschulschriften GmbH & Co. KG
Heinrich-Böcking-Str. 6-8, 66121 Saarbrücken, Deutschland
Telefon +49 681 37 20 271-1, Telefax +49 681 37 20 271-0
Email: info@svh-verlag.de

Zugl.: Berlin, HU, Diss. 2011

Herstellung in Deutschland:
Schaltungsdienst Lange o.H.G., Berlin
Books on Demand GmbH, Norderstedt
Reha GmbH, Saarbrücken
Amazon Distribution GmbH, Leipzig
ISBN: 978-3-8381-3087-3

Imprint (only for USA, GB)
Bibliographic information published by the Deutsche Nationalbibliothek: The Deutsche Nationalbibliothek lists this publication in the Deutsche Nationalbibliografie; detailed bibliographic data are available in the Internet at http://dnb.d-nb.de.

Any brand names and product names mentioned in this book are subject to trademark, brand or patent protection and are trademarks or registered trademarks of their respective holders. The use of brand names, product names, common names, trade names, product descriptions etc. even without a particular marking in this works is in no way to be construed to mean that such names may be regarded as unrestricted in respect of trademark and brand protection legislation and could thus be used by anyone.

Publisher: Südwestdeutscher Verlag für Hochschulschriften GmbH & Co. KG
Heinrich-Böcking-Str. 6-8, 66121 Saarbrücken, Germany
Phone +49 681 37 20 271-1, Fax +49 681 37 20 271-0
Email: info@svh-verlag.de

Printed in the U.S.A.
Printed in the U.K. by (see last page)
ISBN: 978-3-8381-3087-3

Copyright © 2012 by the author and Südwestdeutscher Verlag für Hochschulschriften GmbH & Co. KG and licensors
All rights reserved. Saarbrücken 2012

Inhaltsverzeichnis

1. **Einleitung**   1

2. **Modelle korrelierter Systeme und Vielteilchentheorie**   7
   - 2.1. Modelle 7
     - 2.1.1. Kondo-Gitter-Modell 7
     - 2.1.2. Hubbard-Wechselwirkung 8
     - 2.1.3. Heisenberg-Modell 9
     - 2.1.4. Elektron-Phonon-Wechselwirkung 9
   - 2.2. Green-Funktion-Formalismus 10
   - 2.3. Meanfield-Näherung 13
   - 2.4. Exakte Grenzfälle 14
     - 2.4.1. Ferromagnetisch gesättigter Halbleiter 15
     - 2.4.2. Grenzfall des unendlich schmalen Bandes 17

3. **Elektronisches System**   21
   - 3.1. Interpolierender Selbstenergieansatz 21
   - 3.2. Momenterhaltender Entkopplungsansatz 27
     - 3.2.1. MCDA ohne explizite Betrachtung der Doppelbesetzung 30
     - 3.2.2. MCDA mit expliziter Berücksichtigung der Doppelbesetzung . . . 34
   - 3.3. Antiferromagnetismus 45

4. **System der lokalisierten Momente**   49
   - 4.1. Modifizierte RKKY-Wechselwirkung 49
     - 4.1.1. Näherungslösung des Heisenberg-Modells 49
     - 4.1.2. Abbildung auf das Heisenberg-Modell 54
   - 4.2. Minimierung der freien Energie 56
     - 4.2.1. Bestimmung der freien Energie 57
     - 4.2.2. Entropie bei $T = 0$ 58
     - 4.2.3. Entropie der lokalisierten Momente 59
     - 4.2.4. Elektronische Entropie bei $T = 0$ 60
     - 4.2.5. Entropie beim Antiferromagneten 60
     - 4.2.6. Geltungsbereiche der Formeln 61
     - 4.2.7. Beispiel am Meanfield-Heisenberg-Modell 62
     - 4.2.8. Vergleich der Abbildungsmechanismen der mRKKY und der FEM   63

Inhaltsverzeichnis

5. Verhalten des konzentrierten Volumensystems   **65**
  5.1. Eigenschaften des Systems bei verschwindender Temperatur 65
        5.1.1. Unterschiede einzelner Methoden 67
        5.1.2. Antiferromagnetische Phasen 73
        5.1.3. Phasenseparation und Reduktion der Magnetisierung 77
        5.1.4. Zusammenfassung der T=0-Ergebnisse 80
  5.2. Verhalten des Systems bei endlichen Temperaturen 82
        5.2.1. Vergleich FEM vs. mRKKY 82
        5.2.2. Ferromagnetismus im reinen Kondo-Gitter-Modell 86
        5.2.3. Spezialfall $S = \frac{1}{2}$ bei negativer Kopplung und Halbfüllung 92
        5.2.4. Antiferromagnetische Phasen bei endlichen Temperaturen 93
  5.3. Phasenseparation bei endlichen Temperaturen 99

6. Verdünnte ungeordnete magnetische Systeme und magnetische Filme   **103**
  6.1. Verdünnte ungeordnete Systeme 103
        6.1.1. Theorie ungeordneter Systeme 104
        6.1.2. Dynamische Legierungsanalogie 106
        6.1.3. Phasendiagramme verdünnter Systeme 111
        6.1.4. Ferromagnetismus bei endlichen Temperaturen 114
        6.1.5. Vergleich mit dem Experiment 118
  6.2. Magnetische Filme 120
        6.2.1. Schichtsysteme 121
        6.2.2. Phasendiagramme bei verschwindender Temperatur 123
        6.2.3. Verhalten bei endlichen Temperaturen 127
  6.3. Zusammenfassung des Verhaltens verdünnter/geschichteter System 132

7. Zusammenfassung und Ausblick   **135**

A. Koeffizienten und Erwartungswerte der MCDA   **141**

B. Erweiterungsterme zum Kondo-Gitter-Modell   **149**

C. Austauschintegrale der mRKKY   **161**

D. Freie Energie und Entropie   **163**

E. Berechnung des spezifischen Widerstands   **167**

Abkürzungen und Begriffe   **169**

1. Einleitung

Das Phänomen des Magnetismus fasziniert Menschen seit langer Zeit. Schon Thales von Milet beschrieb im 6. Jhd. vor Chr. ein Material, benannt nach seinem Herkunftsort *líthos magnes* (Stein aus Magnesia), welches Eisen anzieht[1, 2]. Damalige Erklärungen dieser Erscheinung beliefen sich allerdings noch unter anderem auf das Aussenden von Partikeln durch den Magneten, welche einen Hohlraum am Eisen erzeugen, in den dieses dann hineinrutscht. Erste wirklich wissenschaftliche Ansätze sind bei William Gilbert zu finden[3, 1], der z.b. die Erde als Magnet erkannte oder den Verlust der Magnetisierung beim Erhitzen beschrieb. Hans Christian Oerstedt entdeckte 1820, dass ein elektrischer Strom eine magnetische Nadel ablenken kann[4]. Dies führte zu weiterem theoretischen Verständnis durch Ampère[5] und schließlich Maxwell[6] über den Elektromagnetismus. Aber diese Theorien konnten eine wichtige Eigenschaft von Magneten nicht erklären - die Form der Hysteresekurve, also des Zusammenhangs vom angelegten Feld und der resultierenden Magnetisierung. Eine phänomenologische Erklärung fand Weiss[7], indem er ein inneres Feld (Molekularfeld) postulierte, welches proportional zu der Magnetisierung ist. Unter dessen Einfluss sind magnetische Einzelmomente in der Lage, sich kollektiv zu ordnen. Heutzutage wird der Ursprung des Magnetismus als Zusammenspiel von quantenmechanischen Spins gesehen, welche durch Austauschkräfte interagieren.

Im engen Zusammenhang mit dem Verständnis des Magnetismus in der jeweiligen Zeit steht auch dessen Nutzung. Als wohl erste Anwendung kann der Kompass (11. Jhd. n. Chr.) gesehen werden, welcher immense Bedeutung in der Schifffahrt erlangte. Nach der Kenntnis des Zusammenhangs der magnetischen und elektrischen Kräfte kam es zum Bau von Generatoren (Mitte/Ende des 19. Jhds.), wodurch große Mengen Strom erzeugt werden konnten und das Zeitalter der Elektrizität eingeläutet wurde. Diese Anwendungen nutzten bis dahin nur makroskopische Effekte des Magneten. Ein völlig neuer Weg konnte mit dem erhöhten mikroskopischen Verständnis des Magnetismus eingeschlagen werden. Dadurch dass sich magnetische Momente auf sehr kleinen Längenskalen im Festkörper unterschiedlich anordnen lassen, eignen sie sich hervorragend für die Speicherung von Informationen. Unterschiedliche Anordnungen entsprechen dabei der „0" oder der „1" im binären Zahlensystem. Schon in der fünfziger Jahren kamen erste Festplatten auf den Markt, die magnetische Scheiben nutzten und die Speichertechnologie revolutionierten. Neue physikalische Phänomene führten zu einer exponentiellen Erweiterung des Speicherplatz bei gleichzeitiger Kostensenkung. Hier ist insbesondere die Entdeckung des Riesenmagnetwiderstands (*giant magneto resistance*, GMR) durch Grünberg[8] und Fert[9] zu nennen. Das unerwartete Ergebnis ihrer Experimente war eine starke Veränderung des elektrischen Widerstands in magnetischen Schichtsystemen, je nachdem ob sich die Magnetisierungen der einzelnen Schichten parallel oder antiparallel zueinander ausrichten. Dies lässt eine erhebliche Verkleinerung der Leseköpfe der Festplatten zu und

1. Einleitung

wurde 2007 mit dem Nobelpreis ausgezeichnet.
Nun ist es nicht das alleinige Ziel moderner Forschungen im Bereich des Magnetismus, immer größere Festplatten zu entwickeln. In der Tat wird in der Informationstechnologie seit neuerer Zeit über weiterreichende Konzepte nachgedacht. So wurden bisher die magnetische Speicherung und die elektronische Verarbeitung der Daten relativ isoliert voneinander betrachtet. Dies soll sich im Rahmen der Spintronik ändern[10, 11, 12, 13]. Ziel ist es hier, neben der Ladung der Elektronen auch deren Spins zu nutzen. Dadurch könnte die elektronische Verarbeitung unter anderem schneller oder energiesparender von statten gehen. Auch brauchen magnetische Speicher normalerweise keinen Strom um ihre Daten zu erhalten. Diese Eigenschaft der Nicht-Flüchtigkeit würde zusätzlich den Energieverbrauch senken, da der Computer auf ständige Stromzufuhr verzichten kann und ein zeitaufwändiges Booten überflüssig wird.
Um aber die Spintronik kommerziell einsetzen zu können, müssen Materialien bzw. Kombinationen aus mehreren verschiedenen gefunden werden, die grundlegende Eigenschaften erfüllen. Für logische Schaltkreise, die auf Vorzugsrichtungen der Magnetisierung beruhen, benötigt man zuallererst Elektronen, die fast ausschließlich eine Spinrichtung besitzen. Dies kann z.B. durch eine Spininjektion in den Halbleiter aus einem Material mit hoher Elektronenpolarisation geschehen. Eine der Schwierigkeiten ist es, dass prinzipiell dafür geeignete magnetische Materialien meist nur bei relativ niedrigen Temperaturen eine hohe Polarisation besitzen. So ist es also eine Ziel, Stoffe zu finden oder zu konstruieren, die auch bei Raumtemperatur eine hohe Polarisation haben. Des Weiteren muss der Spin in sehr kleinen Gebieten gezielt manipuliert werden. Das kann meist nicht mehr direkt durch magnetischen Felder geschehen, sondern es muss auf optische oder elektrische Schaltung der Spins gesetzt werden. Diese funktioniert dann nur indirekt über Wechselwirkung mit dem vorliegenden Material. Außerdem sind für die Anwendung viele materialspezifische Probleme zu verstehen und zu lösen.
All diese Problemstellungen erfordern ein tiefes Verständnis des Ursprungs des Magnetismus und dessen Auswirkungen in den Materialien. Trotz der anfangs erwähnten langen Geschichte der Forschung am Magnetismus ist es noch nicht gelungen, eine einheitliche Theorie aufzustellen. So gibt es eine Vielzahl von Ansätzen, die den Magnetismus bestimmter Klassen an Materialien mehr oder weniger gut beschreiben. Diese kann man in zwei grundlegende Varianten einteilen - in sogenannte *ab-initio*-Rechnungen und Beschreibungen des Systems mittels eines Modell-Hamilton-Operators. Den ab-initio-Verfahren liegt das Hohenberg-Kohn-Theorem[14] zu Grunde, welches besagt, dass der Grundzustand eines Systems nur ein Funktional der Elektronendichte ist. So kann dieser im Rahmen der Dichtefunktionalrechnung (*density functional theory*, DFT[15, 16]) vom Prinzip her exakt berechnet werden. Insbesondere erlaubt dies die Berechnung materialspezifischer Eigenschaften. In der praktischen Anwendung ist man aber dennoch auf Näherungen angewiesen. So wird in der lokalen Dichtenäherung (*local density approximation*, LDA[14, 17]) die Elektronendichte durch die eines homogenen Elektronengases genähert. Solche Rechnungen liefern für viele Materialien gute Ergebnisse, aber neigen tendenziell dazu, Korrelationen der Elektronen untereinander zu unterschätzen. Dies ist besonders bei magnetischen Materialien ungenügend, da der Magnetismus eben aus diesen Korrelationen entsteht.

In dem zweiten Grundansatz zur Beschreibung von Magnetismus wird versucht, die essentiellen Mechanismen durch einen Modell-Hamilton-Operator auszudrücken. Der Vorteil ist, dass Vielteilchenkorrelationen dabei besser beschrieben werden können, als es in DFT-Rechnungen der Fall ist. Je nach dem zu beschreibenden Stoff kann dabei auf eine Vielzahl von Standard-Hamilton-Operatoren zurückgegriffen werden. So reduziert das Hubbard-Modell[18] die Wechselwirkung auf eine Abstoßung von Elektronen unterschiedlicher Spins am selben Gitterplatz. Da die Elektronen außerdem beweglich sind kann dies für eine Bevorzugung einer Spinsorte im gesamten Gitter sorgen. Im Gegensatz dazu sind die Elektronen im Heisenberg-Modell[19] an ihrem Gitterplatz fixiert und werden als rein lokale Momente aufgefasst, welche aber über eine effektive Wechselwirkung interagieren. So kann ebenfalls eine magnetische Ordnung auftreten. Die meisten dieser Modelle eint die Tatsache, dass für sie noch keine exakte allgemeine Lösung bekannt ist. Nach der schon durch die Wahl des Hamilton-Operators vorgenommenen Skizzierung des Realsystems, muss also noch eine möglichst gute Näherungslösung des Problems gefunden werden.

In dieser Arbeit wird vorrangig der Modell-Hamilton-Operator des Kondo-Gitter-Modells (*Kondo lattice model*, KLM[20, 21, 22]) besprochen. Dieser beschreibt das Zusammenspiel von beweglichen Elektronen in s-artigen sowie ortsfesten in d- oder f-artigen[1] Bändern. Durch einen Überlapp der Wellenfunktionen der Elektronen kommt es zu einer effektiven Wechselwirkung, die dafür sorgt, dass sich die Spins der beweglichen und festen Elektronen an einem Gitterplatz bevorzugt parallel oder antiparallel ausrichten. Zwar ist die Wechselwirkung an sich lokal, aber wegen der Beweglichkeit eines Teils der Elektronen wird dadurch das ganze Gitter beeinflusst. Durch das KLM lassen sich eine Vielzahl von Materialien beschreiben, die sowohl wissenschaftlich als auch für Anwendungen interessant sind. Bekannte Beispiele sind $4f$-Systeme wie Gadolinium oder die Europiumchalkogenide EuX (X=O, S, Se, Te). Hier bilden die Elektronen der teilweise gefüllten $4f$-Schale einen Gesamtspin von bis zu $S = 7/2$. Dieser wechselwirkt mit Ladungsträgern anderer Schalen. Mit Hilfe des KLMs kann z.B. die Rotverschiebung gewisser Absorptionskanten beim magnetischen Übergang des Europiumoxids (EuO) erklärt werden[25]. Äußerst aufsehenerregend ist die Klasse der Manganate wie z.B. $La_{1-x}Ca_xMnO_3$. Bei bestimmten Dotierungen x kommt es in der Nähe der Curie-Temperatur nämlich zu einem sogenannten kolossalen Magnetwiderstand (*colossal magneto resistance*, CMR), bei dem der Widerstand durch ein Magnetfeld um mehrere Größenordnungen verändert werden kann[26, 27]. Die Entstehung des CMRs ist dabei immer noch nicht vollständig geklärt. Bei den Manganaten spaltet das fünffach entartete Niveau der $3d$-Spin-up-Elektronen des Mangans durch ein aus den umgebenen Atomen erzeugtes Kristallfeld in ein dreifach und ein zweifach entartetes Niveau auf. Das erste ist komplett besetzt und bildet eine lokalisierten Spin von $S = 3/2$, wobei das andere die Ladungsträger liefert. Trotz des erheblich komplizierteren Aufbaus der Manganate gegenüber den $4f$-Systemen lässt sich das grundlegende Verhalten des Magnetismus aber immer noch gut mit dem KLM beschreiben. Zur Wiedergabe des Verhaltens des Widerstands reicht das reine KLM al-

---

[1]Aus diesem Grunde wird es in der Literatur auch sd- oder sf-Modell genannt. Im Grenzfall starker Kopplungen geht es in das bekannte Doppelaustauschmodell über[23, 24].

1. Einleitung

lerdings nicht[28] und es muss um weitere Terme erweitert werden. Eine dritte wichtige Klasse ist die der verdünnten magnetischen Halbleiter (*diluted magnetic semiconductors*, DMS). Diese weisen das Potential auf, direkt die für die Spintronik gewünschte Kombination aus Halbleiter und Magnetismus zu verwirklichen. Ein prominenter Vertreter ist $Ga_{1-x}Mn_xAs$ bei dem schon die Dotierung mit einer geringen Zahl Manganionen ausreicht, um einen relativ starken Magnetismus zu erzeugen[29, 30, 31, 32]. Die Curie-Temperatur liegt allerdings auch bei optimalen Dotierungsraten immer noch unterhalb der Raumtemperatur, was $Ga_{1-x}Mn_xAs$ für kommerzielle Anwendungen noch ausschließt. Ziel der theoretischen Beschreibung ist vor allem ein tieferes Verständnis der Vorgänge in diesen Materialien, was im Optimalfall zu einer Verbesserung ihrer Eigenschaften führen könnte.

Vom mathematischen Standpunkt weist das KLM eine Besonderheit gegenüber Modellen wie dem Heisenberg- oder Hubbardmodell auf. In ihm kommen nämlich zwei unterschiedliche Operatortypen vor. Die Elektronen werden durch fermionische Operatoren repräsentiert, die andere Vertauschungsregeln als die Spinoperatoren der lokalen Momente haben und in unterschiedlichen Unterräumen definiert sind. Dies erschwert eine einheitliche Berechnung der Elektron- und Spineigenschaften im KLM. Man kann das dadurch umgehen, dass man beide Untersysteme formal getrennt voneinander betrachtet. Eine gängige Variante ist es, das KLM auf ein effektives Heisenberg-Modell abzubilden. In diesem werden dann die Erwartungswerte der Spinoperatoren berechnet, welche dann wieder für die Lösung des elektronischen Untersystems benötigt werden. Diese Vorgehensweise hat sich gut bewährt, um Magnetisierungen des Systems zu bestimmen[33, 34, 35, 36, 37, 38, 39]. Es bleibt allerdings die Frage inwieweit eine Abbildung eines ursprünglichen Modells auf eine anderes die Eigenschaften des ersten verfälscht. Es daher von hohem Interesse, nach Alternativen zur Behandlung des Spinsystems zu suchen.

Aber auch schon die Berechnung der elektronischen Eigenschaften im reinen KLM ist nur näherungsweise möglich. Auch die im Hubbard-Modell häufig verwendete dynamischen Molekularfeldtheorie (DMFT) ist nur mit Beschränkungen, wie etwa auf klassische Spins, anwendbar[40, 41]. Die Art der Näherung hat mit Sicherheit Einfluss auf die berechneten Eigenschaften des Modells und es ist daher sinnvoll, verschiedene Approximationen zu vergleichen. Ein Hilfsmittel der Theorie sind dabei bekannte exakte Grenzfälle des KLMs. Als erster Hinweis auf die Güte eine Näherungsmethode kann daher die Erfüllung dieser Grenzfälle gesehen werden.

Es ist unter anderem Ziel dieser Arbeit, vertrauenswürdige Näherungen des KLMs zu bestimmen und dessen Eigenschaften, auch mit Hinblick auf Realsubstanzen, zu untersuchen. Kapitel 2 soll dafür in das Modell einführen und Verfahren der Vielteilchentheorie erläutern. So wird das KLM durch einen Hamilton-Operator beschrieben, der zusammen mit anderen Wechselwirkungsmodellen näher vorgestellt wird. Zur Berechnung des vom Hamilton-Operator aufgestellten Problems werden Vielteilchenmethoden benötigt. Insbesondere findet in dieser Arbeit der Green-Funktionsformalismus Anwendung. Dessen Ziel ist die Bestimmung einer Green-Funktion, aus der man ohne explizite Kenntnis der Eigenzustände wichtige Erwartungswerte des Systems bestimmen kann. Grundlegende Konzepte zur Bestimmung der Green-Funktion, wie die Bewegungsgleichungsmethode oder die Definition einer Selbstenergie, werden ebenfalls vorgestellt. Mit diesen Hilfsmit-

teln lässt sich das KLM in gewissen Grenzfällen exakt lösen, deren Eigenschaften wichtig zur Überprüfung von Näherungsmethoden sein werden.
In Kapitel 3 werden dann die Vielteilchenmethoden benutzt, um die Green-Funktion (GF) der itineranten Elektronen zu berechnen. Es werden zwei verschiedene Näherungen vorgestellt mit denen man die GF bestimmen kann. Die erste beruht auf den oben erwähnten Grenzfällen und erfüllt diese per constructionem. Zwischen diesen Grenzfällen wird die Näherung durch eine Hochenergieentwicklung interpoliert. Somit ist diese Näherung besonders bei hohen Energien und in der Nähe der Grenzfälle, als gut zu bewerten, während man sonst keine konkreten Abschätzungen machen kann. Die zweite Näherung beruht auf dem Aufstellen und geschickten Entkoppeln von Bewegungsgleichungen. Durch diesen Ansatz sind damit keine Parameter und insbesondere nicht die der Grenzfälle bevorzugt. Trotzdem erfüllt auch die zweite Näherung gewisse aber nicht alle Grenzfälle. Es ist nun gelungen, diese Näherung im Rahmen dieser Arbeit so zu erweitern, dass diese auch den fehlenden Grenzfall erfüllt. Dies erfordert die Berücksichtigung von Doppelbesetzungszuständen, welche nicht-triviale Auswirkungen auf die Zustandsdichte und damit auch auf wichtige Größen wie die innere Energie haben.
Die in Kapitel 3 bestimmten Green-Funktionen der Elektronen enthalten aber noch Erwartungswerte der Spinoperatoren. Mit deren selbstkonsistenter Bestimmung befasst sich Kapitel 4. Als erste Methode zur Berechnung dieser Erwartungswerte wird eine Abbildung auf ein Heisenberg-Modell erklärt. In der sogenannten mRKKY wird die Green-Funktion der freien Elektronen benutzt, um effektive Austauschintegrale zu bestimmen, die dann in ein Heisenberg-Modell eingesetzt werden. Diese Methode enthält bekannte Grenzfälle wie das konventionelle RKKY- und das Doppelaustauschverhalten. Allerdings ist es nicht bekannt, wie sehr die Abbildung auf ein Heisenberg-Modell die ursprünglichen Eigenschaften des KLMs verändert. Deshalb wird außerdem in Kapitel 4 eine Methode entwickelt, die auf der Minimierung der freien Energie beruht. Innerhalb dieses Verfahrens wird keine direkte Abbildung auf ein anderes Modell benötigt, was tatsächlich eine großen Einfluss haben kann.
Nach diesen analytischen Entwicklungen folgt in Kapitel 5 die numerische Auswertung. Als erstes wird der etwas einfachere Fall verschwindender Temperatur $T = 0$ behandelt. Dabei wird eine Auswahl an magnetischen Phasen getroffen, deren innere Energie miteinander verglichen wird. Die Phase mit der geringsten Energie wird dann von System angenommen. Es finden sich charakteristische Verteilungen der Phasen auf bestimmte Parameterkonstellationen. Zwischen den einzelnen in Kapitel 3 beschriebenen Näherungen gibt es teilweise drastische Unterschiede. Komplizierter wird es bei endlichen Temperaturen, da hier nicht mehr die innere sondern die freie Energie von Bedeutung ist, was insbesondere die Entropie mit einschließt. Es wird sich dann zeigen, dass die Berechnung der Magnetisierung aus dem Minimum der freien Energie sehr empfindlich bzgl. der gewählten Näherung ist. Dies ist bei der Abbildung auf ein Heisenberg-Modell viel schwächer ausgeprägt und deutet darauf hin das die ursprünglichen Eigenschaften durch die Abbildung tatsächlich überdeckt werden. Des Weiteren findet in diesem Kapitel eine weitreichende Überprüfung der Parameterabhängigkeit der kritischen Temperaturen statt, bei der ein geordnete Phase in die paramagnetische übergeht. Bei bestimmten Parameterkonstellationen kann es im erweiterten KLM bei diesem Übergang zu Phasen-

1. Einleitung

separation kommen, was auch im Experiment bei Manganaten schon gemessen worden ist[42].

Die Untersuchungen aus Kapitel 5 beziehen sich auf das geordnete Volumensystem. Aber gerade Symmetriebrechungen führen in physikalischen Systemen zu interessanten Phänomenen. So werden im Kapitel 6 die Auswirkungen von einer Verdünnung des Spinsystems als auch einer Dimensionsreduzierung auf magnetische Filme untersucht. Es zeigen sich wichtige zusätzliche Effekte in diesen Systemen, die wieder auf Grundeigenschaften des KLMs zurückgeführt werden können. Mit Hilfe der Besonderheiten der verdünnten Systeme lässt sich die Dotierungsabhängigkeit der Curie-Temperatur $T_C(x)$ in $Ga_{1-x}Mn_xAs$ erklären.

Die wichtigsten Ergebnisse der Arbeit werden in Kapitel 7 zusammengefasst und es werden Möglichkeiten zur Erweiterung der in dieser Arbeit entwickelten Methoden vorgeschlagen.

2. Modelle korrelierter Systeme und Vielteilchentheorie

In Systemen vieler wechselwirkender Teilchen treten Phänomene auf, die sich nicht (nur) aus den Eigenschaften der einzelnen Eigenschaften der Teilchen erklären lassen. Der Unterschied zwischen dem Verhalten des Gesamtsystems und einem System aus N Einzelteilchen entsteht durch Korrelation der Teilchen in dem System. Zwar liefern einfache Näherungsmethoden teilweise gute Ergebnisse, aber meist beschränken sich diese auf kleine Parameterräume. Insbesondere bei starken Wechselwirkungen lassen sich Festkörpersysteme oft nur durch ausgefeiltere Vielteilchenmethoden verstehen. Es sollen in diesen Kapitel Modelle solcher korrelierter Systeme vorgestellt und bekannte Eigenschaften bzw. Grenzfälle aufzeigt werden. Besonders wichtig ist hierbei das Kondo-Gitter-Modell (*Kondo-lattice model*, KLM), welches als grundlegendes Modell dieser Arbeit dienen soll. Dieses Modell lässt sich aber durch andere Wechselwirkungsterme erweitern (vgl. Abb. 2.1), so z.B. durch eine Coulomb-Abstoßung[1].

2.1. Modelle

2.1.1. Kondo-Gitter-Modell

Im Kondo-Gitter-Modell werden Wechselwirkungen zwischen beweglichen (itineranten) Elektronen und ortsfesten (lokalen) Spins beschrieben. Es eignet sich für Realsysteme, in denen sich ein Teil der für die entsprechenden Materialeigenschaften wichtigen Elektronen in breiten s-artigen Bändern befindet und ein anderer in schmalen d- oder f-artigen. Deshalb wird das KLM oft auch als sd- bzw. sf-Modell bezeichnet. Der Hamilton-Operator schreibt sich in Standardnotation eines Einbandmodells als

$$H = H_{\text{kin}} + H_{sd} \qquad (2.1)$$

$$= \sum_{<i,j>\sigma} T_{ij} c_{i\sigma}^+ c_{j\sigma} - J \sum_{i\sigma} \mathbf{S}_i \cdot \boldsymbol{\sigma}_i \qquad (2.2)$$

$$= \sum_{<i,j>\sigma} T_{ij} c_{i\sigma}^+ c_{j\sigma} - \frac{J}{2} \sum_{i\sigma} \left(z_\sigma S_i^z n_{i\sigma} + S_i^{\bar{\sigma}} c_{i\sigma}^+ c_{i\bar{\sigma}} \right) . \qquad (2.3)$$

Der Hamilton-Operator besteht aus zwei Teilen. Der erste beschreibt das Hüpfen der beweglichen Elektronen zwischen zwei benachbarten Gitterplätzen $\mathbf{R}_i$ und $\mathbf{R}_j$, vermittelt durch das Hopping-Element T_{ij}. Es wird dabei ein Elektron mit dem Spin $\sigma = \uparrow, \downarrow$ durch

---
[1] Tatsächlich wird ein KLM mit Hubbard-Term als *korreliertes* KLM bezeichnet, obwohl natürlich schon in einem reinen KLM Korrelationen auftreten.

2. Modelle korrelierter Systeme und Vielteilchentheorie

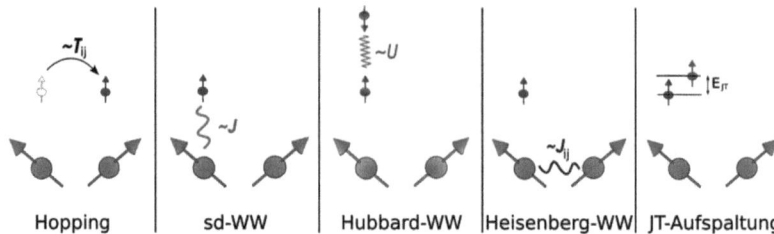

Abbildung 2.1.: Symbolhafte Darstellung der Wechselwirkungen des erweiterten Kondo-Gitter-Modells zwischen itineranten Elektronen (kleine blaue/violette Symbole) und lokalisierten Momenten $\mathbf{S}_i$ (große rote Symbole).

$c_{j\sigma}$ bei $\mathbf{R}_j$ vernichtet und eins durch $c_{i\sigma}^+$ bei $\mathbf{R}_i$ erzeugt. Der zweite Teil zeigt die lokale Wechselwirkung zwischen dem lokalisierten Spin $\mathbf{S}_i$ und dem itineranten $\boldsymbol{\sigma}_i$. Bei positiver Kopplungstärke J spricht man vom ferromagnetischem Kondo-Gitter-Modell (FKLM), wobei die Parallelstellung der Spins eine Absenkung der potentiellen Energie bewirkt. Das Skalarprodukt in (2.2) lässt sich durch explizites Einsetzen der Paulimatrizen $\boldsymbol{\sigma}_i$ in die Form (2.3) bringen. Daraufhin lassen sich in der Wechselwirkung wieder zwei Teile unterscheiden. Der Isingterm $z_\sigma S_i^z n_{i\sigma}$, mit $n_{i\sigma} = c_{i\sigma}^+ c_{i\sigma}$ und $z_\sigma = \delta_{\sigma\uparrow} - \delta_{\sigma\downarrow}$, zeugt von der Bevorzugung von itineranten Elektronen auf Gitterplätzen mit (anti-)parallelem lokalen Spinausrichtungen, wogegen der Spinflipterm $S_i^{\bar{\sigma}} c_{i\sigma}^+ c_{i\bar{\sigma}}$ ($S_i^\sigma = S_i^x + i z_\sigma S_i^y$, $\bar{\sigma} = -\sigma$) einen Spinaustausch zwischen lokalem und itinerantem System durch Umkehr des Spins der itineranten Elektronen beschreibt. Insbesondere zur Berechnung des Spinflipanteils werden einfache Näherungmethoden nicht ausreichen, wobei dieser, gerade bei höheren Temperaturen, einen wesentlichen Einfluss hat.

2.1.2. Hubbard-Wechselwirkung

Je nach Breite der Bänder des Festkörpers, spielt auch die Coulomb-Abstoßung der Elektronen untereinander eine mehr oder weniger wichtige Rolle. Im Hubbard-Modell wird nur die Abstoßung Elektronen ungleicher Spins betrachtet. Damit schreibt sich der Wechselwirkungsterm des Hamilton-Operators im Einbandmodell mit der Hubbard-Kopplung U_H als

$$H_U = \frac{U_H}{2} \sum_{i\sigma} n_{i\sigma} n_{i\bar{\sigma}} \ . \tag{2.4}$$

Das Hubbard-Modell (mit Hoppingterm) findet Anwendung bei der Beschreibung sogenannter Bandmagnete, denn auch in diesem Modell ist die Ausbildung von kollektivem Magnetismus möglich.

2.1. Modelle

2.1.3. Heisenberg-Modell

Koppeln die lokalisierten Spins direkt aneinander, empfiehlt sich die Beschreibung dieser Wechselwirkung durch das Heisenberg-Modell mit dem Hamilton-Operator

$$H_{ff} = -\sum_{i,j} J_{ij} \mathbf{S}_i \cdot \mathbf{S}_j \ . \tag{2.5}$$

Die Kopplung J_{ij} ist dabei typischerweise nicht auf benachbarte Gitterplätze beschränkt. So kann das KLM auf das Heisenberg-Modell mit Kopplungsreichweiten von wenigen einzelnen bis zu mehreren hunderten Gitterplätzen[43, 34] abgebildet werden. Dies zeugt von der Langreichweitigkeit der sogenannten Ruderman-Kittel-Kasuya-Yoshida-Wechselwirkung (RKKY), die die indirekte Kopplung der lokalisierten Spins durch die itineranten Elektronen beschreibt.

2.1.4. Elektron-Phonon-Wechselwirkung

In einigen Materialien ist die Wechselwirkung der Elektronen mit dem Gitter auch für magnetische Eigenschaften nicht mehr zu vernachlässigen. So tritt z.B. bei den Manganaten ein starker Jahn-Teller-Effekt auf[44, 45]. Manganate haben die allgemeine Formel $A_{1-x}B_x$MnO$_3$, wobei A ein Atom der seltenen Erden und B eines der Erdalkalimetalle bezeichnet. Für den Jahn-Teller-Effekt ist aber das Manganion mit den ihn umgebenden sechs[2] Sauerstoffionen wichtig. Die unterschiedliche Form der 3d-Elektronenorbitale des Mangans kann zu einer Bevorzugung bestimmter besetzter Orbitale führen, da die sich darin befindlichen Elektronen von den umgebenden Ionen im Kristallgitter unterschiedlich stark abgestoßen werden. Der eigentliche Formalismus mit mehreren Orbitalen ist recht komplex[46], weshalb hier ein vereinfachter Hamilton-Operator benutzt werden soll. Von den insgesamt zehn 3d-Orbitalen werden fünf durch eine starke Coulombabstoßung energetisch weit nach oben geschoben und können vernachlässigt werden. Die übrigen spalten durch einen Kristallfeldeffekt in ein niedrigeres dreifach und ein energetisch höheres zweifach entartetes Niveau auf. Für den Jahn-Teller-Effekt sind nur die teilweise besetzten oberen sogenannten e_g-Orbitale von Bedeutung. Je nachdem welches Orbital besetzt ist, führt eine bestimmte Kristallgitterverzerrung der das Manganion umgebenden Sauerstoffionen zu einer Energieminimierung des Systems. Die Verzerrung kann dabei durch bestimmte Moden ausgedrückt werden. Beschränkt man sich auf die zwei wichtigen Orbitale und vernachlässigt die sogenannte „*breathing mode*[3]" der Gitterbewegung erhält man[46, 43]

$$H_{JT} = -2g \sum_{i\sigma} (Q_{2i} T_{i\sigma}^x + Q_{3i} T_{i\sigma}^z) + \frac{k_{JT}}{2} \sum_i \left(Q_{i2}^2 + Q_{i3}^2 \right) \ . \tag{2.6}$$

---

[2] Da sich jeweils zwei Manganionen ein Sauerstoffion teilen, wird jedes effektiv von sechs Sauerstoffionen umgeben und nicht von dreien, wie die Summenformel andeutet.
[3] Dies ist eine Gitterbewegung, die zwar die Energie des Systems verändert, aber zu keiner Jahn-Teller-Bandaufspaltung führt.

2. Modelle korrelierter Systeme und Vielteilchentheorie

Die phononischen Variablen $Q_{i2,3}$ bezeichnen bestimmte Moden der Gitterverzerrung und

$$T^x_{i\sigma} = \frac{1}{2}(c^+_{i\alpha\sigma}c_{i\bar\alpha\sigma} + c^+_{i\bar\alpha\sigma}c_{i\alpha\sigma}) \tag{2.7}$$

$$T^z_{i\sigma} = \frac{1}{2}(c^+_{i\alpha\sigma}c_{i\alpha\sigma} - c^+_{i\bar\alpha\sigma}c_{i\bar\alpha\sigma}) \tag{2.8}$$

sind „Pseudospinoperatoren", die formal den normalen Spinoperatoren entsprechen. Im Gegensatz zu jenen ist hier der Orbitalindex $\alpha = \pm 1$ entscheidend. Durch eine Vernachlässigung von kooperativen Effekten und mit Hilfe einer Molekularfeldnäherung kann man die phononischen Variablen auf elektronische zurückführen[46, 43, 47]. Dadurch erhält man dann den folgenden, nur von elektronischen Größen abhängigen, Hamilton-Operator

$$H_{JT} = g^2 \sum_{i\alpha\sigma} z_\alpha \langle \Delta n_\sigma \rangle n_{i\alpha\sigma} . \tag{2.9}$$

Es findet also eine Bandaufspaltung um $E_{JT} = 2g^2 \sum_\sigma \langle \Delta n_\sigma \rangle$ statt. Dabei bezeichnet

$$\langle \Delta n_\sigma \rangle = \sum_{\alpha\sigma} z_\alpha \langle n_{i\sigma\alpha} \rangle$$

den Besetzungsunterschied der einzelnen Bänder $\alpha = \pm 1$, $z_\alpha = \pm 1$. Dieser ist selbstkonsistent zu berechnen.

2.2. Green-Funktion-Formalismus

Während in Systemen mit wenigen Teilchen der Hamilton-Operator oft mittels der Schrödingergleichung zu einer Lösung des Problems führt, bietet sich diese in Vielteilchensystemen nicht mehr an. Weder kann man die Vielzahl gekoppelter Differentialgleichungen lösen, noch hätte man experimentellen Zugriff auf die (hypothetische) Mannigfaltigkeit der Ergebnisse. Eine häufig verwendete Methode ist der Green-Funktion-Formalismus. Dieser bietet direkten Zugriff auf interessierende thermodynamische Erwartungswerte. Die retardierte Green-Funktion zweier Operatoren $A(t)$ und $B(t)$ ist durch

$$G^{\text{ret}}_{AB}(t,t') = -i\Theta(t-t')\left\langle [A(t), B(t')]_{-\epsilon} \right\rangle \tag{2.10}$$

definiert. Es sind dabei $\Theta(t-t')$ die Stufenfunktion, $\epsilon = \pm$, $[\dots]_{-\epsilon}$ der (Anti-)Kommutator und $\langle \dots \rangle$ der thermodynamische Erwartungswert. Über die Spektraldichte

$$S_{AB}(t,t') = \frac{1}{2\pi}\left\langle [A(t), B(t')]_{-\epsilon} \right\rangle \tag{2.11}$$

2.2. Green-Funktion-Formalismus

bzw. deren Fouriertransformierten[4]

$$S_{AB}(E) = \int_{-\infty}^{+\infty} d(t-t') e^{iE(t-t')} S_{AB}(t-t') \qquad (2.12)$$

und das Spektraltheorem

$$\langle B(t')A(t)\rangle = \int_{-\infty}^{+\infty} dE \frac{S_{AB}(E)}{e^{\beta E} - \epsilon} e^{-iE(t-t')} + \frac{1}{2}(1+\epsilon)D \qquad (2.13)$$

hat man Zugriff auf die Korrelationsfunktion $\langle B(t')A(t)\rangle$. Die Konstante D hat keinen Einfluss bei der Wahl $\epsilon = -1$. Darauf soll sich im Folgenden beschränkt werden. In den hier betrachteten Systemen ist die Spektraldichte reell, wobei sich dann der einfache Zusammenhang

$$S_{AB}(E) = -\frac{1}{\pi} \mathrm{Im} G_{AB}(E) \qquad (2.14)$$

ergibt. Bei Kenntnis der Green-Funktion kann dann also der entsprechende Erwartungswert $\langle AB \rangle$ berechnet werden.

Natürlich muss die Green-Funktion vorher noch bestimmt werden. Ein gängiger Ansatz ist es, deren Bewegungsgleichung (BGL) aufzustellen. In Energiedarstellung lautet sie

$$EG_{AB}(E) = \langle\langle A; B \rangle\rangle_E = \langle [A,B]_+ \rangle + \langle\langle [A,H]_-; B \rangle\rangle \qquad (2.15)$$

$$= \langle [A,B]_+ \rangle + \langle\langle A; [H,B]_- \rangle\rangle. \qquad (2.16)$$

Der Kommutator auf der rechten Seite führt im Allgemeinen zu anderen, höheren Green-Funktionen. In Spezialfällen können die BGL dieser höheren Funktionen zu einem geschlossenen Gleichungssystem und damit zur Bestimmung der GF führen. Meistens sind aber Näherungen nötig. Eine äußerst wichtige GF ist die Ein-Elektron-Green-Funktion (EEGF)

$$G_{ij\sigma}(E) = \langle\langle c_{i\sigma}; c_{j\sigma}^+ \rangle\rangle \qquad (2.17)$$

in einem System was allgemein durch den Hamilton-Operator

$$H = H_0 + H_{WW} = \sum_{\langle i,j \rangle \sigma} T_{ij} c_{i\sigma}^+ c_{j\sigma} + H_{WW} \qquad (2.18)$$

---

[4]Es wird in dieser Arbeit in Einheiten mit $\hbar = 1$ gerechnet.

2. Modelle korrelierter Systeme und Vielteilchentheorie

beschrieben werden soll. Der Term H_{WW} steht dabei für eine beliebige Wechselwirkung. Die BGL der EEGF schreibt sich damit

$$EG_{ij\sigma}(E) = \delta_{ij} + \langle\langle [c_{i\sigma}, H_0]_-; c_{j\sigma}^+ \rangle\rangle + \langle\langle [c_{i\sigma}, H_{WW}]_-; c_{j\sigma}^+ \rangle\rangle \qquad (2.19)$$

$$= \delta_{ij} + \sum_l T_{il} G_{lj\sigma}(E) + \sum_l \Sigma_{il\sigma}(E) G_{lj\sigma}(E) \; . \qquad (2.20)$$

Hier wurde rein formal der Kommutator $[c_{i\sigma}, H_{WW}]_-$ durch $\sum_l \Sigma_{il\sigma}(E) c_{l\sigma}$ ersetzt. Es ist somit die Lösung der GF auf die Bestimmung der Selbstenergie $\Sigma_{il\sigma}(E)$ zurückgeführt. Die Einführung einer Selbstenergie kann Vorteile haben, weil sich dadurch manche Approximationen leichter anwenden lassen. Weitere wichtige Größen, mit denen sich z.B. die Güte einer Näherung abschätzen lassen, sind die Spektralmomente $M_{ij\sigma}^{(n)}$ einer Spektraldichte. Über die Definition

$$M_{ij\sigma}^{(n)} = \int_{-\infty}^{+\infty} dE E^n S_{ij\sigma}(E) \qquad (2.21)$$

und die Spektraldarstellung der Green-Funktion

$$G_{ij\sigma}(E) = \int_{-\infty}^{+\infty} dE' \frac{S_{ij\sigma}(E')}{E - E' + i0^+} \qquad (2.22)$$

lässt sich nämlich für große Energiewerte E eine Hochenergieentwicklung der Green-Funktion als

$$G_{ij\sigma}(E) = \sum_n^\infty \frac{M_{ij\sigma}^{(n)}}{E^{n+1}} \qquad (2.23)$$

angeben. Eine Approximation sollte also um so besser sein, desto mehr Momente sie erhält. Dabei ist von entscheidendem Vorteil, dass sich die Momente auch direkt aus dem Hamilton-Operator berechnen lassen. Es gilt

$$M_{ij\sigma}^{(n)} = \Big\langle \big[\underbrace{[\ldots [c_{i\sigma}, H]_- \ldots, H]_-}_{(n-p)-\text{fach}}, \underbrace{[H, \ldots [H, c_{j\sigma}^+]_- \ldots]_-}_{(p)-\text{fach}} \big]_+ \Big\rangle \; . \qquad (2.24)$$

Die bisher angewandte Ortsdarstellung über die Indizes „$i, j, \ldots$" ist zwar anschaulich, aber für eine Lösung der Gleichungen meist ungeeignet. Deshalb transformiert man die entsprechenden Größen auf Wellenzahlen $\mathbf{k}$. Die Transformationen für die elektronischen

2.3. Meanfield-Näherung

Operatoren sind

$$c_{i\sigma} = \frac{1}{\sqrt{N}} \sum_i e^{i\mathbf{k}\mathbf{R}_i} c_{\mathbf{k}\sigma} \qquad (2.25)$$

$$c_{i\sigma}^+ = \frac{1}{\sqrt{N}} \sum_i e^{-i\mathbf{k}\mathbf{R}_i} c_{\mathbf{k}\sigma}^+ \qquad (2.26)$$

und die Dispersion der Blochbänder ist

$$\epsilon(\mathbf{k}) = \frac{1}{N} \sum_{\langle i,j \rangle} T_{ij} e^{-i\mathbf{k}(\mathbf{R}_i - \mathbf{R}_j)} \ . \qquad (2.27)$$

Dabei hängt die Dispersion nur vom betrachteten Gitter ab. Im Falle eines dreidimensionalen einfach kubischen Gitters, bei dem ein Hopping $T_{ij} = t\delta_{\mathbf{R}_i, \mathbf{R}_j \pm \mathbf{a}_{x,y,z}}$ nur zwischen nächsten Nachbarn stattfindet, ist diese

$$\epsilon(\mathbf{k}) = \frac{W}{6} \left(\cos(a_x k_x) + \cos(a_y k_y) + \cos(a_z k_z) \right) + T_0 \ . \qquad (2.28)$$

Hier wurde die Bandbreite des freien Systems $W = t/12$ und dessen Bandschwerpunkt $T_0 = T_{ii}$ eingeführt. Unter Annahme von Translationsinvarianz wird aus der BGL (2.20) deren Äquivalent im **k**-Raum

$$EG_{\mathbf{k}\sigma}(E) = 1 + \epsilon(\mathbf{k}) G_{\mathbf{k}\sigma}(E) + \Sigma_{\mathbf{k}\sigma}(E) G_{\mathbf{k}\sigma}(E) \qquad (2.29)$$

mit einer im Allgemeinen wellenzahlabhängigen Selbstenergie $\Sigma_{\mathbf{k}\sigma}(E)$. Die Green-Funktion hat dann die formal einfache Struktur

$$G_{\mathbf{k}\sigma}(E) = \frac{1}{E - \epsilon(\mathbf{k}) - \Sigma_{\mathbf{k}\sigma}(E) + i0^+} \ . \qquad (2.30)$$

Eine spezielle Green-Funktion ist die freie GF $G_{\mathbf{k}}^{(0)}(E)$ die sich bei $\Sigma_{\mathbf{k}\sigma}(E) \equiv 0$ ergibt. Aus der GF erhält man dann die Zustandsdichte der Quasiteilchen

$$\rho_\sigma(E) = -\frac{1}{\pi N} \sum_{\mathbf{k}} \mathrm{Im} G_{\mathbf{k}\sigma}(E) \ . \qquad (2.31)$$

Diese äußerst wichtige Größe erlaubt Interpretationen des Verhaltens des Modellsystems.

2.3. Meanfield-Näherung

Wenn man über Korrelationen in Vielteilchensystemen spricht, sollte man auch wissen wie sich das System bei deren Vernachlässigung verhält. Bei der Meanfield-Näherung[5] (MFN) geschieht genau dies. Ganz allgemein lässt sich ein Operatorprodukt AB mit

---

[5]Diese Näherung heißt auch Molekularfeldnäherung oder Hartee-Fock-Näherung.

2. Modelle korrelierter Systeme und Vielteilchentheorie

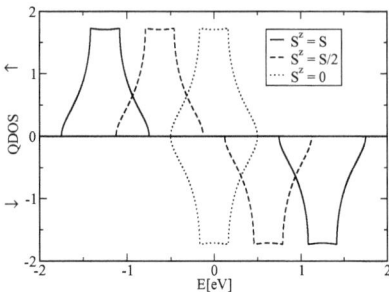

Abbildung 2.2.: Meanfield-Zustandsdichte für Spin-up und -down bei verschiedenen Magnetisierungen. *Parameter:* $W = 1\text{eV}$, $J = 1\text{eV}$, $S = \frac{5}{2}$

Hilfe der Erwartungswerte der Operatoren umformen zu

$$AB = \underbrace{(A - \langle A \rangle)(B - \langle B \rangle)}_{\approx 0} + A\langle B \rangle + B\langle A \rangle - \langle A \rangle \langle B \rangle \ . \tag{2.32}$$

Die MFN fordert nun, dass die Schwankungen der Eigenwerte um die Mittelwerte klein und damit vernachlässigbar sein sollen. Das dann noch in (2.32) auftauchende Produkt der Erwartungswerte ist eine c-Zahl und spielt in den Bewegungsgleichungen keine Rolle. Im Fall des reinen KLMs ergibt sich

$$\begin{aligned} H &= \sum_{\langle i,j \rangle,\sigma} T_{ij} c^+_{i\sigma} c_{j\sigma} - \frac{J}{2} \sum_{i,\sigma} \left(z_\sigma S^z_i n_{i\sigma} + S^{\bar\sigma}_i c^+_{i\sigma} c_{i\bar\sigma} \right) \\ &\approx \sum_{\langle i,j \rangle,\sigma} \left(T_{ij} - \delta_{ij} z_\sigma \frac{J}{2} \langle S^z \rangle \right) c^+_{i\sigma} c_{j\sigma} \ . \end{aligned} \tag{2.33}$$

Es handelt sich also nur um ein um $-z_\sigma \frac{J}{2} \langle S^z \rangle$ verschobenes freies System. Die Verschiebung hängt nur von der Kopplung und dem mittleren magnetischen Moment $\langle S^z \rangle$ ab. Insbesondere verschieben sich die Bänder (Abb. 2.2) also mit der Veränderung der Magnetisierung, was bei besseren Näherungen nicht mehr der Fall ist.

2.4. Exakte Grenzfälle

Die Güte einer Theorie misst sich an ihrer Genauigkeit der Beschreibung der Realität bzw. experimenteller Messungen. Allerdings sind Experimente durch eine Vielzahl Faktoren beeinflusst und in einer Theorie oft mehrere Näherungen enthalten. So ist bereits die Wahl eines bestimmten Modell-Hamilton-Operators eine theoretische Annahme. Auch eine exakte Lösung des Modellsystems ist dann bereits eine Näherung für das Realsystem. Darum ist es hilfreich, exakte Lösungen in bestimmten Grenzbereichen des Modells zu kennen. An diesen kann man allgemeinere, aber approximative Theorien testen. Die hier erwähnten Grenzfälle beziehen sich auf den Hamilton-Operator

$$\mathcal{H} = \sum_{<i,j>\sigma} T_{ij} c_{i\sigma}^+ c_{j\sigma} - \frac{J}{2} \sum_{i\sigma} \left(z_\sigma S_i^z n_{i\sigma} + S_i^{\bar{\sigma}} c_{i\sigma}^+ c_{i\bar{\sigma}} \right) + \frac{U_H}{2} \sum_{i\sigma} n_{i\sigma} n_{i\bar{\sigma}} \ . \tag{2.34}$$

2.4.1. Ferromagnetisch gesättigter Halbleiter

Der Grenzfall des ferromagnetisch gesättigten Halbleiters[6] beschreibt ein System, in dem alle lokalisierten Momente ihren maximalen Spin haben[48, 49, 50, 51, 52]. Des Weiteren soll das Leitungsband, bis auf ein Testelektron, leer sein. Diese Vereinfachungen führen beim Aufstellen der BGL zu den Ersetzungen $S_i^z \to S$, $n_{i\sigma} \to 0$ und beim Spin-up-Elektron $S_i^+ \to 0$. Mit dem Hamilton-Operator (2.34) kann man die Bewegungsgleichung für die Einteilchen-GF gemäß (2.19) zu

$$\sum_l (E\delta_{il} - T_{il}) G_{lj\sigma}(E) = \delta_{ij} + U_H D_{iiij\sigma}(E) - \frac{J}{2} (z_\sigma I_{iij\sigma}(E) + F_{iij\sigma}(E)) \tag{2.35}$$

aufstellen. Die dabei neu eingeführten Green-Funktionen lassen sich in diesem Grenzfall vereinfachen und sind damit

$$D_{iiij\sigma}(E) = \langle\langle n_{i\bar{\sigma}} c_{i\sigma}; c_{j\sigma}^+ \rangle\rangle \xrightarrow{n=0} 0 \tag{2.36}$$

$$I_{iij\sigma}(E) = \langle\langle S_i^z c_{i\sigma}; c_{j\sigma}^+ \rangle\rangle \xrightarrow{S_i^z=S} S G_{ij\sigma}(E) \tag{2.37}$$

$$F_{iij\sigma}(E) = \langle\langle S_i^\sigma c_{i\bar{\sigma}}; c_{j\sigma}^+ \rangle\rangle \xrightarrow{S_i^{\sigma=\uparrow}=0} F_{ij\sigma=\uparrow}(E) = 0 \ . \tag{2.38}$$

Für die Spin-up-Green-Funktion folgt dann die einfache BGL

$$\sum_l (E\delta_{il} - T_{il}) G_{lj\sigma}(E) = \delta_{ij} - \frac{J}{2} S G_{ij\sigma}(E) \tag{2.39}$$

und die in (2.20) definierte Selbstenergie

$$\Sigma_{il\uparrow}(E) = -\frac{J}{2} S \delta_{il} \ . \tag{2.40}$$

Die Zustandsdichte ist dann nur eine um $-\frac{J}{2}S$ verschobene freie Zustandsdichte. Der Grund für dieses einfache Verhalten der Spin-up-Elektronen ist darin begründet, dass diese keinen Spinaustausch mit den gesättigten lokalisierten Momenten durchführen können und damit die Spinflip-GF null wird. Dies ist für die Spin-down-Elektronen nicht mehr der Fall. Hier muss die Berechnung der Spinflip-GF durch ein Weiterführen der BGL explizit ausgeführt werden. Mit den bereits oben erwähnten Vereinfachungen lässt sich aber auch hier eine exakte Lösung finden. Für Details der Rechnungen sei auf [52]

---
[6]Dieser Grenzfall ist auch als magnetisches Polaron oder ferromagnetisch gesättigter Isolator bekannt.

2. Modelle korrelierter Systeme und Vielteilchentheorie

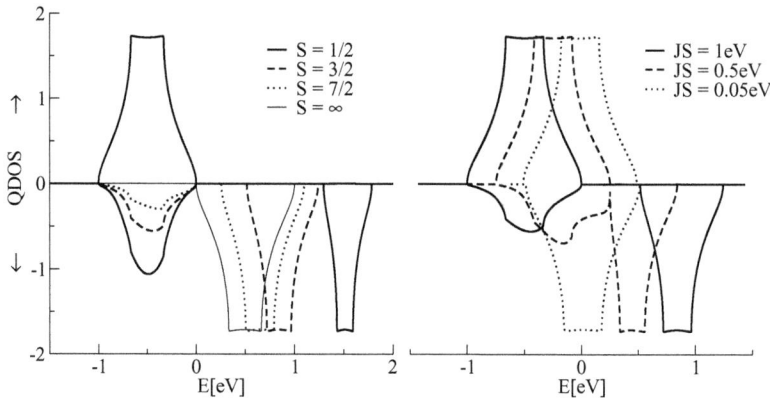

Abbildung 2.3.: Quasiteilchenzustandsdichte des ferromagnetisch gesättigten Halbleiters. *links:* Mit steigendem Spin verkleinert sich der Streuteil (Spin-down-Zustandsdichte um $E \approx -\frac{1}{2}JS$) und das Polaronenband (Spin-down-Zustandsdichte um $E \approx +\frac{1}{2}J(S+1)$) nähert sich dem unteren Band. (*Parameter:* $W = 1eV$, $JS = 1eV$) *rechts:* Die Subbänder (Streuspektrum, Polaronband) nähern sich für sinkendes J. (*Parameter:* $S = 3/2$, $W = 1eV$) Im klassischen Limes $S \to \infty$ und $JS = $ const. ergibt sich die Meanfield-Zustandsdichte.

verwiesen. Die Selbstenergie der Spin-down-Elektronen nimmt dann die Gestalt

$$\Sigma_\downarrow(E) = \frac{1}{2}JS\left(1 + \frac{JG^{(0)}(E + \frac{1}{2}JS)}{1 - \frac{1}{2}JG^{(0)}(E + \frac{1}{2}JS)}\right), \qquad (2.41)$$

$$G^{(0)}(E) = \frac{1}{N}\sum_{\mathbf{k}} \frac{1}{E - \epsilon(\mathbf{k}) + i0^+}$$

an.
Der Grenzfall des ferromagnetisch gesättigten Halbleiters gibt schon Aufschluss über den Unterschied von Vielteilcheneigenschaften gegenüber dem einfachen Meanfieldmodell. So erkennt man in Abb. 2.3, dass sich die Spin-down-Zustandsdichte erheblich ändert. Es existiert im Energiebereich des Spin-up-Bands ebenfalls Zustandsdichte des Minoritätsbandes. Diese kann als Streuspektrum interpretiert werden, bei dem Spindown-Elektronen durch Spinaustausch mit den lokalisierten Spins zu Spin-up-Elektronen gestreut werden. Des Weiteren ist das sogenannte Polaronenband nicht bei Energien um $\frac{J}{2}S$ zu finden, sondern bei $\frac{J}{2}(S+1)$. Diese Abweichungen vom Meanfield-Verhalten treten besonders stark bei kleinen Spins auf, da hier der Quantencharakter am deutlichsten zu spüren ist. Allerdings ist bei sehr kleiner Wechselwirkungsstärke, also bei kleinem J, ein Übergang zum Meanfieldverhalten zu sehen. Umgekehrt kann man also feststellen, dass die Vielteilcheneigenschaften bei kleinen Spins und großen Kopplungen zunehmen. Diese Feststellung ist nicht nur auf diesen Spezialfall beschränkt, sondern lässt sich auch

2.4. Exakte Grenzfälle

in allgemeineren Fällen erkennen, wie im weiteren Verlauf dieser Arbeit ersichtlich wird.

2.4.2. Grenzfall des unendlich schmalen Bandes

In diesem Grenzfall soll angenommen werden, dass das Hopping zwischen den Gitterplätzen sehr klein wird[53, 52]. Dies kann z.b. durch einen sehr großen Gitterabstand verursacht werden, weshalb dieser Grenzfall auch als *atomic limit* bezeichnet wird. Allerdings soll immer noch eine Art „Kommunikation" zwischen den Einzelatomen herrschen, so dass weiterhin gemittelte Größen wie $\langle n_\sigma \rangle, \langle S^z \rangle, \ldots$ eingeführt werden können. Im Hamilton-Operator (2.34) verschwindet dann der Hoppingterm (bis auf den Bandschwerpunkt T_0) und erlaubt die Unterdrückung der Ortsindizes. So ergibt sich

$$H_{al} = T_0 \sum_\sigma n_\sigma + \frac{U_H}{2} \sum_\sigma n_\sigma n_{\bar{\sigma}} - \frac{J}{2} \sum_\sigma \left(z_\sigma S^z n_\sigma + S^{\bar{\sigma}} c_\sigma^+ c_{\bar{\sigma}} \right) \ . \tag{2.42}$$

In der jetzt zu lösenden Bewegungsgleichungshierarchie tauchen insgesamt vier Green-Funktionen

$$G_\sigma(E) = \langle\langle c_\sigma ; c_\sigma^+ \rangle\rangle \tag{2.43}$$

$$G_{S\sigma}(E) = \langle\langle z_\sigma S^z c_\sigma + S^{\bar{\sigma}} c_{\bar{\sigma}} ; c_\sigma^+ \rangle\rangle \tag{2.44}$$

$$D_\sigma(E) = \langle\langle n_{\bar{\sigma}} c_\sigma ; c_\sigma^+ \rangle\rangle \tag{2.45}$$

$$D_{S\sigma}(E) = \langle\langle z_\sigma S^z n_{\bar{\sigma}} c_\sigma + S^{\bar{\sigma}} n_\sigma c_{\bar{\sigma}} ; c_\sigma^+ \rangle\rangle \tag{2.46}$$

auf. Die ersten beiden können gedanklich Elektronenprozessen auf allen und die anderen nur auf doppelt besetzten Gitterplätzen zugeordnet werden[7]. Stellt man jetzt explizit die BGL bis zur zweiten Ordnung (vgl. [52]) auf, findet man, dass $D_\sigma(E)$ und $D_{S\sigma}(E)$ ein geschlossenes Gleichungssystem bilden. Es zeigt sich, dass beide „Doppelbesetzungs"-Green-Funktionen die gleichen Anregungsenergien bei

$$E_{D,1} = T_0 + U_H - \frac{J}{2}(S+1) \tag{2.47}$$

$$E_{D,2} = T_0 + U_H + \frac{J}{2}S \tag{2.48}$$

haben, die zwingend Doppelbesetzungseffekte erfordern. Ein Vergleich mit dem Grenzfall des ferromagnetisch gesättigten Halbleiters in Abschnitt 2.4.1 zeigt, dass diese Pole dort nicht vorkommen. Hier wurde ja auch $n \to 0$ angenommen, was keine Doppelbesetzung ermöglicht. Die BGL für $G_\sigma(E)$ und $G_{S\sigma}(E)$ enthalten auch die „Doppelbesetzungs"-

---
[7]Dies ist wegen der Operatorkombination $n_{\bar{\sigma}} c_\sigma$ so. Auf einfach besetzen Gitterplätzen würde entweder der Besetzungszahloperator $n_{\bar{\sigma}}$ oder der Vernichter c_σ null ergeben.

2. Modelle korrelierter Systeme und Vielteilchentheorie

Green-Funktionen. Dadurch kommt es zu vier verschiedenen Anregungsenergien

$$E_1 = T_0 - \frac{J}{2}S \qquad (2.49)$$

$$E_2 = T_0 + \frac{J}{2}(S+1) \qquad (2.50)$$

$$E_3 = E_{D1} \qquad (2.51)$$

$$E_4 = E_{D2} \,. \qquad (2.52)$$

Die ersten beiden beschreiben Pole, die schon bei dem ferromagnetisch gesättigten Halbleiter existieren. Sie sind also durch „Einzelbesetzungsprozesse" verursacht. Es ist also als erstes zu schlussfolgern, dass eine endliche Bandbesetzung zu einer Vier-Pol-Struktur der Einteilchen-GF und damit auch der Zustandsdichte führt. Die Pole bleiben dabei im Gegensatz zur Meanfield-Näherung bzgl. der Magnetisierung konstant. Was sich allerdings ändert, ist das spektrale Gewicht $\alpha_{\nu\sigma}$ der Spektraldichte an den Polen. Die Green-Funktion $G_\sigma(E)$ stellt sich als

$$G_\sigma(E) = \sum_{\nu=1}^{4} \frac{\alpha_{\nu\sigma}}{E - E_\nu + i0^+} \qquad (2.53)$$

$$\alpha_{1\sigma} = \frac{S + 1 + z_\sigma \langle S^z \rangle + \Delta_{\bar{\sigma}} - (S+1)\langle n_{\bar{\sigma}} \rangle}{2S+1} \qquad (2.54)$$

$$\alpha_{2\sigma} = \frac{S - z_\sigma \langle S^z \rangle - \Delta_{\bar{\sigma}} - S\langle n_{\bar{\sigma}} \rangle}{2S+1} \qquad (2.55)$$

$$\alpha_{3\sigma} = \frac{S\langle n_{\bar{\sigma}} \rangle - \Delta_{\bar{\sigma}}}{2S+1} \qquad (2.56)$$

$$\alpha_{4\sigma} = \frac{(S+1)\langle n_{\bar{\sigma}} \rangle + \Delta_{\bar{\sigma}}}{2S+1} \qquad (2.57)$$

dar. Hierbei wird klar, dass die spektralen Gewichte $\alpha_{\nu\sigma}$ von mehreren Erwartungswerten abhängen, die selbstkonsistent berechnet werden müssen. Neben der Elektronenbesetzungszahl $\langle n_\sigma \rangle$ tritt die Korrelationsfunktion $\Delta_\sigma = \langle S^{\bar{\sigma}} c^+_\sigma c_{\bar{\sigma}} \rangle + z_\sigma \langle S^z n_\sigma \rangle$ auf. Beide Erwartungswerte lassen sich über das Spektraltheorem bestimmen, welche sich in diesem Grenzfall zu

$$\langle n_\sigma \rangle = \sum_{\nu=1}^{4} \alpha_{\nu\sigma} f_-(E_\nu, T) \qquad (2.58)$$

$$\Delta_\sigma = \sum_{\nu=1}^{4} \beta_{\nu\sigma} f_-(E_\nu, T) \qquad (2.59)$$

$$f_-(E) = \frac{1}{e^{\frac{1}{k_B T}(E-\mu)} + 1}$$

2.4. Exakte Grenzfälle

vereinfachen. Die Koeffizienten $\beta_{\nu\sigma}$ sind die spektralen Gewichte von $G_{S\sigma}(E)$ mit

$$\beta_{1\sigma} = S\alpha_{1\sigma}, \quad \beta_{2\sigma} = -(S+1)\alpha_{2\sigma}, \quad \beta_{3\sigma} = (S+1)\alpha_{3\sigma}, \quad \beta_{4\sigma} = -S\alpha_{4\sigma}. \quad (2.60)$$

Das chemische Potential μ wird über die Anzahl der Elektronen pro Gitterplatz

$$n \stackrel{!}{=} \sum_{\sigma} \langle n_\sigma \rangle \quad (2.61)$$

festgelegt.
Es sei darauf hingewiesen, dass der Grenzfall des unendlich schmalen Bandes keinen selbstkonsistenten Magnetismus $\langle S^z \rangle > 0$ liefert. Insbesondere kann es vorkommen, dass das spektrale Gewicht $\alpha_{2\sigma=\uparrow}$ für Magnetisierungen nahe der Sättigung ($\langle S^z \rangle > S\frac{S+1-n}{S+1}$) negativ wird. Dies ist natürlich unphysikalisch und verbietet damit bestimmte Werte der Magnetisierung.

3. Elektronisches System

Es werden in dieser Arbeit Modellsysteme betrachtet, in denen sich eine klare Unterscheidung von zwei Untersystemen machen lässt. Das erste ist das System der itineranten Elektronen und das zweite das der lokalisierten Momente. Zwar beeinflussen sich beide Untersysteme erheblich, aber trotzdem können beide formal getrennt voneinander gerechnet werden. In diesem Kapitel soll das System der itineranten Elektronen besprochen werden, was im Wesentlichen die Bestimmung der Einteilchen-Green-Funktion $G_{\mathbf{k}\sigma}(E)$ meint. Der Einfluss der lokalisierten Momente $\mathbf{S}_i$ ist durch Erwartungswerte der Spinoperatoren, z.B. der Magnetisierung $\langle S^z \rangle$, gegeben. Diese sollen allerdings vorerst als äußere Parameter aufgefasst und erst im nächsten Kapitel direkt bestimmt werden. Im Gegensatz zu den Spezialfällen in den Abschnitten 2.4.1 und 2.4.2 sind die hier beschriebenen Theorien im gesamtem Parameterraum des Modells plausibel.

Es werden zwei Methoden vorgestellt, mit denen die Green-Funktion (GF) des elektronischen Untersystems berechnet werden kann. Bei der ersten Variante wird eine Selbstenergie aus den bekannten Grenzfällen des KLMs abgeleitet. Dies hat den Vorteil, dass dann diese Spezialfälle *a priori* erfüllt werden, aber auch durch die Art und Weise der Konstruktion ein „gutes" Verhalten der Selbstenergie abseits der Grenzfälle erwartet werden kann. Die zweite Methode baut auf die Lösung der Bewegungsgleichungen der Ein-Elektronen-GF und daraus folgender Green-Funktionen. Da die Bewegungsgleichungen nach endlich vielen Schritten der Bewegungsgleichungshierarchie nicht exakt lösbar sind, müssen diese durch geschickte Näherungen zu einem geschlossenen Gleichungsystem gebracht werden. In dieser Arbeit wird die zweite Methode, die hauptsächlich verwendete sein, während die erste vorrangig zu Vergleichszwecken dient.

3.1. Interpolierender Selbstenergieansatz

Es scheint durchaus vernünftig, die bekannten exakten Grenzfälle des Modells als Eckpfeiler einer verallgemeinerten Theorie zu benutzen. Diese soll also die Grenzfälle erfüllen und zwischen diesen ebenfalls physikalisch plausibel sein. Genau diese Vorgehensweise wird bei dem Interpolierenden Selbstenergieansatz (*interpolating self-energy ansatz*, ISA) angewendet. Es gibt zwei Herangehensweisen der ISA ([54, 55]). Die erste ist auf kleine Elektronendichten $n \to 0$ beschränkt, während die andere für alle n geeignet ist. Es soll hier nur die letztere Variante besprochen werden, da sie die erste als Spezialfall enthält. Der hier betrachtete Hamilton-Operator soll dann neben dem reinen KLM (2.3) noch einen Hubbard-Anteil (2.4) enthalten.

Wie im Grenzfall des unendlich schmalen Bands in 2.4.2, gibt es dort Pole der Green-Funktion, die die Einfach- und Doppelbesetzung der Gitterplätze durch die Elektronen

3. Elektronisches System

repräsentieren. Es wird in der ISA nun von vornherein der Ansatz gemacht, dass die GF aus zwei Teilen

$$G_{\mathbf{k}\sigma}(E) = \sum_{i=1}^{2} \frac{\alpha_{i\sigma}}{E - T_{i\sigma}(\mathbf{k}) - \Sigma_{\mathbf{k}\sigma}^{(i)}(E)} \qquad (3.1)$$

bestehen soll. Einer ($i = 1$) soll den Anteil der Einfachbesetzung und der andere ($i = 2$) den der Doppelbesetzung darstellen.

Hubbard-Anteil

Es wird angenommen, dass eine starke Hubbard-Abstoßung in dem System herrscht ($U \gg W, J$). In diesen Fall kann die Green-Funktion des reinen Hubbard-Modells in dem *strong-coupling*-Grenzfall [56, 57]

$$G_{\mathbf{k}\sigma}^{U}(E) = \frac{1 - \langle n_{\bar{\sigma}} \rangle}{E - (1 - \langle n_{\bar{\sigma}} \rangle)(\epsilon(\mathbf{k}) - T_0) - T_0} + \frac{\langle n_{\bar{\sigma}} \rangle}{E - U_H - \langle n_{\bar{\sigma}} \rangle(\epsilon(\mathbf{k}) - T_0) - T_0} \qquad (3.2)$$

beschrieben werden. Mit diesem Grenzfall kann man nun gedanklich ein effektives Medium einführen, das durch den Hubbard-Term im Hamilton-Operator erzeugt wird. Explizit soll die Coulomb-Abstoßung darin nur für eine Veränderung der spektralen Gewichte $\alpha_{i\sigma}$ und der Dispersionen $T_{i\sigma}(\mathbf{k})$ in (3.1) sorgen. Die eigentlichen Selbstenergien $\Sigma_{\mathbf{k}\sigma}^{(i)}(E)$ werden dann nur über den sf-Teil des Hamilton-Operators bestimmt. Es sind also

$$\alpha_{1\sigma} = 1 - \langle n_{\bar{\sigma}} \rangle \qquad (3.3)$$
$$\alpha_{2\sigma} = \langle n_{\bar{\sigma}} \rangle \qquad (3.4)$$
$$T_{1\sigma}(\mathbf{k}) = T_0 + (1 - \langle n_{\bar{\sigma}} \rangle)(\epsilon(\mathbf{k}) - T_0) \quad (+\langle n_{\bar{\sigma}} \rangle B_{\bar{\sigma}}) \qquad (3.5)$$
$$T_{2\sigma}(\mathbf{k}) = T_0 + \langle n_{\bar{\sigma}} \rangle(\epsilon(\mathbf{k}) - T_0) + U_H \quad (+(1 - \langle n_{\bar{\sigma}} \rangle)B_{\bar{\sigma}}) \; . \qquad (3.6)$$

Die Bedeutung der spektralen Gewichte wird unmittelbar klar, wenn man sich überlegt, dass ein Spin-up-Elektron nur dann auf einem einfach besetzten Gitterplatz sein kann, wenn dort noch kein Spin-down-Elektron ist. Der Anteil dieser Plätze ist aber genau $\alpha_{1\uparrow} = 1 - \langle n_{\downarrow} \rangle$. Durch die Dynamik der Elektronen ist dieses „halb-statische" Bild nicht ganz korrekt, weshalb es erst in dem oben genannten Bereich wirklich vernünftig wird. In der hier verwendeten Theorie soll die Korrelationsfunktion

$$B_{\sigma} = \frac{1}{\langle n_{\sigma} \rangle (1 - \langle n_{\sigma} \rangle)} \frac{1}{N} \sum_{i,j}^{i \neq j} T_{ij} \left\langle c_{i\sigma}^{+} c_{j\sigma} (2n_{i\bar{\sigma}} - 1) \right\rangle \qquad (3.7)$$

aus [55] weggelassen werden. Diese lässt sich zwar selbstkonsistent aus dem Formalismus berechnen, würde aber zu starkem Bandferromagnetismus führen, der die magnetischen Eigenschaften des KLMs überdecken würde.

3.1. Interpolierender Selbstenergieansatz

Selbstenergien bekannter Grenzfälle

Es ist nützlich, die Selbstenergien der Grenzfälle noch einmal anzugeben. Bei deren Formulierung ist darauf zu achten, dass die Systeme sich in dem oben erwähnten effektiven Medium befinden. Die Selbstenergie des ferromagnetisch gesättigten Halbleiters in (2.40) und (2.41) schreibt sich in einer für beide Spinrichtungen konsistenten Form

$$\Sigma_\sigma^{(n=0)}(E) = -\frac{1}{2}z_\sigma JS + \frac{J^2}{4}\frac{(1-z_\sigma)SG_{1-\sigma}(E - \frac{1}{2}z_\sigma JS)}{1 - \frac{1}{2}JG_{1-\sigma}(E - \frac{1}{2}z_\sigma JS)} \ . \tag{3.8}$$

Weiterhin gilt dieser Grenzfall nicht nur für ein einzelnes Testelektron, sondern auch für ein komplett gefülltes Band mit einem „Testloch". Dabei ist zu beachten, dass sich die Streuzustände bei einem Loch für Spin-up-Teilchen ausbilden. In diesem Fall lautet die Selbstenergie

$$\Sigma_\sigma^{(n=2)} = -\frac{1}{2}z_\sigma JS + \frac{1}{4}J^2\frac{(1+z_\sigma)SG_{2-\sigma}(E - \frac{1}{2}z_\sigma JS)}{1 + \frac{1}{2}JG_{2-\sigma}(E - \frac{1}{2}z_\sigma JS)} \ . \tag{3.9}$$

Das effektive Medium äußert sich dadurch, dass die Propagatoren in den Selbstenergien

$$G_{i\sigma} = \frac{1}{N}\sum_{\mathbf{k}}\frac{1}{E - T_{i\sigma}(\mathbf{k})} \tag{3.10}$$

die veränderte Dispersion $T_{i\sigma}(\mathbf{k})$ haben[1]. Hierbei ist es einfach, die Selbstenergie bei $n=0$ der Selbstenergie der Einfachbesetzung ($\Sigma_{\mathbf{k}\sigma}^{(1)}(E)$ in (3.1)) zuzuordnen. Analog dazu entspricht die Selbstenergie bei $n=2$ der der Doppelbesetzung ($\Sigma_{\mathbf{k}\sigma}^{(2)}(E)$).
Bei dem unendlich schmalen Band war bisher keine Selbstenergie angegeben. Allerdings lässt sich die Green-Funktion (2.53) in eine Form bringen, die eine Definition der Selbstenergien

$$\Sigma^{(1)(W=0)}(E) = \frac{1}{2}J\frac{\frac{1}{2}JS(S+1) - (E - T_0)X_{-\sigma}}{E - T_0 - \frac{1}{2}J(1 + X_{-\sigma})} \tag{3.11}$$

$$\Sigma^{(2)(W=0)}(E) = \frac{1}{2}J\frac{\frac{1}{2}JS(S+1) - (E - T_0 - U_H)Y_{-\sigma}}{E - T_0 - U_H - \frac{1}{2}J(1 + Y_{-\sigma})} \tag{3.12}$$

---

[1]Dass in den Propagatoren keine Summation über „i" wie in (3.1) stattfindet, liegt daran, dass jeweils ein spektrales Gewicht null wird. So sind für $n=0$ wegen $\langle n_\sigma\rangle = 0$ die spektralen Gewichte $\alpha_{1\sigma} = 1$ und $\alpha_{2\sigma} = 0$ und bei $n=2$ genau umgekehrt.

3. Elektronisches System

erlaubt[55]. Zur Abkürzung wurde

$$X_\sigma = \frac{\Delta_\sigma^{\text{ISA}} - m_\sigma}{1 - \langle n_\sigma \rangle} \quad (3.13)$$

$$Y_\sigma = \frac{\Delta_\sigma^{\text{ISA}}}{\langle n_\sigma \rangle} \quad (3.14)$$

$$m_\sigma = z_\sigma \langle S_z \rangle \quad (3.15)$$

$$\Delta_\sigma^{\text{ISA}} = \left\langle S_i^\sigma c_{i-\sigma}^+ c_{i\sigma} \right\rangle + z_\sigma \langle S_i^z n_{i\sigma} \rangle \quad (3.16)$$

benutzt. Neben den oben genannten Grenzfällen kann man noch die Selbstenergie durch eine Störungstheorie zweiter Ordnung bestimmen [58]. Diese ist im Bereich kleiner Kopplungen J eine gute Näherung. Sie ist im Allgemeinen recht kompliziert, so dass man sich wieder auf kleine Bandbesetzungen beschränkt. Außerdem enthält sie noch eine Wellenzahlabhängigkeit. Da aber die vorherigen Selbstenergien $\mathbf{k}$-unabhängig waren, soll hier nur die $\mathbf{k}$-gemittelte Selbstenergie

$$\Sigma_\sigma^{2.\,\text{O.}}(E) = -\frac{1}{2}Jm_\sigma + \frac{1}{4}J^2(S(S+1) - m_\sigma(m_\sigma+1))G_\sigma^{(0)}(E) \quad (3.17)$$

eingehen.

Interpolationsansatz und Hochenergieentwicklung

Um zwischen den Selbstenergien der Grenzfälle interpolieren zu können, muss eine allgemeine Form der Selbstenergien in (3.1) gefunden werden, die alle Spezialfälle erfüllt. Ausgehend vom ferromagnetisch gesättigten Halbleiter ist der Ansatz

$$\Sigma_\sigma^{(1)} = -\frac{1}{2}JX_{-\sigma} + \frac{1}{4}J^2 \frac{a_{-\sigma}G_{1-\sigma}(E - \frac{1}{2}z_\sigma JX_{-\sigma})}{1 - b_{-\sigma}G_{1-\sigma}(E - \frac{1}{2}z_\sigma JX_{-\sigma})} \quad (3.18)$$

$$\Sigma_\sigma^{(2)} = -\frac{1}{2}JY_{-\sigma} + \frac{1}{4}J^2 \frac{\hat{a}_{-\sigma}G_{2-\sigma}(E - \frac{1}{2}z_\sigma JY_{-\sigma})}{1 + \hat{b}_{-\sigma}G_{2-\sigma}(E - \frac{1}{2}z_\sigma JY_{-\sigma})} \quad (3.19)$$

vielversprechend. Nun ist es nötig, die noch unbestimmten Parameter a_σ, $\hat{a}_\sigma$, b_σ und $\hat{b}_\sigma$ anzupassen. Dies geschieht über eine Hochenergieentwicklung wie in (2.23)

$$G_{ij\sigma}(E) = \sum_n^\infty \frac{M_{ij\sigma}^{(n)}}{E^{n+1}} \,. \quad (3.20)$$

Mit Hilfe der Dyson-Gleichung

$$EG_{\mathbf{k}\sigma}(E) = 1 + [\epsilon(\mathbf{k}) + \Sigma_{\mathbf{k}\sigma}(E)]G_{\mathbf{k}\sigma}(E) \quad (3.21)$$

3.1. Interpolierender Selbstenergieansatz

lässt sich eine ähnliche Entwicklung für die Selbstenergie

$$\Sigma_{\mathbf{k}\sigma} = \sum_{m=0}^{\infty} \frac{C_{\mathbf{k}\sigma}^{(m)}}{E^m} \qquad (3.22)$$

angeben. Die Koeffizienten $C_{\mathbf{k}\sigma}^{(m)}$ stehen durch (3.21) in enger Verbindung mit den Momenten $M_{\mathbf{k}\sigma}^{(n)}$ der Spektraldichte (2.24) und die ersten drei lauten

$$C_{\mathbf{k}\sigma}^{(0)} = M_{\mathbf{k}\sigma}^{(1)} - \epsilon(\mathbf{k}) \qquad (3.23)$$
$$C_{\mathbf{k}\sigma}^{(1)} = M_{\mathbf{k}\sigma}^{(2)} - (M_{\mathbf{k}\sigma}^{(1)})^2 \qquad (3.24)$$
$$C_{\mathbf{k}\sigma}^{(2)} = M_{\mathbf{k}\sigma}^{(3)} - 2M_{\mathbf{k}\sigma}^{(1)} M_{\mathbf{k}\sigma}^{(2)} + (M_{\mathbf{k}\sigma}^{(1)})^3 \ . \qquad (3.25)$$

Tatsächlich ist es nicht nötig mehr Koeffizienten zu bestimmen, um die Parameter $a_\sigma, \ldots$ zu berechnen, wenn man sich auf $n = 0$ und $n = 2$ beschränkt. Dies muss auch getan werden, da in den Momenten $M_{\mathbf{k}\sigma}^{(n>3)}$ Korrelationsfunktionen vorkommen, die sich nicht aus der Green-Funktion berechnen lassen. Wie bei der Selbstenergie bei schwacher Kopplung kann man mit dem lokalen Charakter der Selbstenergien (3.8, 3.9, 3.11, 3.12) argumentieren und nutzt nur die $\mathbf{k}$-gemittelten Koeffizienten $C_\sigma^{(m)} = \frac{1}{N} \sum_{\mathbf{k}} C_{\mathbf{k}\sigma}^{(m)}$. Die Berechnung der Spektralmomente geschieht nach der Formel (2.24) und ein anschließendes Sortieren nach Potenzen der Energie liefert die gesuchten Parameter[54, 55]

$$a_\sigma = S(S+1) - X_\sigma(X_\sigma + 1) \qquad (3.26)$$
$$\hat{a}_\sigma = S(S+1) - Y_\sigma(Y_\sigma + 1) \qquad (3.27)$$
$$b_\sigma = \hat{b}_\sigma = \frac{1}{2} J \ . \qquad (3.28)$$

Damit sind die interpolierten Selbstenergien (3.18, 3.19) bestimmt.

Selbstkonsistenz der Erwartungswerte

Neben $\langle S^z \rangle$ sind die einzigen Erwartungswerte, die in den Formeln der Selbstenergien enthalten sind, die Elektronenbesetzung $\langle n_\sigma \rangle$ und die Korrelationsfunktion $\Delta_\sigma^{\mathrm{ISA}}$. Diese lassen sich über das Spektraltheorem (2.13) aus der Einelektron-Green-Funktion bestimmen. Sie ergeben sich zu

$$n_\sigma = -\frac{1}{\pi N} \sum_{\mathbf{k}} \sum_{i=1}^{2} \int_{-\infty}^{+\infty} dE \ f_-(E) \mathrm{Im} G_{\mathbf{k}\sigma}^{(i)}(E) \qquad (3.29)$$

$$\Delta_\sigma^{\mathrm{ISA}} = \frac{2}{\pi N J} \sum_{\mathbf{k}} \sum_{i=1}^{2} \int_{-\infty}^{+\infty} dE \ f_-(E) \left(E - T_{i\sigma}(\mathbf{k}) \right) \mathrm{Im} G_{\mathbf{k}\sigma}^{(i)}(E) \ . \qquad (3.30)$$

3. Elektronisches System

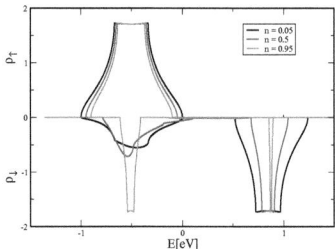
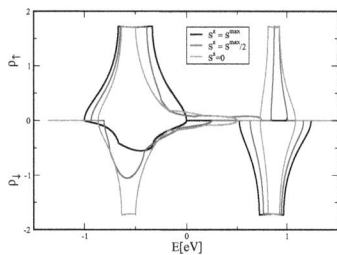

Abbildung 3.1.: Quasiteilchenzustandsdichte der ISA in der $U_H \to \infty$ Näherung. *links:* Für steigende Bandbesetzungen, verkleinern sich die Bandbreiten und das spektrale Gewicht. (*Parameter:* $W = 1\text{eV}$, $J = \frac{2}{3}\text{eV}$, $S = \frac{3}{2}$, $\langle S^z \rangle = S^{\max}$) *rechts:* Ein Absenken der Magnetisierung führt zu einer Verlagerung spektralen Gewichts innerhalb des Spin-up- und Spin-down-Bands. (*Parameter:* $W = 1\text{eV}$, $J = \frac{2}{3}\text{eV}$, $S = \frac{3}{2}$, $n = 0.05$)

Dabei ist $f_-(E) = (e^{\beta(E-\mu)} + 1)^{-1}$ mit $\beta = (k_B T)^{-1}$ die Fermifunktion, in die das chemische Potential μ einfließt.
Im Grenzfall des unendlich schmalen Bandes im Abschnitt 2.4.2 wurde bereits darauf hingewiesen, dass für gewisse Magnetisierungen unphysikalische Ergebnisse der Zustandsdichte vorkommen können. Dies tritt erst bei Magnetisierungen

$$\langle S^z \rangle > S\frac{S+1-n}{S+1} \equiv S^{\max} \quad (3.31)$$

auf, bei denen das spektrale Gewicht (2.55) der Spektralfunktion des unendlich schmalen Bands negativ werden kann[53]. Eine endliche Bandbesetzung verhindert damit eine ferromagnetische Sättigung des Systems. Eine Möglichkeit diese Schwierigkeiten in der ISA zu umgehen, ist es, die Magnetisierungen nach

$$\langle S^z \rangle \longrightarrow \langle S^z \rangle \frac{S+1-n}{S+1} \quad (3.32)$$

zu skalieren. Damit wird das Erreichen eines kritischen Bereiches vermieden.

Quasiteilchenzustandsdichte der ISA

Die ISA eignet sich besonders für große Coulomb-Abstoßungen, da hier (3.2) vernünftig ist. Ein Spezialfall ist die Wahl $U_H \to \infty$, bei der der Doppelbesetzungsteil der GF $G^{(2)}_{\mathbf{k}\sigma}(E)$ vernachlässigbar wird. Das bedeutet aber nicht etwa, dass damit die Coulomb-Abstoßung keinen Einfluss mehr hat. Durch das spektrale Gewicht $\alpha_{1\sigma} = 1 - \langle n_{\bar{\sigma}} \rangle$ wird immer noch die Anzahl der energetisch erreichbaren Gitterplätze bestimmt. Die um U verschobenen Zustände werden aber nie besetzt und spielen damit in der Berechnung von Erwartungswerten keine Rolle. Abbildung 3.1 zeigt Quasiteilchen-Zustandsdichten, die in diesem Limes berechnet worden sind. Bei kleinen Elektronendichten n sieht man

gut wie sich der Grenzfall des ferromagnetisch gesättigten Halbleiters ergibt (vgl. Abb. 2.3). Steigen die Bandbesetzungen an, spielt die Coulomb-Abstoßung eine größere Rolle und der Verlust spektralen Gewichts nimmt zu[2]. Existiert eine endliche Magnetisierung $\langle S^z \rangle$ ist dieser Verlust hauptsächlich im Minoritätsband zu finden. Wichtiger ist aber, dass durch die Interpolation auch Parameterwerte außerhalb der Grenzfälle möglich sind. Insbesondere kann bei endlicher Bandbreite die Magnetisierung für $\langle S^z \rangle < S^{\max}$ beliebige Werte annehmen. Bei sinkendem $\langle S^z \rangle$ kommt es zu einer Verschiebung von spektralem Gewicht vom Spin-up- zum Spin-down Band, wobei die Bandschwerpunkte, im Gegensatz zur MFN, erhalten bleiben.
Es ist ein Nachteil der ISA, dass man nicht genau einschätzen kann, wie gut die Näherung abseits der Grenzfälle tatsächlich ist. So soll im nächsten Abschnitt ein anderes Konzept verfolgt werden.

3.2. Momenterhaltender Entkopplungsansatz

Anders als bei der ISA, benötigt der momenterhaltende Entkopplungsansatz (*moment conserving decoupling approach*, MCDA[59]) keine Spezialfälle, von denen ausgegangen werden muss. Es werden hier Bewegungsgleichungen höherer Ordnung aufgestellt, wobei naturgemäß kompliziertere Terme auftreten. Die Grundkonzepte zur Vereinfachung der BGL werden sein:

- formale Ersetzung von speziellen Kommutatoren durch die Selbstenergie
- Zurückführung von höheren GF auf GF niedrigerer Ordnung.

Insbesondere der zweite Schritt lässt zwei Varianten zu, die in einzelnen Abschnitten besprochen werden. Die etwas kompliziertere Herleitung soll dadurch etwas vereinfacht werden, dass vorerst nur das reine KLM

$$\mathcal{H} = \underbrace{\sum_{<i,j>,\sigma} T_{ij} c_{i\sigma}^+ c_{j\sigma}}_{H_0} - \underbrace{\frac{J}{2} \sum_{i,\sigma} \left(z_\sigma S_i^z n_{i\sigma} + S_i^\sigma c_{i\bar\sigma}^+ c_{i\sigma} \right)}_{H_{sf}} \qquad (3.33)$$

den Hamilton-Operator ausmacht. Später können andere Terme hinzugefügt werden, was im Anhang B.1 besprochen wird.
Ausgangspunkt ist die BGL der Einelektronen-GF

$$\sum_m \left(E\delta_{im} - T_{im} \right) G_{mj\sigma}(E) = \delta_{ij} + \langle\langle [c_{i\sigma}, H_{sf}]_-; c_{j\sigma}^+ \rangle\rangle \qquad (3.34)$$

$$= \delta_{ij} - \frac{J}{2} \left(I_{iij\sigma}(E) + F_{iij\sigma}(E) \right) \qquad (3.35)$$

---
[2] In der Tat handelt es sich eigentlich um eine Verschiebung spektralen Gewichts zum Doppelbesetzungsband. Dieses wird aber bei $U \to \infty$ nicht berücksichtigt.

3. Elektronisches System

aus der sich neue höhere GF

$$I_{ikj\sigma}(E) = \langle\langle S_i^z c_{k\sigma}; c_{j\sigma}^+ \rangle\rangle \qquad \text{Isingfunktion} \qquad (3.36)$$

$$F_{ikj\sigma}(E) = \langle\langle S_i^{\bar{\sigma}} c_{k\bar{\sigma}}; c_{j\sigma}^+ \rangle\rangle \qquad \text{Spinflipfunktion} \qquad (3.37)$$

ergeben. Wie in (2.20) lässt sich die BGL (3.35) formal durch Definition einer Selbstenergie[3] $M_{ik\sigma}(E)$ mit

$$\langle\langle [c_{i\sigma}, H_{sf}]_-; c_{j\sigma}^+ \rangle\rangle = \sum_k M_{ik\sigma}(E) G_{kj\sigma}(E) \qquad (3.38)$$

lösen. Diese Form der Selbstenergie wird im weiteren Verlauf eine wichtige Rolle einnehmen. Der nächste Schritt ist die Aufstellung der BGL der Ising- und der Spinflip-GF auf. Es gilt

$$\sum_l (E\delta_{kl} - T_{kl}) F_{ilj\sigma}(E) = \langle\langle [S_i^{\bar{\sigma}} c_{k\bar{\sigma}}, H_{sf}]_-; c_{j\sigma}^+ \rangle\rangle \qquad (3.39)$$

$$\sum_l (E\delta_{kl} - T_{kl}) \Gamma_{ilj\sigma}(E) = \langle\langle [\delta S_i^z c_{k\sigma}, H_{sf}]_-; c_{j\sigma}^+ \rangle\rangle , \qquad (3.40)$$

wobei die reduzierte Isingfunktion

$$\Gamma_{ikj\sigma}(E) = \langle\langle S_i^z c_{k\sigma}; c_{j\sigma}^+ \rangle\rangle - \langle S^z \rangle G_{kj\sigma}(E) = \langle\langle \delta S_i^z c_{k\sigma}; c_{j\sigma}^+ \rangle\rangle \qquad (3.41)$$

eingeführt wurde, um die Inhomogenität $\langle S^z \rangle \delta_{ij}$ aus der BGL verschwinden zu lassen. Die Kommutatoren der höheren Green-Funktionen auf der rechten Seite lassen sich aufspalten, so dass sich

$$\langle\langle [S_i^{\bar{\sigma}} c_{k\bar{\sigma}}, H_{sf}]_-; c_{j\sigma}^+ \rangle\rangle = \langle\langle S_i^{\bar{\sigma}} [c_{k\bar{\sigma}}, H_{sf}]_-; c_{j\sigma}^+ \rangle\rangle + \langle\langle [S_i^{\bar{\sigma}}, H_{sf}]_- c_{k\bar{\sigma}}; c_{j\sigma}^+ \rangle\rangle \qquad (3.42)$$

$$\langle\langle [\delta S_i^z c_{k\sigma}, H_{sf}]_-; c_{j\sigma}^+ \rangle\rangle = \langle\langle \delta S_i^z [c_{k\sigma}, H_{sf}]_-; c_{j\sigma}^+ \rangle\rangle + \langle\langle [\delta S_i^z, H_{sf}]_- c_{k\sigma}; c_{j\sigma}^+ \rangle\rangle$$

ergibt. Das KLM hat im Wechselwirkungsanteil des Hamilton-Operators nur *on-site*-Beiträge. Trotzdem entstehen durch das Hopping und den Vielteilchenaspekt auch Korrelationen mit entfernten Gitterplätzen. Allerdings werden sich die *on-site*-Korrelationen qualitativ und quantitativ stark von denen entfernterer Gitterplätze unterscheiden. Es kann also zwischen Diagonaltermen ($i = k$) und Nichtdiagonaltermen ($i \neq k$) unterschieden werden. Für beide Anteile sollen verschiedene Ansätze gemacht werden.

Nichtdiagonalterme

Es kommen in den höheren Green-Funktionen in Formel (3.42) Anteile mit den Termen $[c_{k\pm\sigma}, H_{sf}]_-$ vor. Diese bringt man formal mit der Selbstenergie in (3.38) in Verbindung

---

[3] Die Selbstenergie soll nun mit dem Buchstaben M statt Σ bezeichnet werden, um diese Selbstenergie von der der ISA abzugrenzen bzw. um Verwechslungen mit dem hier häufiger benutzten Summenzeichen zu vermeiden.

3.2. Momenterhaltender Entkopplungsansatz

und entkoppelt zu:

$$\langle\langle S_i^{\bar{\sigma}}[c_{k\bar{\sigma}}, H_{sf}]_-; c_{j\sigma}^+\rangle\rangle \approx \sum_l M_{kl\bar{\sigma}}(E)\langle\langle S_i^{\bar{\sigma}} c_{l\bar{\sigma}}; c_{j\sigma}^+\rangle\rangle \tag{3.43}$$

$$\langle\langle \delta S_i^z[c_{k\sigma}, H_{sf}]_-; c_{j\sigma}^+\rangle\rangle \approx \sum_l M_{kl\sigma}(E)\langle\langle S_i^z c_{l\sigma}; c_{j\sigma}^+\rangle\rangle \tag{3.44}$$

Für die restlichen Terme in (3.42) bildet man H_{sf} auf ein Heisenberg-Operator H_{ff} ab[59]. Die Verbindung zwischen den beiden Modellen steckt in den effektiven Austauschintegralen J_{im}. Es ergibt sich

$$\langle\langle [S_i^{\bar{\sigma}}, H_{ff}]_- c_{k\bar{\sigma}}; c_{j\sigma}^+\rangle\rangle \approx 2\langle S^z\rangle \sum_l J_{il}\left(F_{lkj\sigma}(E) - F_{ikj\sigma}(E)\right) \approx 0, \tag{3.45}$$

$$\langle\langle [\delta S_i^z, H_{ff}]_- c_{k\sigma}; c_{j\sigma}^+\rangle\rangle \approx \sum_l J_{il}\left(\langle S_i^+ S_l^-\rangle - \langle S_i^- S_l^+\rangle\right) G_{kj\sigma}(E) = 0. \tag{3.46}$$

Die erste Gleichung (3.45) beschreibt Terme, die energetisch im Bereich von Magnonenenergien liegen. Diese sind typischerweise deutlich geringer ($\sim 10^{-3}$)[37] als alle anderen Energien des Kondo-Gitter-Modells. Somit kann dieser Term in guter Näherung vernachlässigt werden. Nimmt man Translationsinvarianz an, wird auch die zweite Gleichung (3.46) wegen der Vertauschbarkeit von $S_i^+ S_l^-$ ($i \neq l$) und $J_{ii} = 0$ null.

Diagonalterme

Die Diagonalterme entsprechen größeren Wechselwirkungen und müssen demnach anders behandelt werden. Man geht hier einen Schritt weiter in der BGL, wofür nach (3.42) folgende Ausdrücke berechnet werden müssen:

$$\langle\langle S_i^{\bar{\sigma}}[c_{i\bar{\sigma}}, H_{sf}]_-; c_{j\sigma}^+\rangle\rangle = -\frac{J}{2}\left(-z_\sigma F_{iij\sigma}^{(1)} + F_{iij\sigma}^{(2)} + \langle S_i^{\bar{\sigma}} S_i^\sigma\rangle G_{ij\sigma}\right) \tag{3.47}$$

$$\langle\langle [S_i^{\bar{\sigma}}, H_{sf}]_- c_{i\sigma}; c_{j\sigma}^+\rangle\rangle = -\frac{J}{2}\Big(F_{iiij\sigma}^{(3)} - \langle\langle S_i^{\bar{\sigma}} \underbrace{n_{i\bar{\sigma}} c_{i\sigma}}_{=0}; c_{j\sigma}^+\rangle\rangle + 2z_\sigma F_{iiij\sigma}^{(4)}\Big) \tag{3.48}$$

$$\langle\langle \delta S_i^z[c_{i\sigma}, H_{sf}]_-; c_{j\sigma}^+\rangle\rangle = -\frac{J}{2}z_\sigma\Big(\langle(\delta S_i^z)^2\rangle G_{ij\sigma} + z_\sigma F_{iij\sigma}^{(1)} - F_{iij\sigma}^{(2)} - \tag{3.49}$$
$$- (\langle S_i^z\rangle + z_\sigma)(\Gamma_{iij\sigma} + z_\sigma F_{iij\sigma})\Big)$$

$$\langle\langle [\delta S_i^z, H_{sf}]_- c_{i\sigma}; c_{j\sigma}^+\rangle\rangle = -\frac{J}{2}z_\sigma F_{iiij\sigma}^{(3)}. \tag{3.50}$$

3. Elektronisches System

Es treten dabei vier neue Green-Funktionen

$$F^{(1)}_{iij\sigma}(E) = \langle\langle S_i^{\bar{\sigma}} S_i^z c_{i\bar{\sigma}}; c_{j\sigma}^+ \rangle\rangle \qquad (3.51)$$

$$F^{(2)}_{iij\sigma}(E) = \langle\langle \delta(S_i^{\bar{\sigma}} S_i^{\sigma}) c_{i\sigma}; c_{j\sigma}^+ \rangle\rangle \qquad (3.52)$$

$$F^{(3)}_{iiiij\sigma}(E) = \langle\langle S_i^{\bar{\sigma}} n_{i\sigma} c_{i\bar{\sigma}}; c_{j\sigma}^+ \rangle\rangle \qquad (3.53)$$

$$F^{(4)}_{iiiij\sigma}(E) = \langle\langle S_i^z n_{i\bar{\sigma}} c_{i\sigma}; c_{j\sigma}^+ \rangle\rangle \qquad (3.54)$$

auf. Nun sind die höheren Green-Funktionen $F^{(\nu)}_{iij\sigma}$, $\nu = 1, \ldots, 4$, unbekannt. Man könnte jetzt für diese die nächsthöheren Bewegungsgleichungen aufstellen und versuchen, ein geschlossenes Gleichungssystem zu erhalten. Allerdings wird dies zu immer komplizierteren Ausdrücken führen, die eine Lösung praktisch unmöglich machen. Deshalb soll versucht werden, eine andere, genäherte Darstellung dieser Green-Funktionen zu verwenden, welche auf bekannte Ausdrücke in bestimmten Grenzfällen zurück geht.

3.2.1. MCDA ohne explizite Betrachtung der Doppelbesetzung

Eine Lösung der Bewegungsgleichungen (3.39) und (3.40) wird durch das Auftreten vier weiterer Green-Funktionen $F^{(\nu)}_{iij\sigma}$ in (3.51)-(3.54) im nächsten Schritt der BGL verhindert. Als erster Ansatz sollen *alle vier* Funktionen durch Linearkombinationen bekannter GF, in diesem Fall $G_{ij\sigma}(E)$, $F_{ij\sigma}(E)$ und $\Gamma_{ij\sigma}(E)$, ausgedrückt werden. Um zu sehen in welcher Form dies geschehen soll, ist es nützlich, sich bestimmte Grenzfälle anzuschauen. Die ersten beiden Green-Funktionen (3.51) und (3.52) lassen sich für $S = \frac{1}{2}$ als

$$F^{(1)}_{iij\sigma}(E) = \frac{1}{2} z_\sigma F_{ij\sigma}(E) \qquad (3.55)$$

$$F^{(2)}_{iij\sigma}(E) = -z_\sigma \Gamma_{ij\sigma}(E) \qquad (3.56)$$

ausdrücken. Ebenso gilt bei ferromagnetischer Sättigung ($S_i^z = S$)

$$F^{(1)}_{iij\sigma}(E) = \left(S - \frac{1}{2} + \frac{1}{2} z_\sigma\right) F_{ij\sigma}(E) \qquad (3.57)$$

$$F^{(2)}_{iij\sigma}(E) = z_\sigma S G_{ij\sigma}(E) - z_\sigma I_{iij\sigma}(E) = -z_\sigma \Gamma_{ij\sigma}(E) \,. \qquad (3.58)$$

Eine Besonderheit stellen die beiden Green-Funktionen (3.53) und (3.54) dar. Durch die Operatorkombinationen $n_{i\pm\sigma} c_{i\mp\sigma}$ sind sie nur von null verschieden, wenn der jeweilige Gitterplatz mit zwei Elektronen besetzt ist. Sie können also durchaus ein anderes prinzipielles Verhalten aufweisen, als Green-Funktionen ohne diesen Doppelbesetzungscharakter. Dies war auch schon beim Grenzfall des unendlichen schmalen Bandes erkennbar (vgl. Abschnitt 2.4.2). Trotzdem besitzen die Funktionen $F^{(3)}_{iij\sigma}(E)$ und $F^{(4)}_{iij\sigma}(E)$ exakte Grenzfälle bei leeren oder vollen Leitungsbändern, die diese auf „Einfachbesetzungs"-GF zurückführen. Bei $n = 0$ verschwinden diese Funktionen und bei $n = 2$ haben alle

3.2. Momenterhaltender Entkopplungsansatz

Besetzungszahloperatoren $n_{i\sigma}$ den Eigenwert eins, was die Darstellung

$$F^{(3)}_{iiij\sigma}(E) = F_{iij\sigma}(E) \tag{3.59}$$

$$F^{(4)}_{iiiij\sigma}(E) = \Gamma_{iij\sigma}(E) + \langle S_i^z \rangle G_{ij\sigma}(E) \tag{3.60}$$

erlaubt. Motiviert durch die oben genannten Grenzfälle, liegt es nun nahe, die Funktionen $F^{(\nu)}_{iij\sigma}(E)$ als Linearkombinationen der Green-Funktion und der (reduzierten) Ising- bzw. Spinflipfunktion auszudrücken. Dies geschieht nach folgendem Ansatz:

$$F^{(1)}_{iij\sigma}(E) = \alpha_{1\sigma} G_{ij\sigma}(E) + \beta_{1\sigma} F_{iij\sigma}(E) \tag{3.61}$$

$$F^{(2)}_{iij\sigma}(E) = \alpha_{2\sigma} G_{ij\sigma}(E) + \beta_{2\sigma} \Gamma_{iij\sigma}(E) \tag{3.62}$$

$$F^{(3)}_{iiij\sigma}(E) = \alpha_{3\sigma} G_{ij\sigma}(E) + \beta_{3\sigma} F_{iij\sigma}(E) \tag{3.63}$$

$$F^{(4)}_{iiiij\sigma}(E) = \alpha_{4\sigma} G_{ij\sigma}(E) + \beta_{4\sigma} \Gamma_{iij\sigma}(E) \tag{3.64}$$

Die Koeffizienten können durch exakte Aussagen, z.B. der Momenten- bzw. Erwartungswerterhaltung, bestimmt werden. Darauf und auf die explizite Form der Koeffizienten wird im Anhang A eingegangen. Mit dem obigen Ansatz können die Bewegungsgleichungen für die reduzierte Ising- und die Spinflipfunktion aufgestellt werden, die jetzt nur noch von drei GF $G_{ij\sigma}(E)$, $F_{ijk\sigma}(E)$ und $\Gamma_{ijk\sigma}(E)$ abhängen. Es ergeben sich aus (3.39,3.40) mit (3.45,3.46) und (3.47)-(3.50), sowie den Ersetzungen (3.61)-(3.64) die BGL

$$\sum_l \Big(E\delta_{kl} - T_{kl} - M_{kl\sigma}(E)\Big)\Gamma_{ilj\sigma}(E) = -\delta_{ik}\sum_l M_{kl\sigma}(E)\Gamma_{ilj\sigma}(E)-$$
$$-\delta_{ik}\frac{J}{2}\left(A_{\Gamma\sigma}G_{ij\sigma}(E) + B_{\Gamma\sigma}\Gamma_{iij\sigma}(E) + C_{\Gamma\sigma}F_{iij\sigma}(E)\right) , \tag{3.65}$$

$$\sum_l \Big(E\delta_{kl} - T_{kl} - M_{kl\bar{\sigma}}(E)\Big)F_{ilj\sigma}(E) = -\delta_{ik}\sum_l M_{kl\bar{\sigma}}(E)F_{ilj\sigma}(E)-$$
$$-\delta_{ik}\frac{J}{2}\left(A_{F\sigma}G_{ij\sigma}(E) + B_{F\sigma}\Gamma_{iij\sigma}(E) + C_{F\sigma}F_{iij\sigma}(E)\right) . \tag{3.66}$$

Die Vorfaktoren der Green-Funktionen sind dabei

$$A_{\Gamma\sigma} = z_\sigma \left\langle (\delta S_i^z)^2 \right\rangle + \alpha_{1\sigma} - z_\sigma \alpha_{2\sigma} + z_\sigma \alpha_{3\sigma}$$
$$B_{\Gamma\sigma} = z_\sigma \langle S_i^z \rangle - z_\sigma \beta_{2\sigma} - 1$$
$$C_{\Gamma\sigma} = -z_\sigma - \langle S_i^z \rangle + \beta_{1\sigma} + z_\sigma \beta_{3\sigma}$$
$$A_{F\sigma} = -z_\sigma \alpha_{1\sigma} + \alpha_{2\sigma} + \alpha_{3\sigma} + 2z_\sigma \alpha_{4\sigma}$$
$$B_{F\sigma} = \beta_{2\sigma} + 2z_\sigma \beta_{4\sigma}$$
$$C_{F\sigma} = -z_\sigma \beta_{1\sigma} + \beta_{3\sigma} .$$

Es macht den Formalismus einfacher und übersichtlicher, wenn an dieser Stelle ein Ergebnis vorweg genommen wird. So ist die Selbstenergie $M_{kl\sigma}(E)$ wegen der Vernachlässigung

3. Elektronisches System

der Magnonenenergien lokal[59]. Deshalb gilt die Ersetzung

$$M_{kl\sigma}(E) = M_\sigma(E)\delta_{kl} \ . \tag{3.67}$$

Somit können die Gleichungen (3.65) und (3.66) von links mit $\sum_k G_{ik\pm\sigma}(E)$ multipliziert werden. Wegen

$$\sum_k G_{ik\pm\sigma}(E)\Big(E\delta_{kl} - T_{kl} - M_{kl\pm\sigma}(E)\Big) = \delta_{il} \tag{3.68}$$

vereinfachen sich die Gleichungen zu[4]

$$\Gamma_{iij\sigma} = G_\sigma\left((-M_{\bar\sigma} - \frac{J}{2}B_{\Gamma\sigma})\Gamma_{iij\sigma} - \frac{J}{2}(A_{\Gamma\sigma}G_{ij\sigma} + C_{\Gamma\sigma}F_{iij\sigma})\right) \tag{3.69}$$

$$F_{iij\sigma} = G_{\bar\sigma}\left((-M_{\bar\sigma} - \frac{J}{2}B_{F\sigma})F_{iij\sigma} - \frac{J}{2}(A_{F\sigma}G_{ij\sigma} + B_{F\sigma}\Gamma_{iij\sigma})\right) \ . \tag{3.70}$$

Dabei tritt die lokale Green-Funktion $G_\sigma(E) = G_{ii\sigma}(E)$ auf. Da aber Translationsinvarianz gelten soll, kann der Ortsindex keine Rolle spielen und nach Fouriertransformation ergibt sich

$$G_\sigma(E) = \frac{1}{N}\sum_{\mathbf{k}} \frac{1}{E - \epsilon(\mathbf{k}) - M_\sigma(E)} \ . \tag{3.71}$$

Diese beiden Gleichungen (3.69, 3.70) sind ein Gleichungssystem in den zwei Variablen $\Gamma_{iij\sigma}(E)$ und $F_{iij\sigma}(E)$ und lassen sich mit einer Koeffizientenmatrix

$$\hat{A}_\sigma = \begin{pmatrix} 1 + G_{\bar\sigma}(E)(M_{\bar\sigma}(E) + \frac{J}{2}C_{F\sigma}) & \frac{J}{2}B_{F\sigma}G_{\bar\sigma}(E) \\ \frac{J}{2}C_{\Gamma\sigma}G_\sigma(E) & 1 + G_\sigma(E)(M_\sigma(E) + \frac{J}{2}B_{\Gamma\sigma}) \end{pmatrix} \tag{3.72}$$

als

$$\hat{A}_\sigma \begin{pmatrix} F_{iij\sigma}(E) \\ \Gamma_{iij\sigma}(E) \end{pmatrix} = -\frac{J}{2}G_{ij\sigma}(E)\begin{pmatrix} A_{F\sigma}G_{\bar\sigma}(E) \\ A_{\Gamma\sigma}G_\sigma(E) \end{pmatrix} \tag{3.73}$$

darstellen. In der Matrix $\hat{A}_\sigma$ kommen nur lokale Terme vor, so dass sich die Lösungen des Gleichungssystems (3.73) als

$$\Gamma_{iij\sigma}(E) = \Gamma_\sigma(E)G_{ij\sigma}(E) \tag{3.74}$$

$$F_{iij\sigma}(E) = F_\sigma(E)G_{ij\sigma}(E) \tag{3.75}$$

---

[4]Die Variable E wurde hier in den Funktionen $\Gamma_{iij\sigma}(E)$, $F_{iij\sigma}(E)$,... unterdrückt um eine bessere Übersicht zu gewähren. Dies geschieht hin und wieder in dieser Arbeit und soll nicht weiter kommentiert werden. Im Allgemeinen sind Green-Funktionen und Selbstenergien energieabhängig!

3.2. Momenterhaltender Entkopplungsansatz

schreiben lassen. Die Faktoren $\Gamma_\sigma(E)$, $F_\sigma(E)$ sind dann

$$\Gamma_\sigma(E) = \frac{\det \hat{A}_{\Gamma\sigma}}{\det \hat{A}_\sigma}, \qquad F_\sigma(E) = \frac{\det \hat{A}_{F\sigma}}{\det \hat{A}_\sigma} \qquad (3.76)$$

mit den Matrizen

$$\hat{A}_{F\sigma} = \begin{pmatrix} -\frac{J}{2}A_{F\sigma}G_{\bar{\sigma}}(E) & \frac{J}{2}B_{F\sigma}G_{\bar{\sigma}}(E) \\ -\frac{J}{2}A_{\Gamma\sigma}G_\sigma(E) & 1 + G_\sigma(E)(M_\sigma(E) + \frac{J}{2}B_{\Gamma\sigma}) \end{pmatrix} \qquad (3.77)$$

und

$$\hat{A}_{\Gamma\sigma} = \begin{pmatrix} 1 + G_{\bar{\sigma}}(E)(M_{\bar{\sigma}}(E) + \frac{J}{2}C_{F\sigma}) & -\frac{J}{2}A_{F\sigma}G_{\bar{\sigma}}(E) \\ \frac{J}{2}C_{\Gamma\sigma}G_\sigma(E) & -\frac{J}{2}A_{\Gamma\sigma}G_\sigma(E) \end{pmatrix}. \qquad (3.78)$$

Ausgehend von der BGL (3.35) von $G_{ij\sigma}(E)$, in die (3.74), (3.75) einsetzt werden, und mit der Definition der Selbstenergie (3.38) ergibt sich

$$\sum_l (E\delta_{il} - T_{il})G_{lj\sigma}(E) = \delta_{ij} - \frac{J}{2}\Big(z_\sigma\langle S_i^z\rangle + z_\sigma\Gamma_\sigma(E) + F_\sigma(E)\Big)G_{ij\sigma}(E) \qquad (3.79)$$

$$\overset{!}{=} \delta_{ij} + \sum_l M_{il\sigma}G_{lj\sigma}(E) \,. \qquad (3.80)$$

Damit kann man direkt die Selbstenergie

$$M_{il\sigma}(E) = -\frac{J}{2}\Big(z_\sigma\langle S_i^z\rangle + z_\sigma\Gamma_\sigma(E) + F_\sigma(E)\Big)\delta_{il} \qquad (3.81)$$

ablesen. Diese ist in der Tat lokal und es entsteht kein Widerspruch zu (3.67) in der Herleitung der Selbstenergie. Mit der Selbstenergie kann auch die Einelektronen-GF bestimmt werden. Nach einer Fouriertransformation ergibt sich

$$G_{\mathbf{k}\sigma}(E) = \frac{1}{E - \epsilon(\mathbf{k}) - M_\sigma(E)} \quad \text{mit} \qquad (3.82)$$

$$M_\sigma(E) = -\frac{J}{2}\Big(z_\sigma\langle S_i^z\rangle + z_\sigma\Gamma_\sigma(E) + F_\sigma(E)\Big)\,. \qquad (3.83)$$

Alle implizit vorkommenden elektronischen Erwartungswerte können selbstkonsistent berechnet werden (vgl. Anhang A) und das gesamte Gleichungssystem ist damit geschlossen.

Es sei erwähnt, dass die MCDA den Grenzfall des ferromagnetisch gesättigten Halbleiter exakt reproduziert ([37, 60]). Dies ist als eine Stärkung der Plausibilität der Theorie zu sehen. Dadurch dass die Green-Funktionen (3.53), (3.54) nicht durch „Doppelbesetzungs"-Green-Funktionen (DB-GF) ausgedrückt werden, erfüllt dieser Ansatz allerdings nicht den Grenzfall des unendlich schmalen Bands. Es fehlen die Pole bei $E_{D,1} = T_0 - \frac{J}{2}(S+1)$ und bei $E_{D,2} = T_0 + \frac{J}{2}S$ aus (2.47) und (2.48) . Diese erscheinen nur bei einer explizi-

3. Elektronisches System

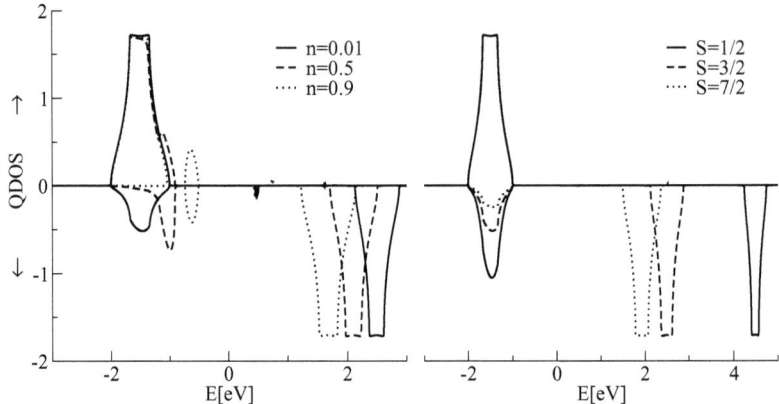

Abbildung 3.2.: Quasiteilchen-Zustandsdichten der MCDA bei ferromagnetischer Sättigung $\langle S^z \rangle = S$. Man beachte die Verschiebung der Pole mit der Bandbesetzung n und die Verringerung des Streuanteils mit Erhöhung der Spinquantenzahl S. Die Koeffizienten der Linearkombinationen der Doppelbesetzungs-GF wurden hier mittels Momenterhaltung bestimmt (vgl. Anhang A). Parameter: *links:* $S = \frac{3}{2}$ *rechts:* $n = 0.01$ *alle:* $W = 1eV$, $JS = 3eV$

ten Berücksichtigung der Doppelbesetzung[5]. Des Weiteren bleiben die Pole der Green-Funktion $G_\sigma(E)$ *nicht* konstant. Mit einer Änderung der Bandbesetzung n verschieben sich diese (vgl. Abb. 3.2). Dies ist nach dem Grenzfall des unendlich schmalen Bands nicht zu erwarten.

3.2.2. MCDA mit expliziter Berücksichtigung der Doppelbesetzung

Ein Manko der MCDA ohne explizite Betrachtung der Doppelbesetzung ist das Fehlen der Pole, die aus der Doppelbesetzung stammen. Außerdem kommt es zu einer nicht zu erwartenden Verschiebung der verbleibenden Pole durch eine Veränderung der Bandbesetzung. Es stellt sich die Frage, ob die Darstellung der Green-Funktionen mit Doppelbesetzungscharakter $F^{(3)}_{iiiij\sigma}(E)$ und $F^{(4)}_{iiiij\sigma}(E)$ durch „Einzelbesetzungs"-GF[6] in (3.63, 3.64) wirklich eine gute Wahl ist.

Die Strategie dieses Abschnittes ist es, die beiden GF aus Bewegungsgleichungen zu berechnen. Dabei wird eine recht ähnliche Vorgehensweise wie zu der Bestimmung der GF $F_{ijk\sigma}(E)$ und $\Gamma_{ijk\sigma}(E)$ in den Abschnitten 3.2 und 3.2.1 verwendet. Im Gegensatz

---
[5] In der Herleitung der MCDA wurde ein möglicher Hubbard-Term nicht berücksichtigt. Deshalb würde hier die Hubbard-Kopplung U_H bei $E_{D,1,2}$ nicht auftauchen.

[6] Der Begriff „Einzelbesetzungs"-GF ist physikalisch nicht ganz exakt, da in diesen Funktionen auch Doppelbesetzungen eigentlich beinhaltet sind. Er dient hier aber zur einfacheren Unterscheidung von den Green-Funktionen die durch die Operatorkombinationen $n_{i\pm\sigma}c_{i\mp\sigma}$ nur bei Doppelbesetzung ungleich null sind.

3.2. Momenterhaltender Entkopplungsansatz

zu (3.35) ist hier allerdings nicht $G_{ij\sigma}(E)$ der Ausgangspunkt der BGL, sondern deren Pendant bzgl. der Doppelbesetzung

$$D_{iiij\sigma}(E) = \langle\langle c_{i\bar{\sigma}}^+ c_{i\bar{\sigma}} c_{i\sigma}; c_{j\sigma}^+ \rangle\rangle \ . \tag{3.84}$$

Im Großen und Ganzen verlaufen die nachfolgenden Schritte bzgl. der Doppelbesetzungs-GF (DB-GF) wie die bzgl. der Einzelbesetzungs-GF (EB-GF). Diese sind:

- Aufstellen der BGL der „Grund-Green-Funktion" (jetzt $D_{iiij\sigma}(E)$)
- Aufstellen der BGL der höheren Green-Funktionen
- Unterscheidung in diagonale/nicht-diagonale Terme
  - formale Ersetzung von Kommutatoren durch Selbstenergien in nicht-diagonalen Termen
  - explizites Berechnen der Kommutatoren in diagonalen Termen
- Zurückführen höherer GF auf GF niedrigerer Ordnung
- Schließen und Lösen des Gleichungssystems

Durch den komplizierten Charakter der DB-GF sind allerdings noch weitere Näherungen nötig, die dann im Einzelnen erläutert werden.
Startpunkt ist nun die BGL von $D_{iiij\sigma}(E)$

$$ED_{iiij\sigma}(E) = \langle n_{i\bar{\sigma}}\rangle \delta_{ij} + \tag{3.85}$$
$$+ \sum_l \left(-T_{li} D_{liij\sigma}(E) + T_{il} D_{ilij\sigma}(E) + T_{il} D_{iilj\sigma}(E) \right) -$$
$$- \frac{J}{2} \left(F_{iiij\sigma}^{(3)}(E) + z_\sigma F_{iiij\sigma}^{(4)}(E) \right) \ .$$

Man erkennt leicht die Verbindung zu den gesuchten Green-Funktionen $F_{iiij\sigma}^{(3)}(E)$ und $F_{iiij\sigma}^{(4)}(E)$. Als erste Komplikation zeigt sich das Auftauchen dreier Hoppingterme. Die ersten beiden sollen nun Hubbard-I-artig[61] entkoppelt werden. Mit Annahme von Translationsinvarianz folgt:

$$\sum_l \left(-T_{li} D_{liij\sigma}(E) + T_{il} D_{ilij\sigma}(E) \right) \approx$$
$$\approx \sum_l \left(-T_{il} \langle c_{l\bar{\sigma}}^+ c_{i\bar{\sigma}} \rangle G_{ij\sigma}(E) + T_{il} \langle c_{i\bar{\sigma}}^+ c_{l\bar{\sigma}} \rangle G_{ij\sigma}(E) \right) = 0 \ . \tag{3.86}$$

Wie in (3.38) soll jetzt eine Art Selbstenergie eingeführt werden, die eine formale Lösung des Problems (3.85) erlaubt. Nun ist es bei GF mit mehreren aktiven Operatoren ($c_{i\bar{\sigma}}^+ c_{i\bar{\sigma}} c_{i\sigma} \equiv n_{i\bar{\sigma}} c_{i\sigma}$) nicht so einfach Selbstenergien zu definieren[7]. Um dies doch in einer zu (3.38) ähnlichen Weise zu tun, kann man die Operatoren $n_{i\pm\sigma}$ vorübergehend

---
[7]Es ist möglich die Bewegungsgleichung (3.85) mit dem Operator $c_{j\sigma}^+$ auf der rechten Seite des Semikolons in (3.84) als aktiven (d.h. zu kommutierenden) Operator durchzuführen. Das würde die Anzahl

3. Elektronisches System

näherungsweise als c-Zahlen betrachten. Dies erlaubt eine formale Vorgehensweise wie für die Einelektron-GF $G_{ij\sigma}(E)$. Bei der Berechnung lokaler Kommutatoren bleibt der Operatorcharakter allerdings erhalten! So ergibt sich als vereinfachte BGL

$$\sum_l (E\delta_{il} - T_{il})D_{(ii)lj\sigma}(E) = \tag{3.87}$$

$$= \langle n_{i\bar{\sigma}}\rangle \delta_{ij} - \frac{J}{2}\left(z_\sigma \langle S_i^z\rangle D_{(ii)ij\sigma}(E) + F^{(3)}_{i(ii)ij\sigma}(E) + z_\sigma \Gamma^{(4)}_{i(ii)ij\sigma}(E)\right)$$

$$\stackrel{!}{=} \left(\langle n_{i\bar{\sigma}}\rangle + M^{D2}_\sigma(E)D_{\bar{\sigma}}(E)\right)\delta_{ij} + \sum_l M^{D1}_{il\sigma}(E)D_{(ii)lj\sigma}(E) , \tag{3.88}$$

$$\Gamma^{(4)}_{i(ii)ij\sigma}(E) = F^{(4)}_{i(ii)ij\sigma}(E) - \langle S_i^z\rangle D_{(ii)ij\sigma}(E) . \tag{3.89}$$

Der „gedankliche" c-Zahl-Charakter wurde durch Klammern deutlich gemacht. Ein weiterer Unterschied zu (3.79), (3.80) fällt auf. Es erscheint ein zusätzlicher Term

$$M^{D2}_\sigma(E)D_{\bar{\sigma}}(E)\delta_{ij} \tag{3.90}$$

mit $D_{\pm\sigma}(E) = D_{iiii\pm\sigma}(E)$ bei der Inhomogenität. Dessen Einführung ist hier noch nicht ersichtlich, ergibt sich aber später aus der Form der BGL von $F^{(3,4)}_{iiiij\sigma}(E)$. Wie in (3.38) findet man eine formale Analogie eines Kommutators mit den Selbstenergie-Termen über:

$$\langle\langle [n_{i\bar{\sigma}}c_{i\sigma}, H_{sf}]_-; c^+_{j\sigma}\rangle\rangle = \sum_l M^{D1}_{il\sigma}(E)D_{(ii)lj\sigma}(E) + M^{D2}_\sigma D_{\bar{\sigma}}(E)\delta_{ij} . \tag{3.91}$$

Bei den BGL für $F^{(3)}_{i(ii)kj\sigma}, \Gamma^{(4)}_{i(ii)kj\sigma}$

$$EF^{(3)}_{i(ii)kj\sigma}(E) = \langle \delta S_i^z c^+_{i\bar{\sigma}}c_{i\bar{\sigma}}\rangle \delta_{ij} + \langle\langle [S_i^{\bar{\sigma}}n_{i\sigma}c_{k\bar{\sigma}}, \mathcal{H}]_-; c^+_{j\sigma}\rangle\rangle , \tag{3.92}$$

$$E\Gamma^{(4)}_{i(ii)kj\sigma}(E) = \langle \delta S_i^z c^+_{i\bar{\sigma}}c_{i\bar{\sigma}}\rangle \delta_{kj} + \langle\langle [\delta S_i^z n_{i\bar{\sigma}}c_{k\sigma}, \mathcal{H}]_-; c^+_{j\sigma}\rangle\rangle \tag{3.93}$$

ist wieder eine Unterscheidung in diagonale ($i = k$) und nicht-diagonale ($i \neq k$) Terme nötig.

Nichtdiagonale Terme

Zu berechnen sind Kommutatoren der Form

$$\langle\langle [S_i^{\bar{\sigma}}n_{i\sigma}c_{k\bar{\sigma}}, H_{sf}]_-; c^+_{j\sigma}\rangle\rangle = \langle\langle S_i^{\bar{\sigma}}[n_{i\sigma}c_{k\bar{\sigma}}, H_{sf}]_-; c^+_{j\sigma}\rangle\rangle + \underbrace{\langle\langle [S_i^{\bar{\sigma}}, H_{sf}]_- n_{i\sigma}c_{k\bar{\sigma}}; c^+_{j\sigma}\rangle\rangle}_{\approx 0}$$

$$\langle\langle [\delta S_i^z n_{i\bar{\sigma}}c_{k\sigma}, H_{sf}]_-; c^+_{j\sigma}\rangle\rangle = \langle\langle \delta S_i^z [n_{i\bar{\sigma}}c_{k\sigma}, H_{sf}]_-; c^+_{j\sigma}\rangle\rangle + \underbrace{\langle\langle [\delta S_i^z, H_{sf}]_- n_{i\bar{\sigma}}c_{k\sigma}; c^+_{j\sigma}\rangle\rangle}_{\approx 0} .$$

---

der beteiligten Operatoren und damit auch der veränderten Indizes reduzieren. Allerdings erhält man dann nicht die gewünschten GF $F^{(3)}_{iiiij\sigma}(E)$ und $F^{(4)}_{iiiij\sigma}(E)$, deren Bestimmung ja Ziel dieses Abschnitts ist.

3.2. Momenterhaltender Entkopplungsansatz

EB-GF	DB-GF	Spinoperator
$G_{ij\sigma} = \langle\langle c_{i\sigma}; c_{j\sigma}^+ \rangle\rangle$	$D_{iiij\sigma} = \langle\langle n_{i\bar\sigma} c_{i\sigma}; c_{j\sigma}^+ \rangle\rangle$	ohne
$F_{iij\sigma} = \langle\langle S_i^\sigma c_{i\bar\sigma}; c_{j\sigma}^+ \rangle\rangle$	$F^{(3)}_{iiiij\sigma} = \langle\langle S_i^\sigma n_{i\sigma} c_{i\bar\sigma}; c_{j\sigma}^+ \rangle\rangle$	S_i^σ
$\Gamma_{iij\sigma} = \langle\langle \delta S_i^z c_{i\sigma}; c_{j\sigma}^+ \rangle\rangle$	$\Gamma^{(4)}_{iiiij\sigma} = \langle\langle \delta S_i^z n_{i\sigma} c_{i\sigma}; c_{j\sigma}^+ \rangle\rangle$	δS_i^z
$F^{(1)}_{iiij\sigma}(E) = \langle\langle S_i^{\bar\sigma} S_i^z c_{i\sigma}; c_{j\sigma}^+ \rangle\rangle$	$F^{(5)}_{iiiij\sigma}(E) = \langle\langle S_i^{\bar\sigma} S_i^z n_{i\sigma} c_{i\bar\sigma}; c_{j\sigma}^+ \rangle\rangle$	$S_i^{\bar\sigma} S_i^z$
$F^{(2)}_{iiij\sigma}(E) = \langle\langle \delta(S_i^{\bar\sigma} S_i^\sigma) c_{i\sigma}; c_{j\sigma}^+ \rangle\rangle$	$F^{(6)}_{iiiij\sigma}(E) = \langle\langle \delta(S_i^{\bar\sigma} S_i^\sigma) n_{i\sigma} c_{i\sigma}; c_{j\sigma}^+ \rangle\rangle$	$\delta(S_i^{\bar\sigma} S_i^\sigma)$

Tabelle 3.1.: Vergleich der Spinoperatoren in den Einzel- und Doppelbesetzungs-Green-Funktionen.

Hierbei sind die Kommutatoren, die Magnonenenergien zugeordnet werden können, vernachlässigt worden. Die übrigen drückt man, analog zu (3.43) und (3.44), näherungsweise durch die Selbstenergie aus:

$$\langle\langle S_i^{\bar\sigma}[n_{i\sigma} c_{k\bar\sigma}, H_{sf}]_-; c_{j\sigma}^+ \rangle\rangle \approx \sum_l M^{D1}_{kl\bar\sigma}(E) F^{(3)}_{i(ii)lj\sigma}(E) \quad (3.94)$$

$$\langle\langle \delta S_i^z [n_{i\bar\sigma} c_{k\sigma}, H_{sf}]_-; c_{j\sigma}^+ \rangle\rangle \approx \sum_l M^{D1}_{kl\sigma}(E) \Gamma^{(4)}_{i(ii)lj\sigma}(E) \; . \quad (3.95)$$

Da sich auf nichtdiagonale Terme beschränkt wurde, entfällt der zweite Term in (3.91).

Diagonale Terme

Hier müssen die Kommutatoren der Operatoren mit H_{sf} explizit berechnet werden. So ergeben sich

$$\langle\langle [S_i^{\bar\sigma} n_{i\sigma} c_{i\bar\sigma}, H_{sf}]_-; c_{j\sigma}^+ \rangle\rangle = -\frac{J}{2} \Big(\langle S_i^\sigma S_i^{\bar\sigma} \rangle D_{iiij\sigma}(E) + F^{(3)}_{iiiij\sigma}(E) + 2 z_\sigma \Gamma^{(4)}_{iiiij\sigma}(E) - \\ - z_\sigma F^{(5)}_{iiiij\sigma}(E) + F^{(6)}_{iiiij\sigma}(E) \Big) \quad (3.96)$$

$$\langle\langle [\delta S_i^z n_{i\bar\sigma} c_{i\sigma}, H_{sf}]_-; c_{j\sigma}^+ \rangle\rangle = -\frac{J}{2} \Big(z_\sigma \langle (\delta S_i^z)^2 \rangle D_{iiij\sigma}(E) - \langle S_i^z \rangle F^{(3)}_{iiiij\sigma}(E) - \\ - (1 + z_\sigma \langle S_i^z \rangle) \Gamma^{(4)}_{iiiij\sigma}(E) + F^{(5)}_{iiiij\sigma}(E) - z_\sigma F^{(6)}_{iiiij\sigma}(E) \Big)$$

Es kommen nun neue Green-Funktionen

$$F^{(5)}_{iiiij\sigma}(E) = \langle\langle S_i^{\bar\sigma} S_i^z n_{i\sigma} c_{i\bar\sigma}; c_{j\sigma}^+ \rangle\rangle \quad (3.97)$$

$$F^{(6)}_{iiiij\sigma}(E) = \langle\langle \delta(S_i^{\bar\sigma} S_i^\sigma) n_{i\bar\sigma} c_{i\sigma}; c_{j\sigma}^+ \rangle\rangle \quad (3.98)$$

hinzu. Durch die Idempotenz der elektronischen Operatoren ($(n_{i\sigma})^m = n_{i\sigma}$) sind das aber, im Gegensatz zu (3.47)-(3.50), nur zwei höhere GF, die sich auch nur in der Anzahl der Spinoperatoren unterscheiden. Ein Vergleich mit Green-Funktionen aus Abschnitt 3.2.1 zeigt eine Äquivalenz bestimmter Green-Funktionen bzgl. ihrer *Spin*operatoren (Tabelle 3.1). Dies bedeutet nichts Anderes, als dass sich die Greenfunktionen $F^{(5,6)}_{iiiij\sigma}(E)$

3. Elektronisches System

durch die gleichen Grenzfälle wie bei $F^{(1,2)}_{iiiij\sigma}(E)$ in (3.61), (3.62) ausdrücken lassen. Es gilt also analog zu (3.55) und (3.56) für $S = \frac{1}{2}$

$$F^{(5)}_{iiiij\sigma}(E) = \frac{1}{2}z_\sigma F^{(3)}_{iiiij\sigma}(E) \tag{3.99}$$

$$F^{(6)}_{iiiij\sigma}(E) = -z_\sigma \Gamma^{(4)}_{iiiij\sigma}(E) \tag{3.100}$$

und für $\langle S^z_i \rangle = S$ wie in (3.57) und (3.58)

$$F^{(5)}_{iiiij\sigma}(E) = \left(S - \frac{1}{2} + \frac{1}{2}z_\sigma\right) F^{(3)}_{iiiij\sigma}(E) \tag{3.101}$$

$$F^{(6)}_{iiiij\sigma}(E) = z_\sigma S D_{iiij\sigma}(E) - z_\sigma F^{(4)}_{iiiij\sigma}(E) \tag{3.102}$$

$$= -z_\sigma \Gamma^{(4)}_{iiiij\sigma}(E) = 0 \ .$$

Es ist also wiederum plausibel, auch außerhalb dieser Grenzfälle die Kombinationen

$$F^{(5)}_{iiiij\sigma}(E) = \alpha_{5\sigma} D_{iiij\sigma}(E) + \beta_{5\sigma} F^{(3)}_{iiiij\sigma}(E) \tag{3.103}$$

$$F^{(6)}_{iiiij\sigma}(E) = \alpha_{6\sigma} D_{iiij\sigma}(E) + \beta_{6\sigma} \Gamma^{(4)}_{iiiij\sigma}(E) \tag{3.104}$$

anzusetzen. Die expliziten Koeffizienten werden wieder aus Momenten-/Erwartungswerterhaltung berechnet und sind im Anhang A.4 angegeben. Ein besonderer Fall ist dabei $S = \frac{1}{2}$. Hier können die $\alpha_{\nu\sigma}, \beta_{\nu\sigma}$ ($\nu = 5; 6$) ohne weitere Näherungen für alle $\langle S^z_i \rangle$ sofort abgelesen werden. Da dies ebenfalls bei den Einzelbesetzungs-GF $F^{(1,2)}_{iij\sigma}(E)$ möglich ist, findet *durch die Linearkombinationen* keine weitere Näherung für $S = \frac{1}{2}$ statt!
Mit diesen Vorbetrachtungen ist es nun möglich, ein geschlossenes Gleichungssystem für $F^{(3)}_{iiiij\sigma}(E), \Gamma^{(4)}_{iiiij\sigma}(E)$ und $D_{iiij\sigma}(E)$ aufzustellen. Dazu werden noch die BGL

$$\sum_l \left(E\delta_{kl} - T_{kl} - M^{D1}_{kl\bar\sigma}(E)\right) F^{(3)}_{i(ii)lj\sigma} \approx -\underbrace{\left\langle S^{\bar\sigma}_i c^+_{i\sigma} c_{k\bar\sigma}\right\rangle}_{\approx \langle S^{\bar\sigma}_i c^+_{i\sigma} c_{k\bar\sigma}\rangle \delta_{ik}} \delta_{ij} - \tag{3.105}$$

$$- \delta_{ik} \sum_l M^{D1}_{kl\bar\sigma} F^{(3)}_{i(ii)lj\sigma}(E) -$$

$$- \frac{J}{2}\delta_{ik}\left(A_{3\sigma}D_{iiij\sigma}(E) + B_{3\sigma}\Gamma^{(4)}_{iiiij\sigma}(E) + C_{3\sigma}F^{(3)}_{iiiij\sigma}(E)\right)$$

3.2. Momenterhaltender Entkopplungsansatz

und

$$\sum_l \left(E\delta_{kl} - T_{kl} - M^{D1}_{kl\sigma}(E) \right) \Gamma^{(4)}_{i(ii)lj\sigma} \approx \underbrace{\left\langle \delta S_i^z c_{i\bar\sigma}^+ c_{i\bar\sigma} \right\rangle}_{\equiv \Delta_{\bar\sigma} - \langle S_i^z \rangle \langle n_{i\bar\sigma} \rangle} \delta_{kj} - \quad (3.106)$$

$$- \delta_{ik} \sum_l M^{D1}_{kl\sigma} \Gamma^{(4)}_{i(ii)lj\sigma}(E) -$$

$$- \frac{J}{2} \delta_{ik} \left(A_{4\sigma} D_{iiij\sigma}(E) + B_{4\sigma} \Gamma^{(4)}_{iiiij\sigma}(E) + C_{4\sigma} F^{(3)}_{iiiij\sigma}(E) \right)$$

berechnet. Wie in (3.86) wurden dabei Hoppingterme vernachlässigt. Des Weiteren sollen im Erwartungswert $\left\langle S_i^{\bar\sigma} c_{i\sigma}^+ c_{k\bar\sigma} \right\rangle \approx \gamma_\sigma \delta_{ik}$ ($\gamma_\sigma = \left\langle S_i^{\bar\sigma} c_{i\sigma}^+ c_{i\bar\sigma} \right\rangle$) nur lokale Terme eine Rolle spielen. Als Abkürzungen sind

$$A_{3\sigma} = \left\langle S_i^\sigma S_i^{\bar\sigma} \right\rangle - z_\sigma \alpha_{5\sigma} + \alpha_{6\sigma}$$

$$B_{3\sigma} = 2z_\sigma + \beta_{6\sigma}$$

$$C_{3\sigma} = 1 - z_\sigma \beta_{5\sigma}$$

$$A_{4\sigma} = z_\sigma \left\langle (\delta S_i^z)^2 \right\rangle - z_\sigma \alpha_{6\sigma} + \alpha_{5\sigma}$$

$$B_{4\sigma} = -1 - z_\sigma \langle S_i^z \rangle - z_\sigma \beta_{6\sigma}$$

$$C_{4\sigma} = \beta_{5\sigma} - \langle S_i^z \rangle \; .$$

verwendet worden. Um die Struktur der Gleichungen zu vereinfachen wird die lokale Selbstenergie $M^{D1}_{kl\pm\sigma}(E) = M^{D1}_{\pm\sigma}(E) \delta_{kl}$ angenommen, was sich später als widerspruchsfrei erweisen wird. Die erhaltenen Gleichungen (3.105), (3.106) können von links mit $\sum_k D_{(ii)ik\pm\sigma}(E)$ multipliziert werden. Wegen (3.88) gilt aber nun

$$\sum_k D_{(ii)ik\pm\sigma}(E) \left(E\delta_{kl} - T_{kl} - M^{D1}_{kl\pm\sigma}(E) \right) = \left(\langle n_{i\mp\sigma} \rangle + M^{D2}_{\pm\sigma}(E) D_{\mp\sigma}(E) \right) \delta_{il} \; . \quad (3.107)$$

Daraus ergeben sich die Bestimmungsgleichungen

$$\left(\langle n_{i\sigma} \rangle + M^{D2}_{\bar\sigma}(E) + M^{D1}_{\bar\sigma}(E) D_{\bar\sigma}(E) \right) F^{(3)}_{iiij\sigma}(E) = -\gamma_\sigma D_{\bar\sigma}(E) \delta_{ij} - \quad (3.108)$$

$$- \frac{J}{2} D_{\bar\sigma}(E) \left(A_{3\sigma} D_{iiij\sigma}(E) + B_{3\sigma} \Gamma^{(4)}_{iiiij\sigma}(E) + C_{3\sigma} F^{(3)}_{iiiij\sigma}(E) \right)$$

$$\left(\langle n_{i\bar\sigma} \rangle + M^{D2}_{\sigma}(E) + M^{D1}_{\sigma}(E) D_{\sigma}(E) \right) \Gamma^{(4)}_{iiij\sigma}(E) = (\Delta_{\bar\sigma} - \langle S_i^z \rangle \langle n_{i\bar\sigma} \rangle) D_{iiij\sigma}(E) - \quad (3.109)$$

$$- \frac{J}{2} D_\sigma(E) \left(A_{4\sigma} D_{iiij\sigma}(E) + B_{4\sigma} \Gamma^{(4)}_{iiiij\sigma}(E) + C_{4\sigma} F^{(3)}_{iiiij\sigma}(E) \right) \; .$$

Die nicht verschwindende Inhomogenität $-\gamma_\sigma D_{\bar\sigma}(E) \delta_{ij}$ in (3.108) sorgt dafür, dass die kompliziertere Form der Doppelbesetzungs-GF bzw. von deren Selbstenergien in (3.88) vorausgesetzt werden musste.

3. Elektronisches System

In Matrixdarstellung lauten nun beide Gleichungen

$$\hat{A}_\sigma^D \begin{pmatrix} F_{iiij\sigma}^{(3)}(E) \\ \Gamma_{iiij\sigma}^{(4)}(E) \end{pmatrix} = -\frac{J}{2} D_{iiij\sigma}(E) \begin{pmatrix} A_{3\sigma} \\ A_{4\sigma} \end{pmatrix} + \begin{pmatrix} -\gamma_\sigma D_{\bar\sigma}(E)\delta_{ij} \\ (\Delta_{\bar\sigma} - \langle S_i^z\rangle\langle n_{i\bar\sigma}\rangle)D_{iij\sigma}(E) \end{pmatrix} \quad (3.110)$$

mit

$$\hat{A}_\sigma^D = \begin{pmatrix} \langle n_{i\sigma}\rangle + M_{\bar\sigma}^{D2}(E) + M_{\bar\sigma}^{D1}(E)D_{\bar\sigma}(E) & \frac{J}{2}B_{3\sigma}D_{\bar\sigma}(E) \\ \frac{J}{2}C_{4\sigma}D_\sigma(E) & \langle n_{i\bar\sigma}\rangle + M_\sigma^{D2}(E) + M_\sigma^{D1}(E)D_\sigma(E) \end{pmatrix}$$

als Koeffizientenmatrix. Die Lösungen des Gleichungssystems folgen wie in (3.73) aus elementarer linearer Algebra und sie lassen sich in der Form

$$F_{iiij\sigma}^{(3)}(E) = F_\sigma^{(3),1}(E)D_{iij\sigma}(E) + F_\sigma^{(3),2}(E)D_{\bar\sigma}(E)\delta_{ij} \quad (3.111)$$

$$\Gamma_{iiij\sigma}^{(4)}(E) = \Gamma_\sigma^{(4),1}(E)D_{iij\sigma}(E) + \Gamma_\sigma^{(4),2}(E)D_{\bar\sigma}(E)\delta_{ij} \quad (3.112)$$

darstellen. Sie bestehen aus einem Teil, der proportional zu der Doppelbesetzungs-GF ist und einem rein lokalen. Durch die Formulierung der DB-GF (3.88) lassen sich jetzt die beiden Größen

$$M_\sigma^{D1}(E) = -\frac{J}{2}\left(z_\sigma(\langle S_i^z\rangle + \Gamma_\sigma^{(4),1}(E)) + F_\sigma^{(3),1}(E)\right) \quad (3.113)$$

$$M_\sigma^{D2}(E) = -\frac{J}{2}\left(z_\sigma \Gamma_\sigma^{(4),2}(E) + F_\sigma^{(3),2}(E)\right) \quad (3.114)$$

ablesen. Nun kann mittels Fouriertransformation die DB-GF berechnet werden:

$$\frac{1}{N^2}\sum_{\mathbf{qq'}} D_{\mathbf{qq'k}\sigma}(E) \equiv D_{\mathbf{k}\sigma}(E) = \frac{\langle n_{i\bar\sigma}\rangle + M_\sigma^{D2}(E)D_{\bar\sigma}(E)}{E - \epsilon(\mathbf{k}) - M_\sigma^{D1}(E)} . \quad (3.115)$$

Damit ist das gesamte System aller GF mit Doppelbesetzungscharakter prinzipiell geschlossen. Die benötigten Erwartungswerte müssen aber über das Spektraltheorem durch die Einzelbesetzungs-GF bestimmt werden.

Bestimmung der Einzelbesetzungs-Green-Funktionen

Durch die veränderte Form von $F_{iiij\sigma}^{(3)}(E)$ und $\Gamma_{iiij\sigma}^{(4)}(E)$ gegenüber der aus Abschnitt 3.2.1 kann man das dortige Schema nicht exakt übernehmen, sondern es sind ein paar Modifikationen zu beachten.
Um zu sehen was sich bei der Behandlung der Einzelbesetzungs-GF ändert, ist es sinnvoll, sich noch einmal die lokalen Terme in den BGL der Spinflip- und Isingfunktion (3.37), (3.41) anzusehen. Sie ergaben sich aus Kommutatorbildung mit dem Wechselwirkungsteil

3.2. Momenterhaltender Entkopplungsansatz

des Hamilton-Operators zu

$$\langle\langle [S_i^{\bar\sigma} c_{i\bar\sigma}, H_{sf}]_-; c_{j\sigma}^+ \rangle\rangle = -\frac{J}{2}\Big(-z_\sigma F_{iij\sigma}^{(1)} + F_{iij\sigma}^{(2)} + \langle S_i^{\bar\sigma} S_i^{\sigma} \rangle G_{ij\sigma} + \quad (3.116)$$
$$+ F_{iiij\sigma}^{(3)} + 2z_\sigma \Gamma_{iiij\sigma}^{(4)} + 2z_\sigma \langle S_i^z \rangle D_{iij\sigma}(E)\Big)$$

$$\langle\langle [\delta S_i^z c_{i\sigma}, H_{sf}]_-; c_{j\sigma}^+ \rangle\rangle = -\frac{J}{2} z_\sigma \Big(\langle (\delta S_i^z)^2 \rangle G_{ij\sigma} + z_\sigma F_{iij\sigma}^{(1)} - F_{iij\sigma}^{(2)} - \quad (3.117)$$
$$- (\langle S_i^z \rangle + z_\sigma)(\Gamma_{iij\sigma} + z_\sigma F_{iij\sigma} + F_{iiij\sigma}^{(3)})\Big) \ .$$

Im Gegensatz zu Abschnitt 3.2.1 sind $F_{iiij\sigma}^{(3)}(E), \Gamma_{iiij\sigma}^{(4)}(E)$ nicht aus Einzelbesetzungs-GF kombiniert und es kommt wegen (3.111), (3.112) zu Termen proportional $D_{iij\sigma}(E)$ bzw. zu lokalen $\sim \delta_{ij}$. Deshalb werden auch die Lösungen für $F_{iij\sigma}(E)$ und $\Gamma_{iij\sigma}(E)$ diese Proportionalitäten und außerdem die zu $G_{ij\sigma}(E)$ haben, d.h.

$$X_{iij\sigma}(E) = X_\sigma^1(E) G_{ij\sigma}(E) + X_\sigma^2(E) D_{iij\sigma}(E) + X_\sigma^3(E) \delta_{ij}, \qquad X = F, \Gamma \ .$$

Dies wiederum hat eine kompliziertere Darstellung der Green-Funktion $G_{ij\sigma}(E)$ durch Verwendung dreier energieabhängiger Terme analog zur Doppelbesetzungs-GF (3.88) zur Folge. Nun stellt das analytisch keine grundlegenden Schwierigkeiten dar, aber numerische Auswertungen zeigen, dass die Terme $\sim D_{iij\sigma}(E)$ zu einer erheblichen Beeinträchtigung der Konvergenz des Selbstkonsistenzzyklus führen. Eine Möglichkeit diese Probleme zu umgehen, ist die Verwendung der lokalen statt der allgemeinen DB-GF[8] ($D_{iij\sigma}(E) \to D_\sigma(E)\delta_{ij}$). Dadurch spalten die Green-Funktionen $X_{iij\sigma}(E)$ nur noch in zwei Terme

$$X_{iij\sigma}(E) = X_\sigma^1(E) G_{ij\sigma}(E) + X_\sigma^{2'}(E) \delta_{ij} \quad (3.118)$$

auf, was rein formal (3.111, 3.112) entspricht. So liegt es nahe, auch für die Einelektronen-GF den Ansatz

$$\sum_l (E\delta_{il} - T_{il}) G_{lj\sigma}(E) \stackrel{!}{=} \Big(1 + M_\sigma^2(E)\Big) \delta_{ij} + \sum_l \underbrace{M_{il\sigma}^1(E)}_{\stackrel{!}{=} M_\sigma^1(E)\delta_{il}} G_{lj\sigma}(E) \quad (3.119)$$

---

[8] Man beachte, dass diese Ersetzung nur in den BGL der Einzelbesetzungs-GF gemacht wird. In den BGL der GF mit Doppelbesetzung werden die Terme $\sim D_{iij\sigma}(E)$ ja benötigt, um die Selbstenergie $M_\sigma^{D1}(E)$ zu bestimmen.

3. Elektronisches System

zu machen. Mit der üblichen Behandlung der diagonalen und nichtdiagonalen Terme in den BGL der Green-Funktionen erhält man nun

$$\left(1 + M_\sigma^2(E) + M_\sigma^1(E)G_\sigma(E)\right)\Gamma_{iij\sigma}(E) = -\frac{J}{2}G_\sigma(E)z_\sigma F_\sigma^{(3)}(E)\delta_{ij} -$$
$$- \frac{J}{2}G_\sigma(E)\left(A'_{\Gamma\sigma}G_{ij\sigma}(E) + B'_{\Gamma\sigma}\Gamma_{iij\sigma}(E) + C'_{\Gamma\sigma}F_{iij\sigma}(E)\right) \quad (3.120)$$

$$\left(1 + M_{\bar\sigma}^2(E) + M_{\bar\sigma}^1(E)G_{\bar\sigma}(E)\right)F_{iij\sigma}(E) = -\frac{J}{2}G_{\bar\sigma}(E)\left(F_\sigma^{(3)}(E) + 2z_\sigma F_\sigma^{(4)}(E)\right)\delta_{ij} -$$
$$- \frac{J}{2}G_{\bar\sigma}(E)\left(A'_{F\sigma}G_{ij\sigma}(E) + B'_{F\sigma}\Gamma_{iij\sigma}(E) + C'_{F\sigma}F_{iij\sigma}\right) \quad (3.121)$$

mit

$$A'_{\Gamma\sigma} = z_\sigma\left\langle(\delta S_i^z)^2\right\rangle + \alpha_{1\sigma} - z_\sigma\alpha_{2\sigma}$$
$$B'_{\Gamma\sigma} = z_\sigma\langle S_i^z\rangle - z_\sigma\beta_{2\sigma} - 1$$
$$C'_{\Gamma\sigma} = -z_\sigma - \langle S_i^z\rangle + \beta_{1\sigma}$$
$$A'_{F\sigma} = -z_\sigma\alpha_{1\sigma} + \alpha_{2\sigma}$$
$$B'_{F\sigma} = \beta_{2\sigma}$$
$$C'_{F\sigma} = -z_\sigma\beta_{1\sigma}$$
$$F_\sigma^{(3)}(E) = F_\sigma^{(3),1}(E)D_\sigma(E) + F_\sigma^{(3),2}(E)D_{\bar\sigma}(E)$$
$$\Gamma_\sigma^{(4)}(E) = \Gamma_\sigma^{(4),1}(E)D_\sigma(E) + \Gamma_\sigma^{(4),2}(E)D_{\bar\sigma}(E) \ .$$

Die Größen $F_\sigma^{(3),1}(E)$, $F_\sigma^{(3),2}(E)$, $\Gamma_\sigma^{(4),1}(E)$ und $\Gamma_\sigma^{(4),2}(E)$ sind die gleichen, wie in (3.111, 3.112). Das Gleichungssystem (3.120, 3.121) kann jetzt gelöst werden und man erhält allgemein für die Ising -und Spinflip-Funktion

$$\Gamma_{iij\sigma}(E) = \Gamma_\sigma^1(E)G_{ij\sigma}(E) + \Gamma_\sigma^2(E)\delta_{ij} \quad (3.122)$$
$$F_{iij\sigma}(E) = F_\sigma^1(E)G_{ij\sigma}(E) + F_\sigma^2(E)\delta_{ij} \ . \quad (3.123)$$

Daraus ergibt sich für die Größen in (3.119)

$$M_\sigma^\nu(E) = -\frac{J}{2}\left(z_\sigma(\langle S_i^z\rangle\delta_{\nu 1} + \Gamma_\sigma^\nu(E) + F_\sigma^\nu(E)\right), \quad (\nu = 1, 2) \quad (3.124)$$

und die fouriertransformierte Einelektron-GF

$$G_{\mathbf{k}\sigma}(E) = \frac{1 + M_\sigma^2(E)}{E - \epsilon(\mathbf{k}) - M_\sigma^1(E)} \ . \quad (3.125)$$

Mit Kenntnis der Funktionen (3.122, 3.123) und (3.125) lassen sich dann über das Spektraltheorem auch alle benötigten Erwartungswerte berechnen und das Gesamtproblem ist dadurch selbstkonsistent berechenbar.

3.2. Momenterhaltender Entkopplungsansatz

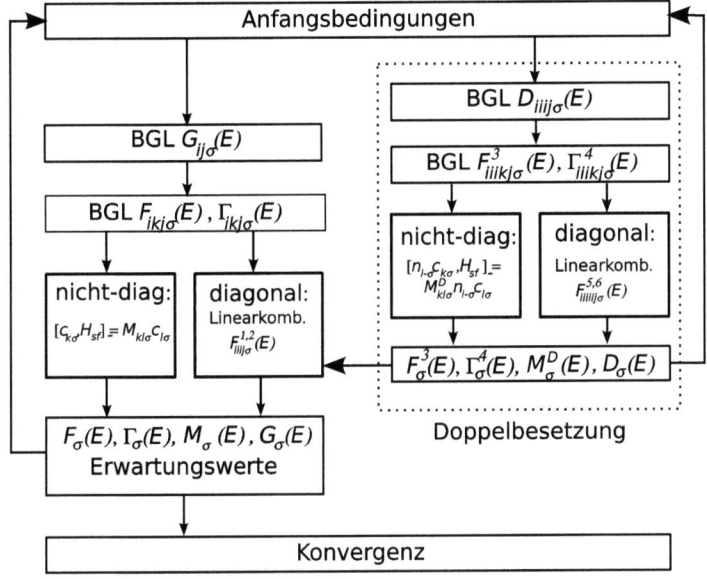

Abbildung 3.3.: Schematische Darstellung des Vorgehens in der D-MCDA. Im Gegensatz zur einfachen MCDA kommt ein Doppelbesetzungszyklus hinzu (gepunktet umrahmt). Dadurch werden $F^{(3)}_{iiiij\sigma}(E)$ und $\Gamma^{(4)}_{iiiij\sigma}(E)$ direkt bestimmt, anstatt sie durch Linearkombinationen auszudrücken.

Zusammenfassung der MCDA mit expliziter Betrachtung des Doppelbesetzung

Es sei hier noch einmal zusammengefasst, was sich bei der expliziten Berücksichtigung der Doppelbesetzung (Doppelbesetzungs-MCDA, D-MCDA) gegenüber deren nicht expliziten Berechnung verändert hat. Als erstes wurden die Green-Funktionen $F^{(3)}_{iiiij\sigma}(E)$, $\Gamma^{(4)}_{iiiij\sigma}(E)$ explizit durch deren BGL berechnet. Es wurde dabei ein enger Zusammenhang mit der Doppelbesetzungs-GF $D_{iiij\sigma}(E)$ festgestellt. Die drei Funktionen konnten zu einem in sich geschlossenen Gleichungssystem zusammengefasst werden[9], was die Berechnung von $F^{(3)}_{iiiij\sigma}(E)$ und $\Gamma^{(4)}_{iiiij\sigma}(E)$ erlaubte. Diese wurden dann wieder in das Gleichungssystem der BGL von $F_{iij\sigma}(E)$, $\Gamma_{iij\sigma}(E)$ und $G_{ij\sigma}(E)$ eingesetzt, welches dann ebenfalls geschlossen war. Es kommt also prinzipiell ein weiterer Berechnungszyklus der Green-Funktionen mit Doppelbesetzungscharakter vor (vgl. Schema in Abb. 3.3). Im Speziellen mussten durch den komplizierteren Mehrteilchencharakter dabei weitere Näherungen durchgeführt werden. Insbesondere konnten die (DB-)GF nicht mehr nur durch

---
[9]Bis auf Erwartungswerte die aus den Einzelbesetzungs-GF berechnet werden müssen.

3. Elektronisches System

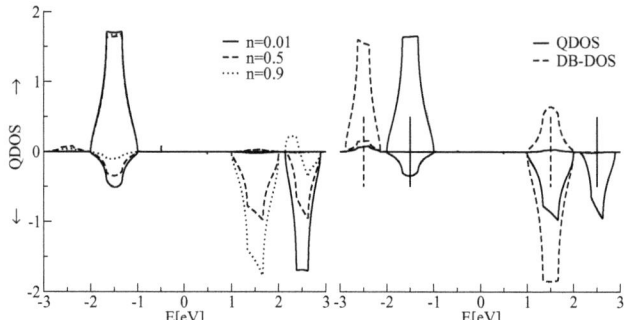

Abbildung 3.4.: *links:* Quasiteilchen-Zustandsdichten der MCDA mit expliziter Betrachtung der Doppelbesetzung bei ferromagnetischer Sättigung $\langle S^z \rangle = S$ für verschiedene Bandbesetzungen. Im Gegensatz zu der MCDA ohne explizite DB-GF findet keine Verschiebung der Pole bzgl. n statt (vgl. Abb. 3.2), sondern eine Verlagerung von spektralem Gewicht. Je größer die Bandbesetzung, desto mehr Zustandsdichte befindet sich an den DB-Polen. *rechts:* Zusätzlich der skalierte Imaginärteil der DB-GF $-\frac{1}{\pi}\text{Im}D_\sigma(E)/\langle n_{\bar{\sigma}}\rangle$ („DB-DOS", gestrichelt). Es sind nun alle vier Pole aus dem Grenzfall des unendlich schmalen Bands (senkrechte Linien im rechten Bild: DB-Pole gestrichelt, EB-Pole durchgezogen) vorhanden. Parameter: *rechts:* $n = 0.5$ *alle:* $S = \frac{3}{2}$, $W = 1eV$, $J = 2eV$

eine Selbstenergie definiert werden, sondern hatten die allgemeine Form

$$X_{\mathbf{k}\sigma}(E) = \frac{\alpha_\sigma(E)}{E - \epsilon(\mathbf{k}) - M_\sigma^{(D)1}(E)}, \quad X = G, D \ . \tag{3.126}$$

Zu der „herkömmlichen" Selbstenergie kam also noch ein spin- und energieabhängiges komplexes spektrales Gewicht (hier $\alpha_\sigma(E) = 1 + M_\sigma^2(E)$ oder $\alpha_\sigma(E) = \langle n_{\bar{\sigma}}\rangle + M_\sigma^{D2}(E)$).
Die Zustandsdichten von $G_\sigma(E)$ bestehen nun prinzipiell aus vier Subbändern (Abb. 3.4), die sich an den Polen des Grenzfalls des unendlich schmalen Bands befinden. Die einzelnen Subbänder lassen sich sehr gut ihrem Ursprung aus Einzel- und Doppelbesetzung zuordnen, indem man sich die Zustandsdichte der DB-GF ansieht. Diese ist bei $E \approx -\frac{1}{2}J(S+1)$ und $\frac{1}{2}JS$ zu finden. Somit lässt sich auch die Zustandsdichte von $G_\sigma(E)$ an diesen Stellen Doppelbesetzung zuordnen. Es fällt aber dabei auf, dass das Subband bei $E \approx -\frac{1}{2}J(S+1)$ kaum spektrales Gewicht hat. In der Tat wird dieses auch kaum verändert, wenn man die Bandbesetzung variiert, während das andere DB-Subband dadurch drastisch beeinflusst wird. Dieses ist allerdings für $n < 1$ (und ausreichend große J) oberhalb des chemischen Potentials und es werden praktisch keine Doppelbesetzungszustände besetzt. Als weiterer Effekt wird bei großen n das Streuspektrum und damit auch die Zahl der Spin-down-Elektronen in Sättigung stark unterdrückt.
Die D-MCDA erfüllt weiterhin den Grenzfall des magnetischen Polarons, da für $n \to 0$ die DB-GF verschwinden und hat außerdem alle aus dem Grenzfall des unendlich schmalen

3.3. Antiferromagnetismus

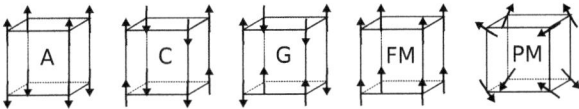

Abbildung 3.5.: In dieser Arbeit betrachtete magnetische Phasen. Die antiferromagnetische Phase vom Typ A bildet im einfach kubischen dreidimensionalen Gitter ferromagnetische Schichten, Typ C ferromagnetische Linien und Typ G hat keine nächsten Nachbarn mit parallelem Spin.

Bands zu erwartenden Pole des Kondo-Gitter-Modells. Dies ist als großer Vorteil dieser Methode zu sehen! Allerdings entstehen durch die bei der Herleitung der Methode verwendeten Näherungen auch unphysikalische Resultate. So ist die Zustandsdichte teilweise negativ (besonders zu sehen für $n = 0.9$ in Abb. 3.4 bei $E \approx +\frac{1}{2}J(S+1)$). Diese entsteht wahrscheinlich durch Multiplikation der Einzel- und Doppelbesetzungs-GF in den Gleichungen (3.120) und (3.121). Die DB-GF sind dabei lokal genähert und weisen damit Ähnlichkeiten zum Grenzfall des unendlich schmalen Bands auf, wo es auch zu negativen spektralen Gewichten kommen kann. Es ist davon auszugehen, dass eine genauere Beschreibung der DB-GF dieses Verhalten beseitigt.

Eine der wichtigsten Größen in dieser Arbeit ist die innere Energie. Da in deren Berechnung aber nur besetzte Zustände einfließen, haben die negativen Zustandsdichten nur einen sehr begrenzten Einfluss. Die Vorteile einer expliziten Betrachtung der Doppelbesetzung sind deutlich höher einzuschätzen als die eben angesprochenen Nachteile. Dies wird sich in späteren Kapiteln bei expliziter Berechnung physikalischer Größen zeigen.

3.3. Antiferromagnetismus

Die Art der Anordnung von magnetischen Momenten in einem Material bestimmt sehr wesentlich seine Eigenschaften. So muss die Magnetisierung nicht nur *eine* Vorzugsrichtung besitzen. Antiferromagnetismus (AFM) zeichnet sich im Gegensatz zum Ferromagnetismus (FM) dadurch aus, dass sich magnetische Untergitter ausbilden. Innerhalb dieser Untergitter existiert eine Magnetisierung größer null, während die Gesamtmagnetisierung des Systems verschwindet. In dieser Arbeit soll sich auf antiferromagnetische Phasen beschränkt werden, die sich durch eine Unterteilung in zwei Untergitter beschreiben lassen (vgl. Abb. 3.5). Damit folgt für die Untergittermagnetisierung $\langle \mathbf{S}_{i\alpha} \rangle = z_\alpha \langle \mathbf{S}_i \rangle$ wenn der Index $\alpha = \pm 1$, $z_{\pm 1} = \pm 1$ das jeweilige Untergitter bezeichnet. Das chemische (Grund-)Gitter wird von dieser Unterteilung nicht beeinflusst, d.h. es bleibt weiterhin ein dreidimensionales einfach kubisches Gitter. Insbesondere das Hopping bleibt also in allen Richtungen vom Betrag her gleich. Allerdings ist zu unterscheiden, ob ein Elektron in das gleiche oder in das andere Untergitter hüpft. Der Hamilton-Operator des KLMs

3. Elektronisches System

ändert sich damit zu

$$H = \sum_{\substack{\langle ij \rangle \\ \alpha\beta\sigma}} T_{ij}^{\alpha\beta} c_{i\alpha\sigma}^+ c_{j\beta\sigma} - \frac{J}{2} \sum_{i\alpha\sigma} \left(z_\sigma S_{i\alpha}^z n_{i\alpha\sigma} + S_{i\alpha}^{\bar\sigma} c_{i\alpha\sigma}^+ c_{i\alpha\bar\sigma} \right) . \qquad (3.127)$$

Das Hopping $T_{ij}^{\alpha\alpha}$ beschreibt nun ein *Intra*- und $T_{ij}^{\alpha\bar\alpha}$ ein *Inter*gitterhüpfen und deren spezielle Form definiert die konkrete Art des Antiferromagneten.
Im Folgenden ist es von Vorteil, dass die hier betrachteten Selbstenergien alle lokal sind. Dies bedeutet, dass die Selbstenergie sich damit auch immer nur auf ein Untergitter bezieht ($M_{ij\sigma}^{\alpha\beta}(E) = M_{\alpha\sigma}(E)\delta_{ij}\delta_{\alpha\beta} \equiv M_{\alpha\sigma}(E)\delta_{ij}^{\alpha\beta}$). Nun stellt man für eine allgemeine, aber lokale Selbstenergie die BGL der Einelektron-GF $G_{ij\sigma}^{\alpha\beta}(E) = \langle\langle c_{i\alpha\sigma}; c_{j\beta\sigma}^+ \rangle\rangle$ auf. Sie ist dann

$$E G_{ij\sigma}^{\alpha\beta}(E) = \delta_{ij}^{\alpha\beta} + \sum_{m\nu} T_{im}^{\alpha\nu} G_{mj\sigma}^{\nu\beta}(E) + M_{\alpha\sigma}(E) G_{ij\sigma}^{\alpha\beta}(E), \quad \text{bzw.} \qquad (3.128)$$

$$\delta_{ij}^{\alpha\beta} = \sum_{m\nu} \left((E - M_{\alpha\sigma}(E))\delta_{im}^{\alpha\nu} - T_{im}^{\alpha\nu} \right) G_{mj\sigma}^{\nu\beta}(E) . \qquad (3.129)$$

Im Untergitter herrscht Translationsinvarianz und die fouriertransformierte Green-Funktion ergibt sich als (2×2)-Matrix in den Gitterindizes α, β

$$G_{\mathbf{k}\sigma}^{\alpha\beta}(E) = \left((E - M_{\alpha\sigma}(E))\delta^{\alpha\beta} - \epsilon^{\alpha\beta}(\mathbf{k}) \right)_{\alpha\beta}^{-1} , \qquad (3.130)$$

wobei die Dispersionen $\epsilon^{\alpha\beta}(\mathbf{k})$ aus der Transformation der $T_{ij}^{\alpha\beta}$ entstehen. Explizit ist dann die Untergitter-Green-Funktion

$$G_{\mathbf{k}\sigma}^{\alpha\alpha}(E) = \left(E - \epsilon^{\alpha\alpha}(\mathbf{k}) - M_\sigma^\alpha(E) - \frac{(\epsilon^{\alpha\bar\alpha}(\mathbf{k}))^2}{E - \epsilon^{\alpha\alpha}(\mathbf{k}) - M_\sigma^{\bar\alpha}(E)} \right)^{-1} , \qquad (3.131)$$

die im Gegensatz zur ferromagnetischen GF einen Hybridisierungsanteil

$$\frac{(\epsilon^{\alpha\bar\alpha}(\mathbf{k}))^2}{E - \epsilon^{\alpha\alpha}(\mathbf{k}) - M_\sigma^{\bar\alpha}(E)} \qquad (3.132)$$

aufweist. Dieser enthält die Selbstenergie des anderen Gitters. Somit sind die Untergitter nicht unabhängig voneinander[10] !
Die Formen der Dispersionen $\epsilon^{\alpha\beta}(\mathbf{k})$ hängen natürlich von der betrachteten Phase ab und sind in Tabelle 3.2 zu finden. Summiert wird in dieser Schreibweise immer über die Brioullinzone des chemischen Gitters $k_{x,y,z} \in [-\pi, \pi]$. Dies ist vielleicht nicht gleich ein-

---

[10]Die hier beschriebene Vorgehensweise ist nicht ganz exakt. Durch die formale Ersetzung $[c_{i\alpha\sigma}, H_{sf}]_- \to M_\sigma^\alpha(E) c_{i\alpha\sigma}$ werden Mischterme vernachlässigt, die in höheren Bewegungsgleichungen $E\langle\langle[c_{i\alpha\sigma}, H_{sf}]_-; c_{j\beta\sigma}^+\rangle\rangle = \left\langle \left[[c_{i\alpha\sigma}, H_{sf}]_-, c_{j\beta\sigma}^+\right]_+ \right\rangle + \langle\langle[[c_{i\alpha\sigma}, H_{sf}]_-, H]_-; c_{j\beta\sigma}^+\rangle\rangle$ durch weitere Kommutation mit dem Gesamt-Hamilton-Operator H entstehen. Sie sollten aber nur einen geringen Einfluss haben.

3.3. Antiferromagnetismus

Tabelle 3.2.: Dispersionen der einzelnen magnetischen Phasen. Es sei dabei a der Gitterabstand und $W = 12t$ die Bandbreite des freien Systems im dreidimensionalem Grundgitter. Man erkennt hier einen Zusammenhang zwischen den Dispersionen $\epsilon^{\alpha\alpha}(\mathbf{k}) \Leftrightarrow \epsilon^{\alpha\bar{\alpha}}(\mathbf{k})$ der Phasenpaare FM/G und A/C.

Phase	$\epsilon^{\alpha\alpha}(\mathbf{k}) = \epsilon^{\bar{\alpha}\bar{\alpha}}(\mathbf{k})$	$\epsilon^{\alpha\bar{\alpha}}(\mathbf{k}) = \epsilon^{\bar{\alpha}\alpha}(\mathbf{k})$
FM	$\frac{W}{6}(\cos(ak_x) + \cos(ak_y) + \cos(ak_z))$	0
A	$\frac{W}{6}(\cos(ak_x) + \cos(ak_y))$	$\frac{W}{6}\cos(ak_z)$
C	$\frac{W}{6}\cos(ak_z)$	$\frac{W}{6}(\cos(ak_x) + \cos(ak_y))$
G	0	$\frac{W}{6}(\cos(ak_x) + \cos(ak_y) + \cos(ak_z))$

leuchtend, da die antiferromagnetischen Phasen in manchen oder allen Richtungen einen doppelten Gitterabstand $2a$ im magnetischen Untergitter haben. Im einfach kubischen Gitter treten aber keine Mischungen der drei Raumrichtungen in den Cosinustermen auf. Damit kompensiert sich der doppelte Gitterabstand immer mit der verkleinerten Brioullinzone und man kann effektiv mit dem gleichen Gitterabstand bei gleicher Brioullinzone rechnen. Allerdings kann sich das in anderen Gittertypen bzw. bei Hopping zu übernächsten Nachbarn ändern!

Die weitere Vorgehensweise ist nun formal einfach. Man nutzt die in den vorherigen Abschnitten bestimmten Selbstenergien und setzt sie in Formel (3.130) ein, um die GF des Antiferromagneten zu erhalten. Durch die in den Selbstenergien enthaltenen Erwartungswerte, die nun aus dieser GF bestimmt wird, beeinflussen sich die Untergitter auch dadurch. Besonderes Augenmerk sollte auf die MCDA gerichtet werden. Deren Selbstenergie ist ein Funktional der vollen lokalen Green-Funktion, was durchaus zu drastischen Veränderungen in deren Berechnung führen könnte. Das dem nicht so ist, liegt daran, dass in der Formel der Selbstenergie[11] (3.83) nur lokale Größen vorkommen (Anhang A.5). Es ergibt sich, dass

$$M^{\text{MCDA}}_{\alpha\sigma}(E) = M^{\text{MCDA}}_{\alpha\sigma}(\{G^{\alpha\alpha}_{ii\pm\sigma}(E)\}, E) \ . \tag{3.133}$$

Die MCDA-Selbstenergie ist damit direkt abhängig von der Untergitter-GF, die wiederum von der Selbstenergie des komplementären Untergitters mitbestimmt wird. Damit zeigt sich eine deutlich größere Verbindung der Untergitter in der MCDA.
Es sei hier angemerkt, dass für $\langle S^z \rangle = 0$ kein Unterschied mehr zwischen den magnetischen Untergittern besteht. In der Tat gehen dann alle (anti-)ferromagnetischen Phasen in die *gleiche* paramagnetische Phase über.

---

[11]Zur einfacheren Darstellung wird hier der Fall der MCDA ohne explizite Betrachtung der Doppelbesetzung besprochen. Im Fall der MCDA bei expliziter Betrachtung der Doppelbesetzung sind noch die dynamischen spektralen Gewichte zu berücksichtigen.

4. System der lokalisierten Momente

Im vorherigen Kapitel wurde das elektronische System besprochen. In deren Lösung ging die Magnetisierung $\langle S_i^z \rangle$ nur als Parameter ein. Es war nicht möglich diesen Wert selbstkonsistent zu bestimmen. Dies ist natürlich vollkommen unbefriedigend, wenn man den Magnetismus und insbesondere Curietemperaturen eines Systems berechnen will. Darum sollen in diesem Kapitel zwei Methoden vorgestellt werden, die eine Berechnung der Magnetisierung erlauben.

4.1. Modifizierte RKKY-Wechselwirkung

Die Grundidee der Ruderman-Kittel-Kasuya-Yosida-Wechselwirkung (RKKY, [62, 63, 64]) ist eine Abbildung des Kondo-Gitter-Modells auf ein Heisenberg-Modell. Dies geschieht bei der konventionellen RKKY (cRKKY) mittels zweiter Ordnung Störungstheorie. In der modifizierten RKKY (mRKKY) wird ein etwas anderer Weg eingeschlagen. Dabei werden effektive Austauschintegrale J_{ij}^{eff} aus der vollen GF des KLMs berechnet und dann

$$H_{ff}^{\text{eff}} = -\sum_{i,j} J_{ij}^{\text{eff}} \mathbf{S}_i \cdot \mathbf{S}_j \qquad (4.1)$$

mit üblichen Methoden für das Heisenberg-Modell gelöst. In dieser Arbeit wird die Methode nach Callen [65] benutzt, die im nächsten Abschnitt vorgestellt werden soll. Auf den Index „eff" soll dabei ab jetzt verzichtet werden.

4.1.1. Näherungslösung des Heisenberg-Modells

Ausgangspunkt ist hier die erweiterte Greenfunktion

$$G_{ij}^{(a)}(E) = \langle\langle S_i^+ ; \underbrace{e^{aS_j^z} S_j^-}_{\equiv B_j} \rangle\rangle . \qquad (4.2)$$

Der Hilfsparameter a dient dabei später zur Aufstellung einer Differentialgleichung (DGL), wobei sich dann wieder mit $a \to 0$ die normale Magnonengreenfunktion ergibt. Die BGL der GF ist dann

$$E G_{ij}^{(a)}(E) = \underbrace{\langle [S_i^+, e^{aS_i^z} S_i^-]_- \rangle}_{\equiv \theta(a)} \delta_{ij} + 2\sum_m J_{im}\left(\langle\langle S_m^- S_i^z ; B_j \rangle\rangle - \langle\langle S_i^- S_m^z ; B_j \rangle\rangle \right) . \qquad (4.3)$$

4. System der lokalisierten Momente

Die höheren Greenfunktionen auf der rechten Seite von (4.3) verhindern eine direkte Lösung der BGL. Diese werden deshalb (etwas abweichend zu [65]) durch eine Tyablikov-Entkopplung [66] vereinfacht:

$$\langle\langle S_i^z S_m^+; e^{aS_j^z} S_j^- \rangle\rangle \longrightarrow \langle S_i^z \rangle \langle\langle S_m^+; e^{aS_j^z} S_j^- \rangle\rangle = \langle S^z \rangle G_{mj}^{(a)}(E) \qquad (4.4)$$

$$\langle\langle S_m^z S_i^+; e^{aS_j^z} S_j^- \rangle\rangle \longrightarrow \langle S_m^z \rangle \langle\langle S_i^+; e^{aS_j^z} S_j^- \rangle\rangle = \langle S^z \rangle G_{ij}^{(a)}(E) \ . \qquad (4.5)$$

Es wurden also die z-Komponenten der Spinoperatoren durch deren Erwartungswerte ersetzt, wobei durch Translationsinvarianz $\langle S_{i,m}^z \rangle = \langle S^z \rangle$ gilt. Die vereinfachte BGL

$$\left(E - 2\sum_m \langle S^z \rangle J_{im} \right) G_{ij}^{(a)}(E) = \theta(a)\delta_{ij} - 2\langle S^z \rangle \sum_m J_{im} G_{mj}^{(a)}(E) \qquad (4.6)$$

lässt dann mittels Fouriertransformation die explizite Berechnung der GF

$$G_{\mathbf{q}}^{(a)}(E) = \frac{\theta(a)}{E - E(\mathbf{q}) + i0^+} \qquad (4.7)$$

zu. Die Anregungsenergien der Magnonen $E(\mathbf{q}) = 2\langle S^z \rangle (J_0 - J(\mathbf{q}))$ sind dabei reell. Nun ist aber immer noch keine Lösung für die Magnetisierung gefunden. Dies geschieht mit einer schon oben erwähnten DGL für die Hilfsgröße

$$\Omega(a) = \langle e^{aS^z} \rangle \qquad (4.8)$$

$$\Rightarrow \langle S^z \rangle = \left. \frac{d}{da} \Omega(a) \right|_{a=0} \ . \qquad (4.9)$$

Die DGL findet man über den Erwartungswert $\langle e^{aS_i^z} S_i^- S_i^+ \rangle$, der sich über das Spektraltheorem (2.13) mit der GF (4.7) zu

$$\langle e^{aS_i^z} S_i^- S_i^+ \rangle = \theta(a) \underbrace{\frac{1}{N} \sum_{\mathbf{q}} \left(e^{\beta E(\mathbf{q})} - 1 \right)^{-1}}_{\varphi} \qquad (4.10)$$

findet. Mit Hilfe von allgemeinen Spinoperatorbeziehungen ergibt sich dann über einfache Rechnungen die DGL[65]

$$\frac{d^2}{da^2}\Omega + \frac{(1+\varphi)e^a + \varphi}{(1+\varphi)e^a - \varphi} \frac{d}{da}\Omega - S(S+1)\Omega = 0 \ . \qquad (4.11)$$

4.1. Modifizierte RKKY-Wechselwirkung

Mit den Randbedingungen $\Omega(0) = 1$ und der Operatoridentität

$$\prod_{p=-S}^{S} (S^z - p) = 0$$

$$\Longrightarrow \prod_{p=-S}^{S} (\frac{d}{da} - p)\Omega(a)|_{a=0} = 0 \qquad (4.12)$$

erhält man dann eine Lösung für die DGL:

$$\Omega(a) = \frac{\varphi^{2S+1}e^{-aS} - (1+\varphi)^{2S+1}e^{(S+1)a}}{(\varphi^{2S+1} - (1+\varphi)^{2S+1})((1+\varphi)e^a - \varphi)} \, . \qquad (4.13)$$

Eigentlich interessieren aber die Magnetisierung und andere Spinerwartungswerte. Sie ergeben sich dann recht einfach zu

$$\langle S^z \rangle = \frac{d}{da}\Omega(a)|_{a=0} = \frac{(1+S+\varphi)\varphi^{2S+1} + (S-\varphi)(1+\varphi)^{2S+1}}{(1+\varphi)^{2S+1} - \varphi^{2S+1}} \qquad (4.14)$$

$$\left\langle (S^z)^2 \right\rangle = \frac{d^2}{da^2}\Omega(a)|_{a=0} = S(S+1) - \langle S^z \rangle(1+2\varphi) \qquad (4.15)$$

$$\left\langle (S^z)^3 \right\rangle = \frac{d^3}{da^3}\Omega(a)|_{a=0} = S(S+1)\varphi + \langle S^z \rangle (S(S+1)+\varphi) - \left\langle (S^z)^2 \right\rangle(1+3\varphi) \qquad (4.16)$$

$$\left\langle S^{\bar{\sigma}} S^{\sigma} \right\rangle = S(S+1) - \left\langle (S^z)^2 \right\rangle - z_\sigma \langle S^z \rangle \, . \qquad (4.17)$$

Damit ist das Heisenberg-Modell, bei Kenntnis der Austauschintegrale J_{ij}, näherungsweise gelöst. Die Erwartungswerte (4.15-4.17) werden dafür eigentlich nicht benötigt, sind aber für MCDA-Formalismus (Abschnitt 3.2) wichtig.

Heisenberg-Modell des Antiferromagneten

Die Vorgehensweise im Antiferromagneten ist recht ähnlich zu der im Ferromagneten. Es soll sich wie in Abschnitt 3.3 auf solche AFM beschränkt werden, die sich in zwei Untergitter zerlegen lassen in denen jeweils eine zum anderen Untergitter antiparallele Magnetisierung herrschen soll. Der Heisenberg-Hamilton-Operator ist nun

$$H_{ff} = -\sum_{i,j,\alpha\beta} J_{ij}^{\alpha\beta} \mathbf{S}_{i\alpha} \cdot \mathbf{S}_{j\beta} \, , \qquad (4.18)$$

weshalb die Greenfunktion (4.2) zu

$$G_{i\alpha j\beta}^{(a)}(E) = \langle\langle S_{i\alpha}^+ ; \underbrace{e^{aS_{j\beta}^z} S_{j\beta}^-}_{\equiv B_{j\beta}} \rangle\rangle \qquad (4.19)$$

4. System der lokalisierten Momente

angepasst wird. Hinzu kommen jetzt die Untergitterindizes α, β. Mit den gleichen Entkopplungen wie beim Ferromagneten (4.4, 4.5) ist dann die BGL

$$\left(E - 2\sum_{m,\gamma}\left\langle S_\gamma^z\right\rangle J_{im}^{\alpha\gamma}\right)G_{i\alpha j\beta}^{(a)}(E) = \underbrace{\left\langle [S_{i\alpha}^+, e^{aS_{i\alpha}^z}S_{i\alpha}^-]_-\right\rangle}_{\equiv \theta_\alpha(a)}\delta_{ij}^{\alpha\beta} - \qquad (4.20)$$
$$- 2\langle S_\alpha^z\rangle \sum_{m,\gamma} J_{im}^{\alpha\gamma}G_{m\gamma j\beta}^{(a)}(E) \ .$$

Wird jetzt eine Fouriertransformation in den Untergittern durchgeführt, bleibt die (2×2)-Matrixgleichung bezüglich der Untergitterindizes ($\hat{X} = (X_{\alpha\beta})$)

$$\hat{A}(\mathbf{q}, E)\hat{G}_\mathbf{q}(E) = \hat{\theta}(a) \ , \qquad (4.21)$$

mit

$$\hat{A}_{\alpha\beta} = E\delta^{\alpha\beta} - E^{\alpha\beta}(\mathbf{q}) \ , \qquad (4.22)$$
$$\hat{\theta}_{\alpha\beta} = \theta_\alpha(a)\delta^{\alpha\beta} \ , \qquad (4.23)$$
$$E^{\alpha\alpha}(\mathbf{q}) = 2\langle S_\alpha^z\rangle\left(J^{\alpha\alpha}(0) - J^{\alpha\alpha}(\mathbf{q}) - J^{\alpha\bar{\alpha}}(0)\right) \qquad (4.24)$$
$$E^{\alpha\bar{\alpha}}(\mathbf{q}) = -2\langle S_\alpha^z\rangle J^{\alpha\bar{\alpha}}(\mathbf{q}) \ . \qquad (4.25)$$

Es ist nun wieder recht einfach diese Matrixgleichung zu lösen, so dass für die interessierenden diagonalen Greenfunktion, der Ausdruck

$$G_{\alpha\alpha}^{(a)}(\mathbf{q}, E) = \frac{\theta_\alpha(a)}{\det \hat{A}(\mathbf{q}, E)}(E - E^{\alpha\alpha}(\mathbf{q})) \qquad (4.26)$$

bestimmt werden kann. Durch diese neue Form ist der Erwartungswert (4.10) ebenfalls verändert:

$$\left\langle e^{aS_{i\alpha}^z}S_{i\alpha}^-S_{i\alpha}^+\right\rangle = \theta_\alpha(a)\underbrace{\frac{1}{2N}\sum_\mathbf{q}\left(\frac{1 - X_\alpha(\mathbf{q})}{e^{\beta E_+(\mathbf{q})} - 1} + \frac{1 + X_\alpha(\mathbf{q})}{e^{\beta E_-(\mathbf{q})} - 1}\right)}_{\varphi_\alpha}, \qquad (4.27)$$

$$E_\pm(\mathbf{q}) = \pm\frac{1}{2}\sqrt{(E^{\alpha\alpha}(\mathbf{q}) - E^{\bar{\alpha}\bar{\alpha}}(\mathbf{q}))^2 + 4E^{\alpha\bar{\alpha}}(\mathbf{q})E^{\bar{\alpha}\alpha}(\mathbf{q})} \qquad (4.28)$$

$$X_\alpha(\mathbf{q}) = \frac{E^{\bar{\alpha}\bar{\alpha}}(\mathbf{q}) - E^{\alpha\alpha}(\mathbf{q})}{E_+(\mathbf{q}) - E_-(\mathbf{q})} \ . \qquad (4.29)$$

Mit der Bestimmung dieses Erwartungswerts kann nun wie beim Ferromagneten die BGL für $\Omega_\alpha = \left\langle e^{aS_{i\alpha}^z}\right\rangle$ aufgestellt werden. Dies läuft formal gleich, nur dass der Unter-

4.1. Modifizierte RKKY-Wechselwirkung

gitterindex α an den Größen ist. So ergibt sich für die Untergittermagnetisierung

$$\langle S_\alpha^z \rangle = \frac{(1+S+\varphi_\alpha)\varphi_\alpha^{2S+1} + (S-\varphi_\alpha)(1+\varphi_\alpha)^{2S+1}}{(1+\varphi_\alpha)^{2S+1} - \varphi_\alpha^{2S+1}} \qquad (4.30)$$

und die analogen Formeln für die restlichen Erwartungswerte (4.15-4.17).

Verhalten bei verschwindender Magnetisierung oder Temperatur

Ein interessanter Spezialfall ist der bei $T \to 0$ bzw. $\beta \to \infty$. Beim Ferromagneten wird dann wegen $E(\mathbf{q}) > 0, \forall \mathbf{q}$ die Magnonenbesetzungszahl φ in (4.10) null. Daraus folgt mit (4.14), dass sich die Magnetisierung sättigt ($\langle S^z \rangle = S$). Dies ändert sich für den Antiferromagneten. Durch elementare Umformungen findet man

$$\varphi_\alpha \stackrel{T\to 0}{=} \frac{1}{2N} \sum_\mathbf{q} \left(\frac{E^{\alpha\alpha}(\mathbf{q})}{E_+(\mathbf{q})} - 1 \right) \qquad (4.31)$$

was im Allgemeinen ungleich null ist. Die Untergittermagnetisierungen befinden sich also nicht in Sättigung! Somit ist der Neel-Zustand nicht der Grundzustand.

Mindestens ebenso interessant ist das Verhalten bei (fast) verschwindender Magnetisierung $\langle S^z \rangle \to 0$, weil damit die Curietemperatur bestimmt werden kann. In diesen Grenzfall wird die Magnonenbesetzung $\varphi_{(\alpha)}$ unendlich. Mit Formel (4.14) bzw. (4.30) folgt dann

$$\left\langle S_{(\alpha)}^z \right\rangle = \frac{1}{3} S(S+1) \frac{1}{\varphi_{(\alpha)}} \; . \qquad (4.32)$$

Die Magnonenbesetzung ergibt sich wiederum zu

$$\varphi_{(\alpha)} = \frac{1}{2\beta \left\langle S_{(\alpha)}^z \right\rangle} \phi_{(\alpha)} \qquad (4.33)$$

$$\phi = \frac{1}{N} \sum_\mathbf{q} (J(0) - J(\mathbf{q}))^{-1} \qquad \text{(FM)} \qquad (4.34)$$

$$\phi_\alpha = \frac{1}{N} \sum_\mathbf{q} \frac{J^{\alpha\alpha}(0) - J^{\alpha\alpha}(\mathbf{q}) - J^{\alpha\bar{\alpha}}(0)}{(J^{\alpha\alpha}(0) - J^{\alpha\alpha}(\mathbf{q}) - J^{\alpha\bar{\alpha}}(0))^2 - J^{\alpha\bar{\alpha}}(\mathbf{q})J^{\bar{\alpha}\alpha}(\mathbf{q})} \qquad \text{(AFM)}. \qquad (4.35)$$

Mit $\beta^{-1} = k_B T_{C,N}$ lässt sich dann die Curie- bzw. Neeltemperatur berechnen:

$$k_B T_{C,N} = \frac{2}{3\phi_{(\alpha)}} S(S+1) \; . \qquad (4.36)$$

Wenn die Austauschintegrale $J(\mathbf{q})$ temperaturabhängig sind, muss selbstkonsistent gerechnet werden[1].

---

[1] Dies ist bei einer Abbildung vom KLM auf das Heisenberg-Modell der Fall. Bei der ISA ist dann die Reduzierung der Magnetisierung zu berücksichtigen und die Formel ändert sich zu $k_B T_{C,N} =$

4. System der lokalisierten Momente

4.1.2. Abbildung auf das Heisenberg-Modell

Um eine Abbildung vom Kondo-Gitter-Modell auf das Heisenberg-Modell zu erhalten, ist es günstig den Wechselwirkungsteil des KLMs umzuschreiben. Es gilt

$$H_{sf} = -\frac{J}{N} \sum_{i\sigma\sigma'\alpha} \sum_{\mathbf{kq}} e^{-i\mathbf{qR}_i} (\mathbf{S}_{i\alpha} \cdot \boldsymbol{\sigma})_{\sigma\sigma'} c^+_{\mathbf{k+q}\alpha\sigma} c_{\mathbf{k}\alpha\sigma} , \qquad (4.37)$$

wobei sich der Index α wieder auf ein bestimmtes Untergitter bezieht und $\boldsymbol{\sigma}$ ein Vektor aus den drei Paulimatrizen ist. Ein Ansatz ist es, die Fermioneneigenschaften „herauszuintegrieren" indem man ersetzt:

$$H_{ff} = H_{sf}^{(c)} = -\frac{J}{N} \sum_{i\sigma\sigma'\alpha} \sum_{\mathbf{kq}} e^{-i\mathbf{qR}_i} (\mathbf{S}_{i\alpha} \cdot \boldsymbol{\sigma})_{\sigma\sigma'} \left\langle c^+_{\mathbf{k+q}\alpha\sigma} c_{\mathbf{k}\alpha\sigma} \right\rangle^{(c)} . \qquad (4.38)$$

Die Mittelung $\langle \ldots \rangle^{(c)}$ soll nur im Raum der Fermionen stattfinden, d.h. die Spinoperatoren werden hier nur als c-Zahlen betrachtet. Um den Erwartungswert in (4.38) zu bestimmen nutzt man die BGL der Greenfunktion

$$G^{(c)\sigma\sigma'}_{\mathbf{kk+q}\alpha\beta} = \langle\langle c_{\mathbf{k}\sigma\alpha}; c^+_{\mathbf{k+q}\sigma'\beta} \rangle\rangle \qquad (4.39)$$

in zwei verschiedenen Varianten

$$EG^{(c)\sigma\sigma'}_{\mathbf{kk+q}\alpha\beta} = \delta_{\mathbf{q}0}\delta^{\sigma\sigma'}_{\alpha\beta} + \langle\langle \left[c_{\mathbf{k}\sigma\alpha}, H_0 + H_{sf}^{(c)}\right]_{-}; c^+_{\mathbf{k+q}\sigma'\beta} \rangle\rangle \qquad (4.40)$$

$$= \delta_{\mathbf{q}0}\delta^{\sigma\sigma'}_{\alpha\beta} + \langle\langle c_{\mathbf{k}\sigma\alpha}; \left[H_0 + H_{sf}^{(c)}, c^+_{\mathbf{k+q}\sigma'\beta}\right]_{-} \rangle\rangle . \qquad (4.41)$$

Man erhält

$$\sum_\nu (E - \epsilon_{\alpha\nu}(\mathbf{k})) G^{(c)\sigma\sigma'}_{\mathbf{k,k+q}\nu\beta}(E) =$$
$$= \delta_{\mathbf{q}0}\delta^{\sigma\sigma'}_{\alpha\beta} - \frac{J}{N} \sum_{i\mathbf{k'}\sigma''} e^{-i(\mathbf{k}-\mathbf{k'})\mathbf{R}_i} (\mathbf{S}_i \cdot \boldsymbol{\sigma})_{\sigma\sigma''} G^{(c)\sigma''\sigma'}_{\mathbf{k',k+q}\alpha\beta} \qquad (4.42)$$

$$\sum_\nu (E - \epsilon_{\nu\alpha}(\mathbf{k+q})) G^{(c)\sigma\sigma'}_{\mathbf{k,k+q}\alpha\nu}(E) =$$
$$= \delta_{\mathbf{q}0}\delta^{\sigma\sigma'}_{\alpha\beta} - \frac{J}{N} \sum_{i\mathbf{k'}\sigma''} e^{-i(\mathbf{k'}-(\mathbf{k+q}))\mathbf{R}_i} (\mathbf{S}_i \cdot \boldsymbol{\sigma})_{\sigma\sigma''} G^{(c)\sigma''\sigma'}_{\mathbf{k,k'}\alpha\beta} . \qquad (4.43)$$

Kombiniert man beide Gleichungen und führt folgende Vereinfachungen

$$G^{(c)\sigma''\sigma'}_{\mathbf{k',k+q}\alpha\beta}(E) \longrightarrow \delta_{\sigma'\sigma''}\delta_{\mathbf{k'k+q}} G^{\alpha\beta}_{\mathbf{k+q}\sigma'}(E) \qquad (4.44)$$

$$G^{(c)\sigma\sigma''}_{\mathbf{k,k'}\alpha\beta}(E) \longrightarrow \delta_{\sigma\sigma''}\delta_{\mathbf{k'k}} G^{\alpha\beta}_{\mathbf{k}\sigma}(E) \qquad (4.45)$$

$\frac{2}{3}S(S+1-n)/\phi_{(\alpha)}$ (vgl. Abschnitt 3.1).

4.1. Modifizierte RKKY-Wechselwirkung

durch, kann man die GF $G^{(c)\sigma\sigma'}_{\mathbf{k},\mathbf{k}+\mathbf{q}\alpha\beta}(E)$ und den Erwartungwert in (4.38) über das Spektraltheorem

$$\left\langle c^+_{\mathbf{k}+\mathbf{q}\beta\sigma'} c_{\mathbf{k}\alpha\sigma} \right\rangle^{(c)} = -\frac{1}{\pi} \int dE f_-(E) \mathrm{Im} G^{(c)\sigma\sigma'}_{\mathbf{k},\mathbf{k}+\mathbf{q}\alpha\beta}(E) \qquad (4.46)$$

bestimmen. Die oben gemachten Ersetzungen in (4.44) und (4.45) enthalten einen wichtigen Spezialfall. Wählt man nämlich statt der vollen Greenfunktionen $G^{\alpha\beta}_{\mathbf{k}(+\mathbf{q})\sigma}$ die freien $G^{\alpha\beta(0)}_{\mathbf{k}(+\mathbf{q})}$ so ergibt sich die konventionelle RKKY (cRKKY)[59]. Dies ist plausibel, da es dem Grenzfall kleiner J entspricht, für den die cRKKY entwickelt wurde. Es ist zu erwarten, dass die Mitnahme von Korrelationen durch die volle GF die Ergebnisse verbessert, was sich außerdem im Nachhinein durch vernünftige Ergebnisse rechtfertigen lässt.
Das Einsetzen dieses Erwartungswerts in (4.38) führt dann schlussendlich zu den effektiven Austauschintegralen (Details in [59, 37, 60, 43])

$$H_{ff} = -\sum_{ij\alpha\beta} J^{\alpha\beta}_{ij} \mathbf{S}_{i\alpha} \cdot \mathbf{S}_{j\beta} \qquad (4.47)$$

$$J^{\alpha\beta}(\mathbf{q}) = -\frac{J^2}{8} \sum_\sigma D^{\alpha\beta}_{\mathbf{q}\sigma\sigma} \qquad (4.48)$$

$$D^{\alpha\beta}_{\mathbf{q}\sigma\sigma} = -\frac{1}{\pi N} \sum_\mathbf{k} \int dE f_-(E) A^{\alpha\beta}_{\mathbf{k}\mathbf{k}+\mathbf{q}\sigma\sigma}(E) \qquad (4.49)$$

$$A^{\alpha\beta}_{\mathbf{k}\mathbf{k}+\mathbf{q}\sigma\sigma}(E) = G^{(0)\alpha\beta}_\mathbf{k}(E) G^{\beta\alpha}_{\mathbf{k}+\mathbf{q}\sigma}(E) + G^{\alpha\beta}_\mathbf{k}(E) G^{(0)\beta\alpha}_{\mathbf{k}+\mathbf{q}\sigma}(E) \qquad (4.50)$$

mit dem freien Propagator $G^{(0)\alpha\beta}_{\mathbf{k}\sigma}(E)$. Bei der Herleitung wurde noch ein isotropes Heisenberg-Modell vorrausgesetzt, was die Symmetrierelation

$$D^{\alpha\beta}_{\mathbf{q}\sigma\bar\sigma} = D^{\alpha\beta}_{\mathbf{q}\bar\sigma\sigma} = \frac{1}{2} \sum_\sigma D^{\alpha\beta}_{\mathbf{q}\sigma\sigma} \qquad (4.51)$$

ermöglicht.
Für die Auswertung muss die volle GF $G^{\alpha\beta}_{\mathbf{k}\sigma}(E)$ eingesetzt werden, z.B. die ISA- oder MCDA-GF aus Kapitel 3. Numerisch ist die $\mathbf{k}$-Summation in der Formel sehr aufwändig. Es empfiehlt sich hier, auf eine Schalen-Summation überzugehen, die im Anhang C erläutert ist.
Zwar kommen die Austauschintegrale $J^{\alpha\beta}_{ij}$ prinzipiell aus dem KLM, aber konkrete Ergebnisse werden im Heisenbergmodell berechnet. Wie jedes Modell hat dieses spezielle Eigenschaften, z.B. ob oder wie schnell eine ferromagnetische Ordnung erreicht werden kann. Da aber eigentlich der Magnetismus des KLMs bestimmt werden soll, kann es durch die Aufprägung der Eigenschaften des Heisenberg-Modells zu verfälschten Ergebnissen kommen. Es ist daher wichtig nach Alternativen zu suchen.

4. System der lokalisierten Momente

4.2. Minimierung der freien Energie

Physikalische Systeme streben immer nach einem Zustand möglichst geringer Energie. In der Thermodynamik sind dabei verschiedene Energien bzw. Potentiale definiert, die jeweils für bestimmte Situationen geeignet sind. Die freie Energie ist das thermodynamische Potential der kanonischen Gesamtheit. Ihre natürlichen Variablen sind im „normalen" Gebrauch die Teilchenzahl N, die Temperatur T und das Volumen V. Zur Beschreibung magnetischer Systeme ist es üblich das Volumen durch die negative Magnetisierung $-M$ zu ersetzen. Gelingt es nun das Minimum der freien Energie (bei verschwindendem magnetischem Feld $H = 0$) bezüglich der Magnetisierung zu finden, d.h.

$$\frac{d}{dM} F(M, T, N)|_{M^*} \stackrel{!}{=} 0 , \qquad (4.52)$$

weiß man welche Magnetisierung M^* bei einer bestimmten Temperatur auftritt (Freie-Energie-Minimierung, FEM).
Dafür braucht man natürlich Zugriff auf die freie Energie in Abhängigkeit der oben genannten Parameter. Es gibt mehrere Varianten diese zu berechnen. Eine der häufigsten ist der Zugang über die Zustandssumme $Z_N(T, M)$ mit

$$F(M, T, N) = -k_B T \ln Z_N(T, M) . \qquad (4.53)$$

Dies erweist sich hier aber als unpraktikabel, da die Zustandsumme im Allgemeinen schwer zu bestimmen ist. Ein eher den Methoden dieser Arbeit angepasster Ansatz, ist über die Definition der freien Energie

$$F(M, T, N) = U(M, T, N) - TS(M, T, N) . \qquad (4.54)$$

mit der inneren Energie U und der Entropie S. So lässt sich z.B. in der Landau-Theorie der Phasenübergänge [67, 68] der tatsächlich im Gleichgewicht angenommene Wert eines beliebigen Ordnungsparameters ξ_0 bestimmen, indem man $F(\xi) = U(\xi) - TS(\xi)$ berechnet und dann das Minimum bzgl. ξ findet. Eine hier nahe liegende Wahl für den Ordnungsparameter ist die komplette Magnetisierung eines Systems, $M^{\text{total}}(M) = M + \sigma^z(M)$, also die Summe aus den Magnetisierungen der Elektronen/Spin-Untersysteme. Die Magnetisierung des Elektronenuntersystems $\sigma^z(M)$ und damit auch die totale Magnetisierung sind aber eindeutige Funktionen der Magnetisierung der lokalen Momente $M = \langle S^z \rangle$. Somit genügt es, die Magnetisierung der lokalisierten Momente als Ordnungsparameter zu betrachten, was im Folgenden gemacht werden soll[2].
Durch die in Kapitel 3 vorgestellten Methoden ist es bereits möglich, die innere Energie $U(M, T, N)$ für alle möglichen Werte der Variablen zu berechnen. Allerdings ist dies wiederum nicht trivial für die Entropie $S(M, T, N)$, insbesondere für $T > 0$. So soll auch Formel (4.54) noch etwas abgeändert werden.

---
[2]Die Magnetisierung der lokalen Momente soll fortan M genannt werden, um Verwechslungen mit der Entropie S zu vermeiden.

4.2.1. Bestimmung der freien Energie

Durch die Relation $S = -\frac{\partial F}{\partial T}$ schreibt sich (4.54) auch als

$$F(M,T,N) = U(M,N,T) + T \left.\frac{\partial F(T)}{\partial T}\right|_{M,N} . \tag{4.55}$$

Die Variable N spielt in der weiteren Betrachtung keine Rolle und soll deshalb unterdrückt werden. Ebenso sollen konstant gehaltene Variablen als Index an den betreffenden Größen gekennzeichnet werden. Stellt man nun (4.55) nach der inneren Energie um und nutzt die Produktregel, stellt sich jene als

$$U_M(T) = -T^2 \frac{\partial}{\partial T}\left(\frac{1}{T}F_M(T)\right) \tag{4.56}$$

dar. Subtraktion von $F_M(T=0) = U_M(T=0)$ auf beiden Seiten und anschließende Division durch T^2 liefert

$$\frac{U_M(T) - U_M(0)}{T^2} = -\frac{\partial}{\partial T}\left(\frac{1}{T}\left(F_M(T) - F_M(0)\right)\right) . \tag{4.57}$$

Die Ableitung auf der rechten Seite kann durch eine Integration beider Seiten

$$\int_0^T dT' \, \frac{U_M(T') - U_M(0)}{T'^2} = -\left[\frac{1}{T'}\left(F_M(T') - F_M(0)\right)\right]_0^T \tag{4.58}$$

entfernt werden. Durch die Definition der Ableitung

$$\lim_{T\to 0}\left[\frac{1}{T}\left(F_M(T) - F_M(0)\right)\right] = \left.\frac{\partial F_M(T)}{\partial T}\right|_{T=0} = -S_M(T=0) \tag{4.59}$$

ist die untere Grenze auf der rechten Seite von (4.58) auf die Entropie bei $T=0$ zurückgeführt. Es bleibt für die Temperaturabhängigkeit der freien Energie bei festgehaltener Magnetisierung

$$F_M(T) = U_M(0) - TS_M(0) - T\underbrace{\int_0^T dT' \, \frac{U_M(T') - U_M(0)}{T'^2}}_{\equiv I_M(T)} . \tag{4.60}$$

Der Hauptvorteil gegenüber Formel (4.54) liegt in der Bestimmung der freien Energie über die Entropie bei $T=0$ (T_0-Entropie), welche sich leichter abschätzen lassen wird als die allgemeine Form $S_M(T)$. Wie schon erwähnt, kann die innere Energie zu beliebigen Temperaturen aus den in Kapitel 3 beschriebenen Vielteilchenmethoden bestimmt werden.

Es sei nun angenommen, dass die innere Energie und die T_0-Entropie bestimmt sind. So kann nun für ein bestimmtes M die gesamte Temperaturabhängigkeit berechnet werden. Geschieht dies für viele verschiedene Magnetisierungen erhält man ein Ensemble an

4. System der lokalisierten Momente

Funktionen $\{F_M(T)\}$, aus welchem man für ein bestimmtes T^* die Magnetisierungsabhängigkeit bestimmen kann:

$$\{F_M(T)\}|_{T^*} \longrightarrow \tilde{F}_{T^*}(M) \ . \tag{4.61}$$

Da sich aus der Art des Index die gemeinte Funktion erschließt, sollen beide nun im Folgenden nur mit F bezeichnet werden. Aus der Magnetisierungsabhängigkeit bei einer festen Temperatur, ergibt sich nun die tatsächlich vom System angenommene Magnetisierung durch

$$\left.\frac{\partial F_T(M')}{\partial M'}\right|_M \stackrel{!}{=} 0 \ . \tag{4.62}$$

Damit ist im Prinzip die Magnetisierung bei einer bestimmten Temperatur berechenbar und dem entsprechend auch die komplette Magnetisierungskurve $M(T)$.
Als kritischer Punkt bleibt noch die Bestimmung der T_0-Entropie. Diese wird sich nicht exakt ableiten lassen, aber durch gewisse Annahmen ist eine Näherungslösung möglich.

4.2.2. Entropie bei T = 0

Es soll nun ein Näherungsausdruck der T_0-Entropie bei einer Magnetisierung M gefunden werden. Die allgemeine Definition lautet

$$S_M(0) = k_B \ln \Gamma_M, \tag{4.63}$$

wobei Γ_M die Anzahl der Zustände bezüglich der Magnetisierung M ist.
Was bedeutet die M-abhängige Entropie bei $T = 0$ in (4.63) bezüglich der Thermodynamik? Der dritte Hauptsatz besagt ja, dass die Entropie am absoluten Nullpunkt eine Konstante ist, die unabhängig von den anderen Zustandsvariablen ist. Scheinbar widerspricht diese Aussage der oben angegeben M-Abhängigkeit. Es ist aber so, dass sich der dritte Hauptsatz auf den *absoluten Nullpunkt* bezieht; also den *Grundzustand* bei $T = 0$. In dieser Arbeit wird aber die freie Energie zur Bestimmung der Magnetisierung durch eine Energieminimierung benutzt. Das System nimmt ja nur eine Magnetisierung M^* bei einer gegebenen Temperatur an. Alle anderen Magnetisierungen M dienen als Hilfsgrößen, die zur Berechnung von $F_M(T)$ benutzt werden. Als „wahre" Größe ist immer nur die am Minimum zu betrachten. Aus diesem Grund wird auch der Begriff „Nullpunktsentropie" vermieden, der nur die Entropie im Grundzustand bei $T = 0$ bezeichnen würde. Ein allgemeiner Ausdruck für die Entropie lässt sich nicht finden, weshalb einige dem System angepasste Näherungen gemacht werden. Das System besteht aus itineranten Elektronen (schnellere Dynamik) und lokalisierten Momenten (langsamere Dynamik). Durch die unterschiedlichen Größenordnungen der Dynamik soll als erstes der Ansatz gemacht werden, dass die Zahl der Zustände der Elektronen und Spins mehr oder weniger unabhängig voneinander sind und damit ein Produktansatz für die Zustände gemacht

werden kann. Somit ist

$$\Gamma_M = \Gamma_M^{\text{lok}} \Gamma_M^{\text{el}} \tag{4.64}$$

$$S_M(0) = S_M^{\text{lok}}(0) + S_M^{\text{el}}(0) . \tag{4.65}$$

Diese Näherung kann in gewisser Weise mit der Born-Oppenheimer-Näherung[69] verglichen werden, in der die schnellen Elektronen von den langsameren Kernen abseperiert werden. Damit können die Entropien der Untersysteme einzeln bestimmt werden.

4.2.3. Entropie der lokalisierten Momente

Wieder davon ausgehend, dass die Elektronen deutlich schneller als die Spins sind, kann man sich vorstellen, dass diese keine einzelnen Elektronen sehen. Vielmehr kann die Wirkung der Elektronen auf die Spins als eine Art effektives Feld B^{eff} gesehen werden, was homogen auf alle Spins wirkt. Der Ersatz-Hamilton-Operator ist dann

$$H^{\text{eff}} = -B^{\text{eff}} \sum_i \hat{M}_i^z , \tag{4.66}$$

was dem idealen Paramagneten entspricht. Die tatsächliche Größe des Felds spielt in den folgenden Betrachtungen keine Rolle. Alle Zustände im Spinraum sind durch die Einzelspins definiert (*unterscheidbare* Teilchen, weil an unterscheidbaren Plätzen!)

$$\hat{M}_i^z |m_1^z m_2^z \ldots m_N^z\rangle = m_i^z |m_1^z m_2^z \ldots m_N^z\rangle, \qquad m_i^z = -S, \ldots, S \tag{4.67}$$

Jeder Konfiguration von Momenten kann eine Magnetisierung $M = \frac{1}{N} \sum_i m_i^z$ zugewiesen werden. Es gibt aber nicht nur eine Konfiguration sondern im Allgemeinen ein Ensemble $\{m_i^z | 1/N \sum_i m_i^z = M\}$ von solchen, die zu der selben Magnetisierung führen. Wegen der Form des Hamilton-Operators (4.66) hat aber jedes Element des Ensembles die gleiche Energie. Insbesondere hat außerdem jedes Mitglied eines Ensembles mit einer anderen Magnetisierung ebenfalls eine andere Energie. Somit kann jedem genügend kleinen Energieintervall $[E, E + \Delta E]$ bei $T = 0$ *eine bestimmte* Magnetisierung zugeordnet werden. Das ist zur Definition einer magnetisierungsabhängigen Entropie im mikrokanonischen Ensemble

$$S(E) = k_B \text{Sp} \left(\sum_i^{[E,E+\Delta E]} |\psi_i\rangle\langle\psi_i| \right) = k_B \text{Sp} \left(\sum_i^M |\psi_i\rangle\langle\psi_i| \right) = S(M) . \tag{4.68}$$

ausreichend. Es sind $\text{Sp}(\ldots)$ die Spur und ψ_i die Zustände in dem Energieintervall $[E, E+\Delta E]$ bei $T = 0$ bzw. die mit der Magnetisierung M. Somit genügt es, die Zustände, also Mitglieder einer Ensembles zu einer Magnetisierung, abzuzählen[3]. Direkt analytisch kann das bei $S = \frac{1}{2}$ geschehen. Es gibt nur zwei Einstellmöglichkeiten

---
[3] Bei $T > 0$ ist dies nicht ohne weiteres möglich, da hier zur Bestimmung der Magnetisierung thermische Fluktuationen, z.B. in Form der kanonischen Zustandssumme $\sim e^{H/(k_B T)}$ beachtet werden müssten.

4. System der lokalisierten Momente

des Spins, die jeweils auf $N_\uparrow$, $N_\downarrow$ Gitterplätzen vorkommen. Somit folgt nach einfachen Rechnungen

$$N = N_\uparrow + N_\downarrow \tag{4.69}$$

$$M = \frac{1}{2N}(N_\uparrow - N_\downarrow) \tag{4.70}$$

$$\Gamma_M^{\text{lok}} = \frac{N!}{N_\uparrow!N_\downarrow!} \tag{4.71}$$

$$S_M^{\text{lok}}(0) \stackrel{N \to \infty}{=} -k_B N \left[(\frac{1}{2} - M)\ln(\frac{1}{2} - M) + (\frac{1}{2} + M)\ln(\frac{1}{2} + M) \right]. \tag{4.72}$$

Die Berechnung für Spins $S > \frac{1}{2}$ kann numerisch am Rechner erfolgen (vgl. App. D.1).

4.2.4. Elektronische Entropie bei T = 0

Die Elektronen bewegen sich sehr schnell über den lokalen Momenten. Durch die wesentlich geringere Dynamik der Spins soll angenommen werden, dass die Elektronen ein, durch die Momente verursachtes, mehr oder weniger statisches Potential sehen. Somit kann man näherungsweise die Formel des Fermigases für die Entropie ansetzen. Diese ist[67]

$$S_M^{\text{el}}(T) = -k_B \sum_{\mathbf{k},\sigma} \left[(1 - \langle n_{\mathbf{k}\sigma} \rangle_M) \ln(1 - \langle n_{\mathbf{k}\sigma} \rangle_M) + \langle n_{\mathbf{k}\sigma} \rangle_M \ln \langle n_{\mathbf{k}\sigma} \rangle_M \right]. \tag{4.73}$$

Die Besetzungszahlen $\langle n_{\mathbf{k}\sigma} \rangle_M$ sind die bei festem M aus den Näherungsmethoden des vorherigen Kapitels 3 bestimmten Werte.

4.2.5. Entropie beim Antiferromagneten

Die Formel für die elektronische Entropie soll in diesen Systemen weiterhin gelten. Es muss aber darauf geachtet werden, dass die Besetzungszahlen aus der jeweiligen Methode kommen (Untergitterzerlegung).
Durch die in Abschnitt 4.2.2 gemachten Vereinfachungen ist es möglich, Ausdrücke für die Entropie der lokalen Momente zu finden. Die Approximationen lagen ja insbesondere in der Unabhängigkeit der Spins voneinander. Setzt man nun für den Antiferromagneten ein effektives Feld an, welches in die jeweilige Vorzugsrichtung des Untergitter zeigt, so liegt für jedes Untergitter die gleiche Situation wie im ferromagnetischen Gitter vor. In dem jeweiligen Untergitter sind allerdings nur $N/2$ Spins enthalten. Es ergeben sich also zwei gleich große Untergitterentropien, die jeweils aber nur halb so groß wie die eines ferromagnetischen Gesamtgitters sind. Durch die Additivität der Entropien ist damit

$$S_M^{\text{lok,AFM}}(0) = S_M^{\text{lok,FM}}(0). \tag{4.74}$$

Es ist hierbei darauf zu achten, dass die Magnetisierungen M in dem jeweiligen Untergitter definiert sind.

4.2. Minimierung der freien Energie

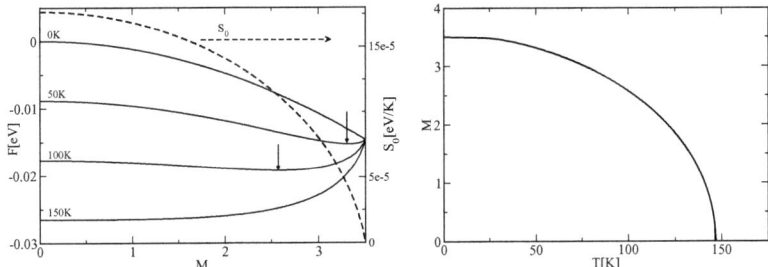

Abbildung 4.1.: *links:* Entropie bei $T = 0$ (gestrichelt) und freie Energie (durchgezogen) des Meanfield-Heisenberg-Modells bzgl. der Magnetisierung bei verschiedenen Temperaturen. Die Minima der freien Energie sind mit Pfeilen gekennzeichnet (bei $T = 0$ ist das Minimum bei $M = S$ und bei $T = T_C \approx 150K$ bei $M = 0$). *rechts:* Resultierende Magnetisierungskurve aus den Minima. *Parameter:* $J = 0.2$meV, $z = 6$, $S = 3.5$

4.2.6. Geltungsbereiche der Formeln

Die Formel zur Bestimmung der freien Energie aus Abschnitt 4.2.1 ist exakt. Somit hängt die Genauigkeit der Bestimmung von $F_M(T)$ nur von den Genauigkeiten der einfließenden Größen $U_M(T)$ und $S_M(0)$ ab. Die innere Energie ist dabei um so besser, desto akkurater die angewendete Vielteilchenmethode zur Bestimmung der elektronischen Green-Funktion ist. Die Anwendbarkeit erschließt sich dann direkt aus den gemachten Näherungen und den dabei erfüllten Grenzfällen. Bei der Entropie muss dies etwas vorsichtiger betrachtet werden. Deren Voraussetzungen waren im Wesentlichen Translationsinvarianz und insbesondere eine relative Unabhängigkeit der Untersysteme bzw. der Spins. So kann man sich z.B. bei einer eindimensionalen Kette von direkt aneinander gekoppelten Spins (eindimensionales Heisenberg-Modell) leicht klar machen, dass Konfigurationen mit gleicher konfigurationsgemittelter Magnetisierung im Allgemeinen nicht die gleiche Energie haben[4]. In so einem Fall müssen andere Methoden zur Bestimmung der Entropie verwendet werden. Ein Ansatzpunkt zur Einschätzung der Glaubwürdigkeit bei den hier verwendeten Systemen ist die *a posteriori* zu machende Beurteilung der Ergebnisse.

4. System der lokalisierten Momente

4.2.7. Beispiel am Meanfield-Heisenberg-Modell

Ein einfaches Beispiel zur Demonstration der Vorgehensweise ist das Meanfield-Heisenberg-Modell. Es hat den Hamilton-Operator

$$H = - \sum_{\langle i,j \rangle} J_{ij} \mathbf{S}_i \cdot \mathbf{S}_J \qquad (4.75)$$

$$\approx - Jz \underbrace{\langle S_i^z \rangle}_{M} \sum_j S_j^z \,, \qquad (4.76)$$

wobei J die Kopplung und z die Anzahl der nächsten Nachbarn sind. Die innere Energie ist dann sehr einfach

$$U(M) = \langle H \rangle = -JzM^2 \,. \qquad (4.77)$$

Wenn man M als festen Parameter und nicht als temperaturabhängige Größe auffasst, hat die innere Energie also keine Temperaturabhängigkeit. Somit fällt der Teil $I_M(T)$ in (4.60) weg und es bleibt

$$F_T(M) = U(M) - TS_0(M) \,. \qquad (4.78)$$

Die freien Energien und die daraus resultierende Magnetisierungskurve sind in Abb. 4.1 zu sehen. Dadurch dass $S_0(M)$ den höchsten Wert bei $M = 0$ annimmt, sinkt hier auch die freie Energie am schnellsten ab. Somit wird bei T_C der Energievorteil der höheren Magnetisierungen ausgeglichen.
Der Wegfall von $I_M(T)$ erlaubt auch eine einfachere Berechnung. Aus (4.78) folgt die Minimumsbedingung

$$\frac{\partial F}{\partial M} \stackrel{!}{=} 0 = \frac{\partial U}{\partial M} - T \frac{\partial S_0}{\partial M} \qquad (4.79)$$

$$\Rightarrow T(M) = \frac{\partial_{M'} U}{\partial_{M'} S_0}\bigg|_M \qquad (4.80)$$

und damit auch die (inverse) Magnetisierungskurve $T(M) = M^{-1}(T)$. Diese lässt sich also direkt aus den Ableitungen der inneren Energie und der Entropie bestimmen.
Für $S = \frac{1}{2}$ ist die Entropie analytisch bestimmbar (4.72). Berechnet man jetzt die Ableitungen und führt einfache algebraische Umformungen durch, ergibt sich für die Magnetisierung

$$M = \frac{1}{2} \tanh\left(\frac{zJM}{k_B T}\right) \,. \qquad (4.81)$$

Dies ist die bekannte Formel des Meanfield-Heisenberg-Modells für $S = \frac{1}{2}$. Auch die Werte für $S > \frac{1}{2}$ stimmen numerisch exakt mit den bekannten Briouillin-Funktionen überein (ohne Abbildung).

---
[4] In der Meanfield-Näherung des Heisenbergs-Modells allerdings doch!

4.2. Minimierung der freien Energie

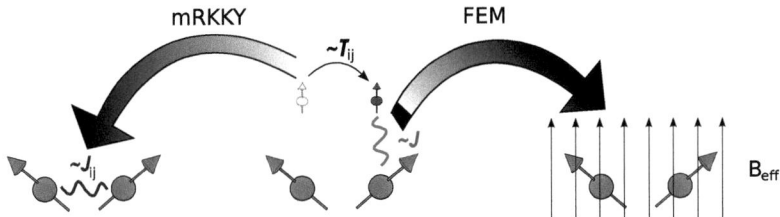

Abbildung 4.2.: Schematische Darstellung der Abbildungsprozesse des ursprünglichen Kondo-Gitter-Modells auf die „Hilfsmodelle" in der mRKKY und der FEM. Die mRKKY erhält eher die Eigenschaften der Intergitterplatz- und die FEM die der lokalen Wechselwirkungen. Es ist zu beachten, dass in der FEM die Größe des Felds B_eff keinen Einfluss hat, während die J_{ij} die Eigenschaften des Spinsystems quantitativ stark bestimmen.

4.2.8. Vergleich der Abbildungsmechanismen der mRKKY und der FEM

Eine magnetische Ordnung im Kondo-Gitter-Modell entsteht durch das Zusammenspiel zweier physikalischer Vorgänge. Zum Einen richten sich Elektronenspin und lokalisierter Spin an einem Gitterplatz, je nach Vorzeichen der Kopplung, parallel oder antiparallel aus. Dies allein reicht nicht, da noch keine Information zu anderen Gitterplätzen übertragen wird. Diese Funktion übernimmt das Hopping, durch das die Elektronen die Spininformationen über das gesamte Gitter tragen. Bei der mRKKY wird dieses Zusammenspiel durch effektive Kopplungen eines Heisenberg-Modells ausgedrückt (vgl. Abb. 4.2). Es findet also eine Zwischengitterplatzwechselwirkung - analog zum Hopping - statt. Bei der Freien-Energie-Minimierung (FEM) musste die Nullpunktsentropie über die Annahme eines homogenen effektiven Felds genähert werden. Die lokalisierten Spins sind dabei als unabhängig voneinander betrachtet worden. Somit ähnelt es mehr dem lokalen Teil des KLMs - der sd-Wechselwirkung. Ein wichtiger Unterschied ist aber, dass in der mRKKY die J_{ij} das System und insbesondere die Magnetisierung qualitativ *und* quantitativ bestimmen. Damit hat die Heisenberg-Abbildung einen sehr starken Einfluss auf das Verhalten des KLMs. Dies ist beim effektiven Feld der FEM nicht der Fall. Dessen einzige Wirkung ist die Aufhebung der Entartung der Zustände bzgl. der Magnetisierung. Wie weit die Zustände energetisch dann auseinander liegen spielt keine Rolle. Die konkreten Systemeigenschaften sind in der inneren Energie enthalten, die direkt aus der Berechnung des KLMs kommt. Somit kann vermutet werden, dass die FEM die Eigenschaften des KLMs besser erhält.

5. Verhalten des konzentrierten Volumensystems

In diesem Kapitel werden die Eigenschaften des konzentrierten Volumensystems besprochen. Es handelt sich also um ein unendlich ausgedehntes dreidimensionales Gitter, in dem sich an jedem Gitterplatz ein lokalisiertes Moment befindet. Insbesondere soll das Augenmerk auf Modellparameterabhängigkeiten, existierende Phasen und den Einfluss der Näherungsmethoden des reinen Kondo-Gitter-Modells gerichtet sein. Diese Grundeigenschaften bilden dann die Basis bei der Betrachtung verdünnter/geschichteter Systeme welche in Kapitel 6 behandelt werden.

Alle hier berechneten Energien/Entropien sind, wie in unendlich großen System nötig, als Energien/Entropien pro Gitterplatz zu verstehen. Es werden dafür weiterhin die gleichen Symbole verwendet.

5.1. Eigenschaften des Systems bei verschwindender Temperatur

Es ist sehr instruktiv sich das Verhalten von korrelierten Systemen bei $T = 0$ anzusehen. Hier entfällt nämlich das komplexe Wechselspiel zwischen der Minimierung der inneren Energie und der Entropiemaximierung. Dies ist sofort an der Relation $U(T = 0) = F(T = 0)$ ersichtlich. Somit ist es einfacher, das energetische Verhalten der Systeme zu untersuchen. Will man z.B. wissen, welche magnetische Phase bei einem bestimmten Modellparametersatz existiert, reicht es zu vergleichen, welche die geringste innere Energie hat. Es gelingt hier insbesondere, Aussagen über das elektronische System zu machen, indem man die Magnetisierung der lokalisierten Momente fixiert - typischerweise auf die Sättigungsmagnetisierung $M = S$ bei geordneten Phasen bzw. $M = 0$ beim Paramagneten. Dann ergeben sich gewöhnlich Kurven der inneren Energie bzgl. der Bandbesetzung n bei sonst festen Parametern wie in Abb. 5.1. Bei einer bestimmten Elektronenbesetzung schneiden sich die Kurven und es kommt zu einem Phasenübergang. Es ist zu beachten, dass an diesem Punkt die Krümmung der resultierenden Kurve, die aus den Kurven der jeweils energetisch niedrigsten Phasen entsteht, negativ wird. Da diese über

$$\frac{1}{K} = n^2 \frac{d^2 U}{dn^2} \tag{5.1}$$

5. Verhalten des konzentrierten Volumensystems

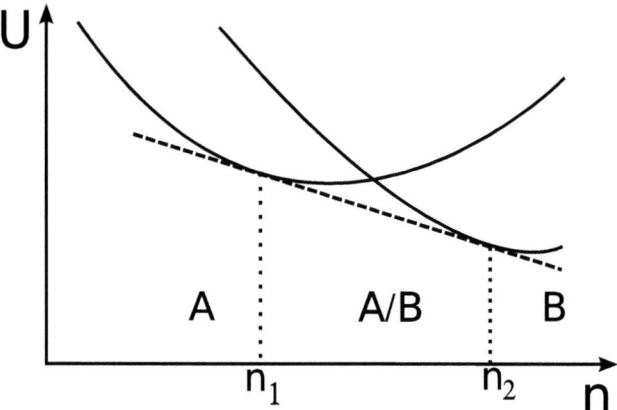

Abbildung 5.1.: Vergleich der inneren Energien (durchgezogene Linien) zweier Phasen A und B bei $T = 0$. Die Phase geringerer Energie wird vom System angenommen. In der Nähe des Schnittpunkts kann es zur Phasenseparation kommen, die über eine Maxwell-Konstruktion (gestrichelte Linie) bestimmt wird.

mit der Kompressibilität[1] verbunden ist, wird das System an dieser Stelle instabil[46]. Wegen $K^{-1} = -V \left(\frac{dP}{dV}\right)_N$ würde eine negative Kompressibilität nämlich eine Verringerung des Drucks P bei einer Volumenabnahme $dV < 0$ bedeuten. Das System zeigt dann eine Tendenz zur Phasenseparation. Deren Grenzpunkte werden über eine Maxwell-Konstruktion bestimmt, die sich aus der Bedingung

$$\frac{dU}{dn}\bigg|_{n_1} \stackrel{!}{=} \frac{dU}{dn}\bigg|_{n_2} \tag{5.2}$$

ergibt.

Die innere Energie ist eng verknüpft mit der Quasiteilchenzustandsdichte $\rho_\sigma(E) = -\frac{1}{\pi N} \sum_{\mathbf{k}} \text{Im} G_{\mathbf{k}\sigma}(E)$ (QDOS, *quasi-particle density of states*), da im (reinen) Kondo-Gitter-Modell

$$U = \sum_\sigma \int_{-\infty}^{+\infty} dE \; f_-(E) E \rho_\sigma(E) \tag{5.3}$$

---

[1] Die Kompressibilität ist eher mit Gasen oder Flüssigkeiten verbunden, lässt sich aber auch für einen Festkörper definieren. Eine andere Herangehensweise wäre über das chemische Potential μ mit $\frac{d^2 U}{dn^2} = \frac{d\mu}{dn} \stackrel{!}{>} 0$. Eine Erhöhung von n sollte also immer mit gleichzeitiger Erhöhung von μ einhergehen.

5.1. Eigenschaften des Systems bei verschwindender Temperatur

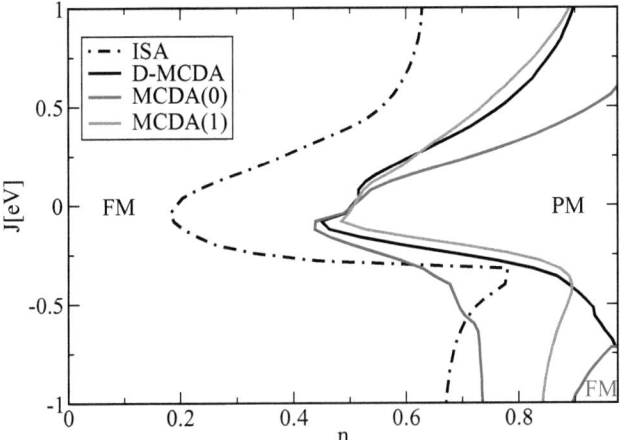

Abbildung 5.2.: Grenzlinien zwischen der ferro- (FM) und paramagnetischen (PM) Phase in Abhängigkeit von den Parametern J und n für verschiedene Näherungen. Die ISA wurde ohne Hubbard-Anteil gerechnet ($\gamma_\sigma = 1$). Bei allen Näherungsmethoden existiert bei niedrigen Bandbesetzungen n die ferromagnetische Phase. Die deutlichsten Unterschiede treten bei negativem J auf. Alle Näherungen, außer der D-MCDA, zeigen entweder ein „Umbiegen" der Phasengrenze (ISA, MCDA(1)) oder einen Wiedereintritt der FM-Phase (MCDA(0)) bei mittleren negativen J. Parameter: $S = \frac{3}{2}$, $W = 1\text{eV}$

gilt[60]. Es ist also auch empfehlenswert, sich ein Bild über die Parameterabhängigkeit der QDOS zu machen.

5.1.1. Unterschiede einzelner Methoden

Die benötigten Näherungen zur Bestimmung der Green-Funktionen (GF, vgl. Kapitel 3) haben sicher Einfluss auf die Resultate der Rechnungen. Generell gibt es in dieser Arbeit zwei verschiedene Ansätze zur Bestimmung der GF. Der erste (ISA) beruht auf eine Interpolation von exakten Grenzfällen und der zweite (MCDA) auf einer Entkopplung von Bewegungsgleichungen höherer Ordnung. Gerade bei der MCDA gab es eine Vielzahl von Entkopplungsmöglichkeiten, speziell von höheren Green-Funktionen. Insbesondere die Erweiterung der MCDA auf eine explizite Betrachtung von Doppelbesetzungszuständen lässt eine genauere Beschreibung des Systems erwarten, da sie mehrere Grenzfälle erfüllt, ohne sie, wie bei der ISA, a priori vorauszusetzen.
Um eine bequemere Terminologie, insbesondere der verschiedenen MCDA-Varianten, zu erhalten, sollen nun Kurzbezeichnungen verwendet werden. Die einzelnen Methoden mit den wichtigsten Näherungseigenschaften sind:

5. Verhalten des konzentrierten Volumensystems

- ISA (Abschnitt 3.1)
  - $G_{\mathbf{k}\sigma}(E) = \gamma_\sigma(E - \epsilon(\mathbf{k}) - \Sigma_\sigma^{\text{ISA}}(E))^{-1}$
  - spektrale Gewichte γ_σ der Green-Funktion aus Hubbard-Wechselwirkung
  - Selbstenergie $\Sigma_\sigma^{\text{ISA}}(E)$ aus exakten Grenzfällen des KLMs
- MCDA allgemein (Abschnitt 3.2)
  - formale Ersetzung spezieller Kommutatoren in Bewegungsgleichungen durch Selbstenergien
  - höhere GF teilweise aus Linearkombinationen niedrigerer GF
- MCDA ohne explizite Betrachtung der Doppelbesetzung (Abschnitt 3.2.1)
  - Näherung der Doppelbesetzungs-GF (DB-GF) durch Einzelbesetzungs-GF (EB-GF)
  - verschiedene Näherungen der DB-GF möglich (genauere Beschreibung in Anhang A)
  - MCDA(0): komplette Vernachlässigung der DB-GF
  - MCDA(1): Näherung der DB-GF mittels Momenterhaltung
  - MCDA(2): Näherung der DB-GF mittels Erwartungswerterhaltung
  - MCDA(3): Näherung der DB-GF mittels Meanfield-Entkopplung
- MCDA mit expliziter Betrachtung der Doppelbesetzung (Abschnitt 3.2.2)
  - D-MCDA: Berechnung der DB-GF aus Bewegungsgleichungen

Die angegebenen Kurzformen (z.B. MCDA(0)) sollen im Folgenden in dieser Arbeit verwendet werden[2]. Zum Vergleich wird gegebenfalls noch die Meanfield-Näherung (MFN) des KLMs herangezogen. Man erkennt dadurch den Einfluss von Korrelationseffekten, die ja in der MFN fehlen.

Wichtig in Modellen zur Beschreibung magnetischer Systeme, ist das Auftreten geordneter magnetischer Momente. Die prominenteste Phase ist dabei wohl die ferromagnetische, die hier als erstes betrachtet wird.

Vergleicht man die inneren Energien der paramagnetischen und ferromagnetischen Phasen zeigt sich, dass Ferromagnetismus vorrangig bei niedrigen Bandbesetzungen existiert (Abb. 5.2). Die ISA zeigt von allen Methoden den kleinsten ferromagnetischen Bereich. Alle MCDA-Näherungen verhalten sich bei kleinem $|J|$ sehr ähnlich und haben bei $|J| \to 0$ die Phasengrenze bei $n = 0.5$. Unterschiede treten bei größerem $|J|$ auf, wobei der Einfluss der Doppelbesetzung für positive/negative J unterschiedlich stark ist. Bei positiver Kopplung gibt es kaum Änderungen zwischen den einzelnen MCDA-Methoden, während sich die Phasendiagramme bei negativem J qualitativ erheblich voneinander unterscheiden. So nimmt die ferromagnetische Phase mit steigendem positiven J bei allen

---
[2]Es werden nicht immer alle Näherungen miteinander verglichen. So soll nur zwischen den MCDA(1,2,3)-Varianten unterschieden werden, wenn diese essentiell voneinander abweichen.

5.1. Eigenschaften des Systems bei verschwindender Temperatur

Methoden einen immer größeren Raum ein. Nur bei negativem J tritt bei allen Näherungen außer der D-MCDA ein leichtes „Umbiegen" der Phasengrenzen auf. Tatsächlich gibt es für das abweichende Verhalten bei $J < 0$ keine zwingende physikalische Erklärung, so dass dies als Artefakt der Einzelbesetzungsnäherung gesehen werden kann[3]. Eine ähnliche Veränderung des ferromagnetischen Bereichs bei steigendem $|J|$ und $J < 0$ wurde auch von Otsuki et al. gefunden[70, 71], wobei hier ebenfalls Doppelbesetzung vernachlässigt wurde. Da in der D-MCDA der Einfluss der Doppelbesetzung direkt enthalten ist und es dort kein „Umbiegen" gibt, scheinen Doppelbesetzungen damit sehr wichtig für das qualitative Aussehen des Phasendiagramms zu sein.

Was macht nun der Unterschied der inneren Energie in den einzelnen Methoden? Hierzu ist es, wie bereits erwähnt, sinnvoll, die Zustandsdichten zu betrachten. Es ist zwar nicht direkt möglich den Phasenübergang[4], aber sehr wohl prinzipielle Unterschiede an den QDOS zu erkennen. In Abb. 5.3 sind mehrere Zustandsdichten dargestellt. Wichtig für die Betrachtung ist das Verhalten der Pole der Green-Funktion und das spektrale Gewicht der einzelnen Subbänder. Eine Abschätzung über das korrekte Verhalten lässt sich aus dem Grenzfall des unendlich schmalen Bands gewinnen (Abschnitt 2.4.2). So sollte sich erstens eine Vierpolstruktur mit den Polen bei

- $E_{EB}^{(1)} = -\frac{1}{2}JS$, $E_{EB}^{(2)} = +\frac{1}{2}J(S+1)$ - Einzelbesetzungspole
- $E_{DB}^{(1)} = -\frac{1}{2}J(S+1)$, $E_{DB}^{(2)} = +\frac{1}{2}JS$ - Doppelbesetzungspole

ausbilden. Diese sind insbesondere *nicht* von der Bandbesetzung abhängig. Des Weiteren sollten die daraus folgenden vier Subbänder pro Spinrichtung ein parameterabhängiges spektrales Gewicht besitzen, wobei die Hauptabhängigkeiten bezüglich M und n bestehen.

Bei der ISA existieren durch den dort verwendeten Ansatz alle vier Pole des Grenzfalls des unendlich schmalen Bandes. Allerdings sind durch die in Abschnitt 3.1 benutzte Vereinfachung einer unendlich großen Hubbard-Kopplung $U_H \to \infty$ nur die zwei Einzelbesetzungspole sichtbar. Bei endlichen Bandbesetzungen erkennt man eine deutliche Veränderung des Streuspektrums[5]. Im Gegensatz zu den anderen Methoden sind Spin-up- und Spin-down-Zustandsdichten nicht im gleichen Energiebereich. Aus Überlegungen zu den generellen Eigenschaften des Streuspektrums, sollte dieses aber gerade energetisch nah zum Spin-up-Band liegen[52], da hier die Spin-down- zu Spin-up-Teilchen unter Aussendung eines Magnons gestreut werden. Wegen der vernachlässigbaren Energie dieses Magnons gegenüber den Elektronenenergien, sollte sich die Energie des Teilchens vor und nach der Streuung kaum unterscheiden.

Bei der MCDA(0) sind keinerlei n-Abhängigkeiten der QDOS zu sehen. Durch die komplette Vernachlässigung der Doppelbesetzungs-GF sind also *alle direkten* Effekte von n

---

[3]In der ISA wird Doppelbesetzung zwar auch in einem effektiven Ansatz betrachtet, aber gerade bei mittleren Kopplungen $|J|$ ist diese Näherung am wenigsten gesichert. Darum kann man auch hier abweichendes Verhalten erwarten.

[4]Dies liegt vorrangig daran, dass die Energieunterschiede zwischen zwei Phasen sehr klein sind - typisch sind Milli- bis Mikroelektronenvolt.

[5]Als Streuspektrum wird der Teil der Spin-down-Zustandsdichte im Energiebereich der Spin-up-Zustandsdichte bei $E \approx -\frac{1}{2}JS$ bezeichnet.

5. Verhalten des konzentrierten Volumensystems

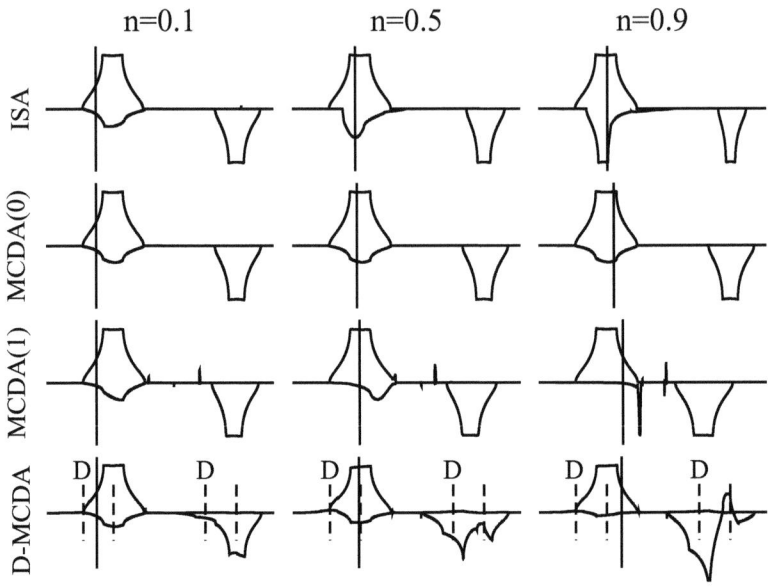

Abbildung 5.3.: QDOS der verschiedenen Methoden bei verschiedenen Bandbesetzungen. Die durchgezogenen senkrechten Linien geben das chemische Potential an. Bei der ISA verschiebt sich im Wesentlichen das Spin-down-Streuspektrum, die MCDA(0) zeigt keine Elektronendichteabhängigkeit und bei der MCDA(1) verschiebt sich sowohl das Spin-down-Streuspektrum, als auch das Polaronband. Im Gegensatz dazu verschieben sich bei der D-MCDA keine Pole (gestrichelte Linien), sondern es wird nur spektrales Gewicht transferiert. Die Pole, die durch die Doppelbesetzung entstehen, sind mit einem „D" gekennzeichnet. Parameter: $S = \frac{3}{2}$, $W = 1\text{eV}$, $J = 1\text{eV}$, $M = S$

verschwunden. Dies widerspricht der Erwartung, dass die Bandbesetzung das spektrale Gewicht verändern sollte. Natürlich ist die innere Energie aber noch über das chemische Potential von der Elektronenzahl abhängig, welche wiederum die Phasenabfolge bestimmt. Wie durch die Vernachlässigung der DB-GF zu erwarten war, finden sich in der MCDA(0) ebenfalls nur die Einzelbesetzungspole.

Die QDOS der MCDA(1) zeigt deutliche Veränderungen mit n. Die Pole des Streuspektrums und des Polaronbands[6] werden mit n stark verschoben und rutschen näher zusammen, wobei sie eigentlich konstant bleiben sollten. Dies ist durch die Linearkombinationen (3.63,3.64) der Doppelbesetzungs-GF $F^{(3)}_{iiiij\sigma}(E)$ und $\Gamma^{(4)}_{iiiij\sigma}(E)$ aus Einzelbesetzungs-GF zu erklären. Durch fehlende Doppelbesetzungseffekte kommt es nicht zur konstanten

---
[6]Das Polaronband ist die Spin-down-Zustandsdichte bei $E \approx \frac{1}{2}J(S+1)$.

5.1. Eigenschaften des Systems bei verschwindender Temperatur

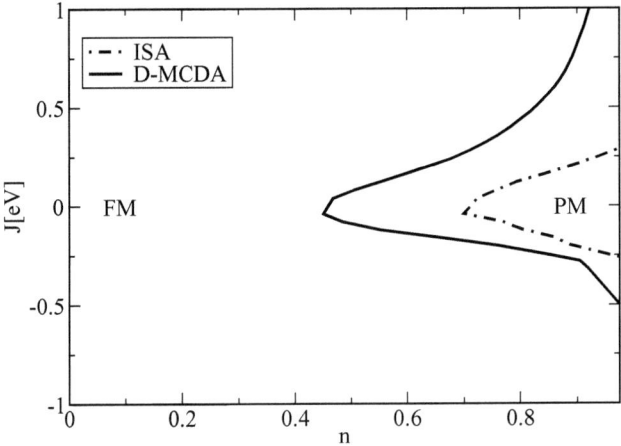

Abbildung 5.4.: Auftreten der ferro- (FM) und paramagnetischen (PM) Phasen in Abhängigkeit von den Parametern J und n. Im Gegensatz zu Abb. 5.2 mit Coulomb-Abstoßung U_H. Parameter: $S = \frac{3}{2}$, $W = 1\text{eV}$, $U_H = 10\text{eV}$ (D-MCDA), $U_H = \infty$ (ISA)

Polstruktur des KLMs, wobei außerdem zwei Pole fehlen. Die MCDA(2,3)-Varianten haben ein ähnliches Verhalten.
Die D-MCDA zeigt dagegen das zu erwartende Verhalten. So bleiben bei der D-MCDA alle Pole konstant. Mit steigendem n wird hier spektrales Gewicht von den Einzelbesetzungspolen zu den DB-Polen verlagert. Bemerkenswert ist dabei, dass dies hauptsächlich bei den unbesetzten Zuständen passiert, also nicht etwa die Zustandsdichte am niedrigsten Pol $E_1 = -\frac{1}{2}J(S+1)$ steigt. Somit werden, zumindest für $n < 1$, (fast) nur Einzelbesetzungszustände besetzt[7]. Ebenso wie bei der MCDA(1) wird das Streuspektrum mit wachsender Elektronendichte erheblich verringert.
Dass vorrangig Unterschiede bei unbesetzten Zuständen auftreten, erklärt die relativ geringen Unterschiede im Phasendiagramm bei $J > 0$. Bei negativen J sind die Zustandsdichten an der E=0-Achse gespiegelt. Dies bedeutet, dass das ursprünglich energetisch hohe Polaronband nun energetisch am günstigsten ist. Dies ist aber der Anteil der QDOS, der am stärksten veränderlich ist. Somit unterscheidet sich das Phasendiagramm hier auch stärker in den einzelnen Methoden. Insbesondere tritt hier bei der D-MCDA keine Vergrößerung des paramagnetischen Bereichs mit steigendem $|J|$ ($J < 0$) auf. Bei allen anderen Methoden kommt es zu einem „Umbiegen" der Phasengrenze.
Innerhalb der ISA und der D-MCDA ist es ebenfalls möglich, den Einfluss einer Coulomb-Abstoßung zu beschreiben. Da die Coulomb-Abstoßung direkt mit Doppelbeset-

---

[7] Die Zahl von Doppelbesetzungszuständen $\langle n_\sigma n_{\bar{\sigma}} \rangle$ ist zwar von null verschieden, bewegt sich aber typischerweise im Bereich von 10^{-4}-10^{-6} und spielt damit keine Rolle.

5. Verhalten des konzentrierten Volumensystems

zung verbunden ist kann man hier den unterschiedlichen Einfluss in den beiden Näherungen sehen. Innerhalb der ISA werden Doppelbesetzungseffekte vorrangig über das spektrale Gewicht $\gamma_\sigma = 1 - \langle n_\sigma \rangle$ abgeschätzt. Dadurch ändert sich die Zustandsdichte deutlich, was einen sehr starken Einfluss auf das Phasendiagramm in der ISA hat (Abb. 5.4). Es ist zu vermuten, dass durch die ISA die Veränderung der Zustandsdichten überschätzt wird. Anders ist dies bei der D-MCDA. Hier kommt die Hubbard-Abstoßung in den Bewegungsgleichungen ins Spiel. Dadurch werden vorrangig die Doppelbesetzungszustände nach oben verschoben. Für Details zur Berechnung in der D-MCDA sei auf Anhang B.1 verwiesen. Da aber von vornherein kaum DB-Zustände besetzt sind, gibt es hier wesentlich geringere Unterschiede zum Phasendiagramm ohne Coulomb-Abstoßung[8]. In der Literatur werden häufig Doppelbesetzungen von Elektronen und deren Auswirkungen mit dem Verweis auf einer hohen Coulomb-Abstoßung vernachlässigt. In der Tat sind diese bei $n < 1$ praktisch null - allerdings auch schon im reinen KLM, wenn man DB-Zustände explizit betrachtet. Die indirekte Wirkung von DB-Zuständen - die Reduzierung von Einzelbesetzungszuständen durch eine Verlagerung von spektralem Gewicht - bleibt allerdings, bei jeder Stärke der Coulomb-Abstoßung erhalten. Somit sind solche Vereinfachungen mit Vorsicht zu genießen!

Abbildung 5.6 zeigt außerdem den Einfluss der Spinquantenzahl S auf das Phasendiagramm. Diese Größe ist entscheidend, um die Auswirkung von Quanteneffekten abzuschätzen. Kleine Quantenzahlen (z.B. $S = \frac{1}{2}$) bedeuten einen starken Quantencharakter. Dies ist besonders ersichtlich bei Spinflipprozessen, da hier hier eine Spinprojektionsänderung um ± 1 eine starke Änderung der Orientierung des Spins bedeutet. Im Gegensatz dazu spielt das bei großen Spins eine immer geringere Bedeutung und der Extremfall $S \to \infty$ ist gleichbedeutend mit klassischen Spins. Bei gleicher positiver Kopplungstärke JS zeigen sich nur sehr geringe Änderungen in den Phasengrenzen. Diese Aussage steht im Kontrast zu Auswertungen von Phasendiagrammen, die mit Hilfe von Einzelbesetzungsnäherungen der Doppelbesetzung-GF berechnet wurden (Abb. 5.5, Ref. [72]). Dort ergab sich eine erhebliche Vergrößerung der paramagnetischen Phase bzgl. n mit sinkendem Spin. Diese starke Spinabhängigkeit ist wieder auf die vereinfachte Näherung der Doppelbesetzungs-GF zurückzuführen. Insbesondere der Streuanteil des Spin-down-Bandes wird dadurch beeinflusst. Dieser hat aber bei kleineren Spins ein größeres spektrales Gewicht und somit auch stärkeren Einfluss. Deshalb erhöhen sich die Effekte der Einteilchen-Näherungen ebenfalls. Bei der D-MCDA und Ergebnissen der „density matrix renormalization group method"[73] ergeben sich hingegen kaum Unterschiede durch die Spinquantenzahl bei positiven J. Somit hat zumindest bei positiven Kopplungen der Quantencharakter kaum Einfluss auf das Phasendiagramm. Es sei hier darauf hingewiesen, dass in Abb. 5.5 Phasenübergänge vom Ferromagneten in verschiedene andere Phasen betrachtet wurden. Diese sind aber durchaus als ähnlich zu betrachten und der konkrete Phasenübergang spielt bei der Betrachtung der Spinabhängigkeit hier eine untergeordnetere Rolle.

---

[8]Es sei aber darauf hingewiesen, dass durch die Hubbard-I-artige Entkopplung (Anhang B.1) von sich aus (also im reinen Hubbard-Modell) keine magnetische Ordnung entstehen kann. Dennoch ist die Entkopplung auf ähnlichen Niveau wie die Behandlung der Doppelbesetzung unter Wirkung des Kondo-Gitter-Modells.

5.1. Eigenschaften des Systems bei verschwindender Temperatur

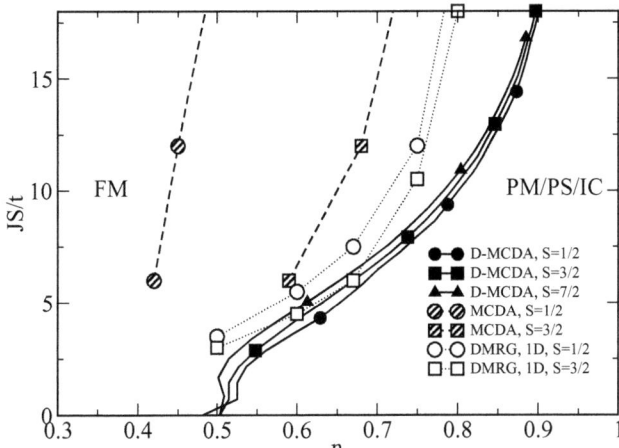

Abbildung 5.5.: Einfluss der Spinquantenzahl auf den Bereich der ferromagnetischen Phase in verschiedenem Methoden. MCDA-Ergebnisse aus [72] und „density matrix renormalization group method (DMRG)" aus [73]. Die Grenzlinien beschreiben den Übergang von FM zu Paramagnetismus (PM, D-MCDA), Phasenseparation (PS, MCDA und DMRG) und inkommensurablen Phasen (IC, DMRG). Bei den DMRG Ergebnissen wurde zwar nur in einer Dimension bei verschiedenen Spins gerechnet, allerdings weisen die Phasendiagramme zumindest bei Monte-Carlo-Rechnungen und höheren Spins [46, 72] keine starke Dimensionsabhängigkeit auf. Es ist zu sehen, dass bei positiven J die Spinquantenzahl nur bei der MCDA starken Einfluss auf den Bereich des Ferromagnetismus hat. Bei der D-MCDA und DMRG ist kaum ein Unterschied zu sehen. Parameter: $W = 1\text{eV}$

Die Ergebnisse der Rechnungen zeigen also teilweise starke Abhängigkeiten von der gewählten Methode. Ein prinzipieller Trend ist aber die Ausbildung einer ferromagnetischen Ordnung bei kleineren Bandbesetzungen für kleine J und eine Verbreiterung des Bereichs für steigende $|J|$. Größere Unterschiede waren bei negativem J zu finden, wo insbesondere die D-MCDA von den anderen Methoden abwich. Sie weist dabei, gestützt durch DMRG-Ergebnisse, aber das plausibelste Verhalten auf.

5.1.2. Antiferromagnetische Phasen

Die ferromagnetische Phase ist nicht die einzige Möglichkeit eines System, sich magnetisch zu ordnen. So können diverse antiferromagnetische Phasen auftreten (Abschnitt 3.3). Diese bestehen aus magnetisch geordneten Untergittern mit einer Untergittermagnetisierung $M^\alpha \in [-S, S]$ bei einer Gesamtmagnetisierung $M = 0$. Für die $T = 0$-Phasendiagramme soll bei den antiferromagnetischen Phasen der sogenannte Néel-Zustand angenommen werden. Er zeichnet sich durch magnetische Sättigung $M^\alpha = \pm S$

5. Verhalten des konzentrierten Volumensystems

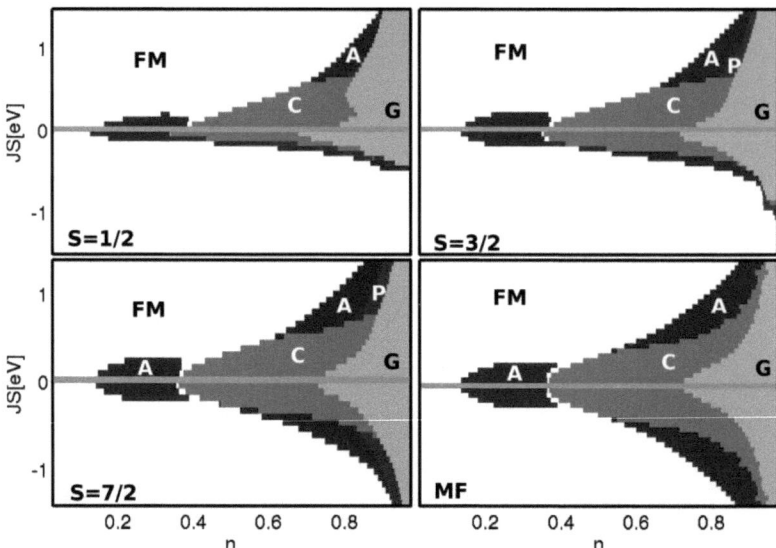

Abbildung 5.6.: Auftreten von magnetischen Phasen (FM-weiß, PM-weinrot, A-dunkelblau, C-hellblau, G-grün) bei der D-MCDA in Abhängigkeit von den Parametern J und n für verschiedene Spins. Bei $J \approx 0$ haben alle Phasen die gleiche Energie und sind damit ununterscheidbar. *rechts unten:* Meanfield-Näherung (entspricht bei $M = S$ klassischen Spins), Parameter: $W = 1\text{eV}$

in den Untergitter aus. Es ist zwar bekannt, dass dieser z.B. im Heisenberg-Modell nicht der tatsächliche Grundzustand eines Antiferromagneten ist, aber dem zumindest recht nahe kommt[74, 75, 76]. Diese Annahme sollte also das Phasendiagramm nicht stark verfälschen. In der Tat treten antiferromagnetische Ordnungen im KLM auf. Abbildung 5.6 zeigt Phasendiagramme mit den hier betrachteten magnetischen Ordnungen. Die Phasendiagramme aus der D-MCDA sind praktisch identisch zu solchen, die aus einer speziell für Sättigung entwickelten Methode stammen[77]. Es wurde sich hier allerdings auf $J > 0$ beschränkt und die paramagnetische Phase kann aus diesem Ansatz nicht berechnet werden. Es lässt sich eine grobe Ordnung der Phasen feststellen. Niedrige Bandbesetzungen führen immer zu Ferromagnetismus. Danach schließen sich, zumindest bei kleinem $|J|$ die AFa-, AFc- und AFg-Phase an. Bei großem $|J|$ vergrößert sich der ferromagnetische Bereich und es fehlen teilweise Phasen. Was ist nun der Grund für diese Ordnung? Definiert man den „antiferromagnetischen Charakter" über die Zahl der benachbarten Gitterplätze, die im komplementären Untergitter liegen, so steigt dieser Charakter von FM zu AFa, AFc und schließlich AFg. Nun ist es so, dass das Hopping zwischen Gitterplätzen unterschiedlicher Untergitter bei $M = S$ für Spin-up-Elektronen

5.1. Eigenschaften des Systems bei verschwindender Temperatur

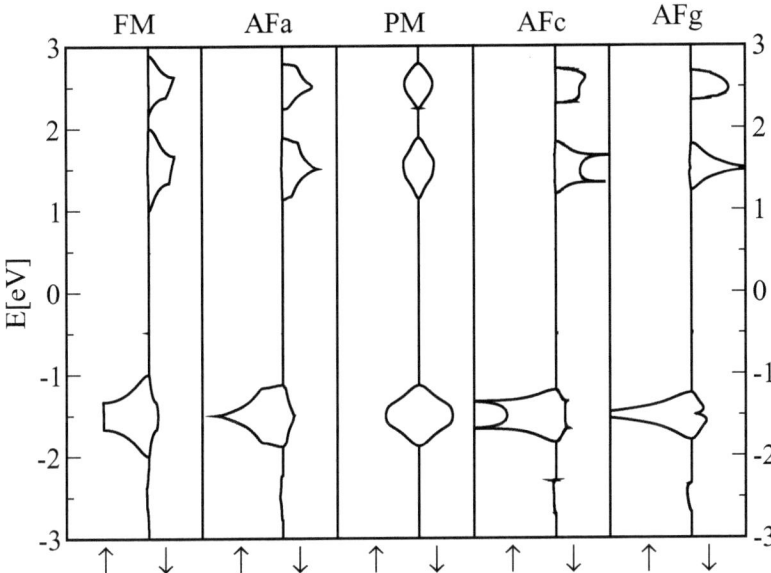

Abbildung 5.7.: (Untergitter-)Zustandsdichten (D-MCDA) der verschiedenen magnetischen Phasen, geordnet nach ansteigendem antiferromagnetischem Verhalten bzw. absteigender effektiver Bandbreite. Jeweils für Spin-up (↑) und Spin-down (↓). Parameter: $S = \frac{3}{2}$, $W = 1\text{eV}$, $J = 2\text{eV}$, $n = 0.5$, $U_H = 0$

stark eingeschränkt ist. Findet nämlich ein Übergang von einem Untergitter zum anderen statt, so wird das Spin-up-Elektron energetisch gleichwertig zu einem Spin-down am neuen Gitterplatz, da hier die Magnetisierung genau entgegengerichtet ist. Ein Elektron sollte sich also bevorzugt im eigenen Untergitter bewegen. Diese effektive Dimensionsreduzierung führt dann zu einer schmaleren Bandbreite mit steigendem antiferromagnetischen Charakter (Abb. 5.7).
Es ist leicht ersichtlich, dass die Phase mit der höchsten Bandbreite bei niedrigen Bandbesetzungen auftreten muss, da sie ja auch die niedrigste untere Bandkante besitzt. Bei höheren Bandbesetzungen ist der Vorteil der niedrigeren Bandkante nicht mehr unbedingt gegeben, da umgekehrt die obere Bandkante bei größerer Bandbreite auch höher liegt. Das tatsächliche Auftreten der Phasen ist außerdem stark von der Form der Zustandsdichten abhängig[9]. Mit wachsendem $|J|$ gehen die Unterbänder weiter auseinander.

---
[9] Würden z.B. alle Phasen eine rechteckige Zustandsdichte besitzen, so würde die unterschiedliche Bandbreite keinen Phasenübergang bewerkstelligen. Es würde nur die Phase der größten Bandbreite auftreten.

5. Verhalten des konzentrierten Volumensystems

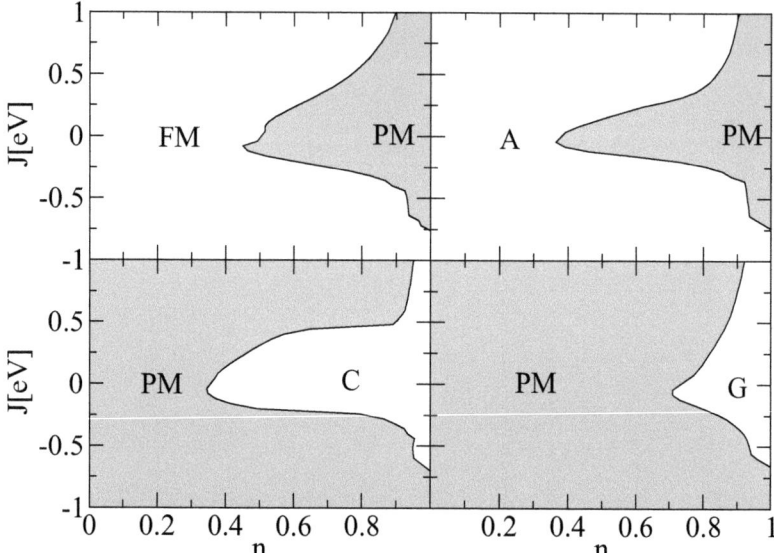

Abbildung 5.8.: Auftreten geordneten magnetischen Phasen (FM-links oben, A-rechts oben,C-links unten,G-rechts unten) gegenüber der paramagnetischen Phase. Phasen mit einer effektiven Bandbreite größer als die paramagnetische (FM,A) dominieren bei niedrigen Bandbesetzungen und umgekehrt. Dabei verhalten sich FM/AFg bzw. AFa/AFc fast komplementär. Parameter: $S = \frac{3}{2}$, $W = 1\text{eV}$, D-MCDA

Insbesondere bei den antiferromagnetischen Phasen entsteht aber Zustandsdichte durch die Hybridisierung der zwei Untergitter, welche durch das Intergitterhopping der Elektronen verursacht wird. Steigt $|J|$, so erhöht sich auch die energetische Barriere, die ein Elektron zwischen den Gittern überwinden muss, da es dabei ja effektiv vom Spin-up- zum Spin-down-Teilchen (oder umgekehrt) wird. Diese Intergitterhoppingprozesse werden dann stark unterdrückt und das ganze antiferromagnetische System ähnelt immer mehr isolierten ferromagnetischen Untergittern. Da diese gegenüber der rein ferromagnetischen (dreidimensionalen) Phase dimensionsreduziert sind, ist Ferromagnetismus bei hohen $|J|$ durch die kinetische Energie stärker bevorzugt.

Eine Besonderheit ist die paramagnetische Phase. Bei den $(T = 0)$-Phasendiagrammen nimmt sie nur einen sehr kleinen Teil ein. Dadurch dass alle (ursprünglich) geordneten Phasen für $M = 0$ in diese Phase übergehen, eignet sie sich auch sehr gut, die dominanten Regionen der Phasen zu bestimmen. Nimmt man nämlich die paramagnetische Phase als Referenz, zeigt sich, wo eine Ordnung eines bestimmten Typs sich überhaupt ausbilden kann. Ist eine Phase schon bei $T = 0$ energetisch ungünstiger als Paramagnetismus,

5.1. Eigenschaften des Systems bei verschwindender Temperatur

so wird sie wahrscheinlich auch bei $T > 0$ nicht auftreten[10]. Es zeigt sich in Abb. 5.8 die generelle Tendenz der n-Abhängigkeit des Auftretens der Phase bzgl. der Bandbreite sehr deutlich. Gut zu sehen ist auch, dass sich die Phasen FM/AFg als auch AFa/AFc fast komplementär zueinander verhalten. Das heißt, dass ungefähr der Raum im Phasendiagramm, der *nicht* vom Ferromagnetismus im FM/PM-Diagramm eingenommen wird, im AFg/PM-Diagramm von der AFg-Phase besetzt wird. Man kann also von einer Art Spiegelsymmetrie des antiferromagnetischen Charakters um die paramagnetische Phase sprechen.

Wie schon in Abb. 5.5 zu sehen war, gibt es in den Phasendiagrammen der D-MCDA bei positiven JS kaum Unterschiede bzgl. der Spinquantenzahl S. Betrachtet man allerdings außerdem negative Kopplungen J in Abb. 5.6, erkennt man doch erhebliche Veränderungen der Phasendiagramme bei unterschiedlichen Spins in der D-MCDA. Diese beziehen sich aber nun auf eine Veränderung der Spiegelsymmetrie bzgl. der J=0-Achse im Gegensatz zu der n-Abhängigkeit in der MCDA. Bei $S = \frac{1}{2}$ zeigen sich deutliche Unterschiede zwischen $J > 0$ und $J < 0$. Der untere Teil des Phasendiagramms wirkt „zusammengestaucht". Der Grund dafür liegt in den unterschiedlich besetzten Subbändern an den Polen $E_{\text{EB}}^{(1)} = -\frac{1}{2}JS$ ($J>0$) bzw. $E_{\text{EB}}^{(2)} = \frac{1}{2}J(S+1)$ ($J<0$). Wegen

$$E_{\text{EB}}^{(2)} = -(1 + \frac{1}{S})E_{\text{EB}}^{(1)} \tag{5.4}$$

ist die Kopplung bei negativen J im besetzten Subband effektiv um den Faktor $(1 + \frac{1}{S})$ höher als bei $J > 0$. Schon bei $S = \frac{7}{2}$ ist dieser Faktor kaum noch bemerkbar und das Phasendiagramm ähnelt dem aus der MF-Näherung, die im Grenzfall $S \to \infty$ bei $T=0$, $M=S$ exakt wird. Es fehlt allerdings die paramagnetische Phase beim MF-Phasendiagramm, da diese in der MFN immer eine zu große Energie hat.

Der Einfluss von Erweiterungstermen zum KLM (Hubbard-, Heisenberg-, Jahn-Teller-Term) auf das Phasendiagramm wird in Anhang B.2 beschrieben.

5.1.3. Phasenseparation und Reduktion der Magnetisierung

Bis jetzt wurden nur reine Phasen betrachtet. Es gibt allerdings auch Regionen in denen eine *einzelne* Phase energetisch instabil ist. Dort kommt es zu Phasenseparation, was bedeutet, dass zwei Phasen gleichzeitig im System auftreten. Die Regionen der Phasenseparation werden über eine Maxwell-Konstruktion bestimmt (Abb. 5.1). Tatsächlich ist eine Phasenseparation sogar der Normalfall beim Übergang zweier Phasen. Nur die Breite des Bereichs unterscheidet sich. So sieht man in Abb. 5.9, dass bei hohen Bandbesetzungen die Tendenz zur Phasenseparation stark zunimmt. Bei großen, positiven J überdeckt die Phasenseparation zwischen FM und AFg die AFa- sowie die PM-Phase. Der Paramagnetismus verschwindet sogar vollständig aus dem Phasendiagramm.

Das Auftreten von Phasenseparation an den Phasengrenzen zeigt, dass ein Phasenübergang anscheinend nicht abrupt passiert, sondern es eine gewisse Übergangszone gibt. Nun ist aber die Phasenseparation nicht die einzige Möglichkeit eines steten Übergangs. Bis-

---
[10] Zu eventuellen Ausnahmen vgl. Abschnitt 5.1.3.

5. Verhalten des konzentrierten Volumensystems

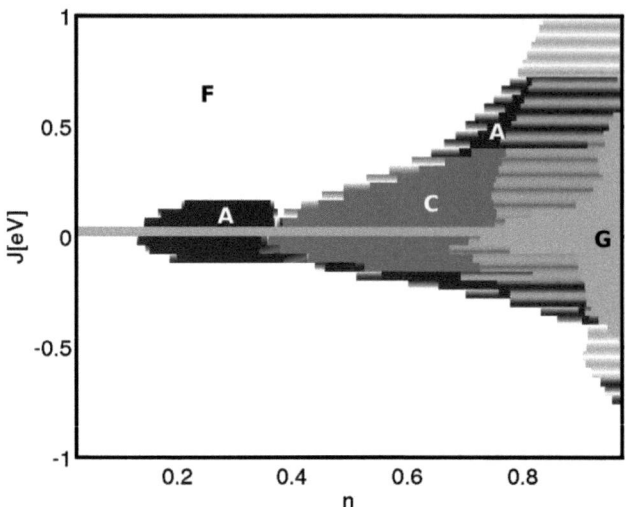

Abbildung 5.9.: Existenz magnetischer Phasen (FM-weiß, A-dunkelblau,C-hellblau,G-grün) sowie Phasenseparation (in den Farben der jeweiligen separierten Phasen). Die paramagnetische Phase wird komplett durch Phasenseparation überdeckt. Parameter: $S = \frac{3}{2}$ $W = 1\text{eV}$, D-MCDA

her wurden nur Phasen in Sättigung ($M = S$) bzw. die paramagnetische Phase ($M = 0$) betrachtet. Jede der geordneten Phasen kann aber natürlich auch Werte der Magnetisierung $0 < M < S$ annehmen. Betrachtet man sich nun die innere Energie in Abhängigkeit von M (Abb. 5.10), so erkennt man, dass die Extremwerte der Magnetisierung nicht unbedingt die Werte der niedrigsten Energie sein müssen. Beim Übergang einer geordneten Phase (hier FM) in die paramagnetische gibt es eine Übergangszone in der mittlere Magnetisierungen $0 < M < S$ die geringste Energie liefern.

Es treten also gewöhnlich beim Grenzgebiet zweier Phasen Phasenseparation und beim Übergang einer geordneten gesättigten Phase zum Paramagneten eine Reduzierung der Magnetisierung auf. Um den Zusammenhang zwischen beiden Phänomenen zu zeigen, kann man die Magnetisierung, welche zu minimaler Energie führt auf verschiedene Art und Weise bestimmen. Als erstes kann man für alle möglichen M direkt die innere Energie berechnen und die minimale bestimmen. Eine weitere Variante ist die Bestimmung der Energien der „reinen" Phasen, also von paramagnetischer ($M = 0$) und ferromagnetischer in Sättigung ($M = S$). Im Grenzgebiet wird dann der Bereich der Phasenseparation

5.1. Eigenschaften des Systems bei verschwindender Temperatur

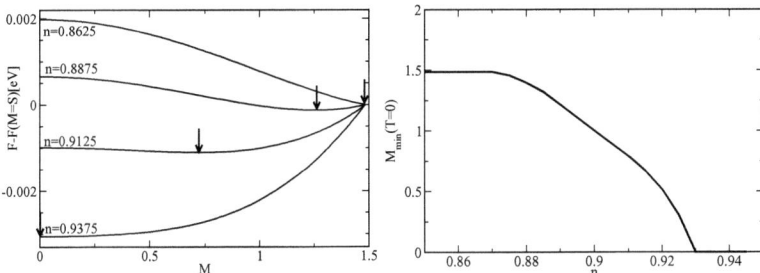

Abbildung 5.10.: *links:* Freie Energie der FM-Phase bei $T = 0$ in Abhängigkeit der Magnetisierung für verschiedene Bandbesetzungen n. Zur besseren graphischen Darstellung wurde jeweils die freie Energie bei Sättigung ($M = S$) abgezogen. Bei bestimmten Bandbesetzungen ist weder Sättigung, noch Paramagnetismus energetisch günstig, sondern das Minimum (Pfeile) tritt bei mittleren Magnetisierungen auf. *rechts:* Magnetisierung mit der geringsten Energie. Es findet kein abrupter Übergang zwischen ferromagnetischer Sättigung ($M = S$) zum Paramagneten ($M = 0$) statt, sondern es gibt eine Zone, in der das System mit einer Magnetisierung $0 < M < S$ die geringste Energie hat. Parameter: $S = \frac{3}{2}$, $J = 1$eV, $W = 1$eV, D-MCDA

gesucht und dessen Magnetisierung über das Hebelgesetz bestimmt:

$$M^{\text{PS}}(n) = \frac{n_2 - n}{n_2 - n_1} M(n_1) + \frac{n - n_1}{n_2 - n_1} M(n_2) \ . \tag{5.5}$$

Hier sind n_1 und n_2 die Endpunkte des Gebiets der Phasenseparation. Als eine dritte Möglichkeit sei hier ein kurzer Vorgriff auf Abschnitt 6.1.1 erlaubt. In diesem wird die Beschreibung ungeordneter Systeme mit Hilfe der *coherent potential approximation* (CPA) erklärt. Diese bestehen aus zwei oder mehr Komponenten, die zufällig im Gesamtsystem verteilt sind. Die Komponenten müssen nicht unbedingt unterschiedliche Materialien sein. Es ist möglich ein Zweikomponentensystem aus einem ferro- und einem paramagnetischen Anteil zu bilden[11], die sich zufällig im Gesamtsystem verteilen. Der ferromagnetische liegt dabei in einer Konzentration c^{FM} vor, wobei $M = c^{\text{FM}} S$ und $c^{\text{FM}} + c^{\text{PM}} = 1$ gilt. So muss hier die Konzentration c^{FM} mit der geringsten Energie bestimmt werden. Dies kann ebenfalls als eine Möglichkeit zur Beschreibung von Phasenseparation gesehen werden und soll hier als weiterer Vergleich dienen. Alle diese Methoden bedienen sich hier der MCDA(0) als grundlegende Selbstenergie, was ausschließlich der numerischen Geschwindigkeit geschuldet ist. Wenn man sich auf hohe Spins und positive J beschränkt, weichen die Ergebnisse aber nur wenig von denen der D-MCDA ab. Abbildung 5.11 zeigt, dass es in allen drei Varianten eine ähnlich schwach ausgeprägte Zone

---

[11] Die Beschreibung erfolgt durch eine „dynamische Legierungsanalogie". Bei dieser wird hier für das Potential der ferromagnetischen Komponente die Selbstenergie des reinen Ferromagneten angesetzt und analog beim Paramagneten die paramagnetische Selbstenergie. Details, z.B. zur Wechselwirkung der Untersysteme, finden sich in Abschnitt 6.1.1.

5. Verhalten des konzentrierten Volumensystems

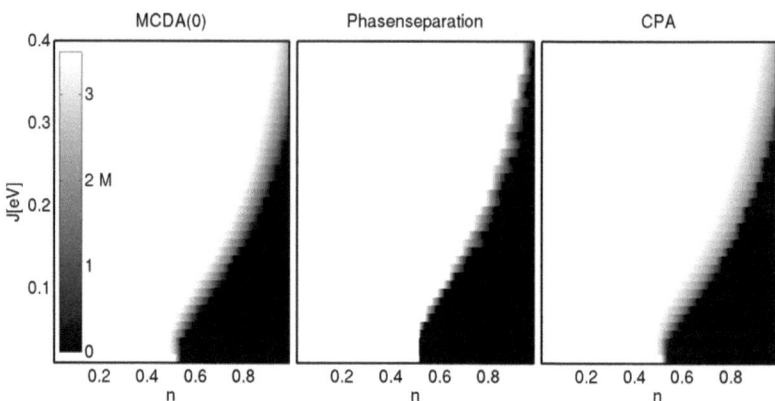

Abbildung 5.11.: Magnetisierung der FM-Phase mit der minimalen Energie des Gesamtsystems. *links:* Ergebnisse der MCDA(0) mit variablem $0 \leq M \leq S$. *mitte:* Bestimmung von M mittels Phasenseparation. *rechts:* Bestimmung von M durch CPA-Ergebnisse (vgl. Text). Bei allen Varianten findet sich eine ähnliche breite „Übergangszone" mit einer Magnetisierung $0 < M < S$. Parameter: $S = 3.5$, $W = 1\text{eV}$

mittlerer Magnetisierung gibt. Es ist also zu vermuten, dass die direkte Reduktion von M durch Energieminimierung und Phasenseparation in engem Zusammenhang stehen. Führt man den Gedanken weiter, so stellt sich die Frage, ob es nicht einen ähnlichen Zusammenhang bei dem Übergang geordneter Phasen (FM, AFa, AFc, AFg) ineinander geben könnte. Somit müsste eigentlich für jede geordnete Phase jede mögliche Magnetisierung untersucht werden, um festzustellen welche Magnetisierung die geringste Energie liefert und damit in der speziellen Phase angenommen wird. Dies könnte wiederum die Bereiche der Phasenseparation überlagern. Allerdings bedeutet dies einen extrem erhöhten numerischen Aufwand, der mit den momentanen Möglichkeiten schwierig zu bewältigen ist[12]. Eine genaue (quantitative) Untersuchung muss also vorerst ausbleiben, aber rein qualitativ wird es wohl bei jedem Phasenübergang solch eine Übergangszone geben, die allerdings unterschiedlich breit sein kann - analog zur Phasenseparation.

5.1.4. Zusammenfassung der T=0-Ergebnisse

Bereits das reine KLM besitzt ein reichhaltiges Phasendiagramm. Alle hier untersuchten Phasen existieren bei bestimmten Parameterkonstellationen (J, n). Im Allgemeinen treten Phasen mit höherem antiferromagnetischen Charakter (Anzahl der antiparallel geordneten Nachbarn) bei größerer Bandbesetzung auf. Eine Erhöhung der Kopplung

---

[12] Die Berechnung eines Phasendiagramms unter Einbeziehung der antiferromagnetischen Phasen dauert ca. eine Woche auf 32 CPUs mit 2,66 GHz, wenn man sich auf Sättigung $M = S$ beschränkt. Die Erweiterung auf $N_M \approx 40\ldots100$ M-Werte würde die Dauer um ungefähr den selben Faktor erhöhen.

5.1. Eigenschaften des Systems bei verschwindender Temperatur

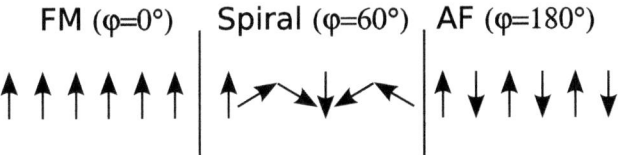

Abbildung 5.12.: Schematische Darstellung verschiedener magnetischer Phasen im eindimensionalen Gitter. Allgemein ergibt sich eine Spiralphase durch eine Drehung benachbarter Spins um den Winkel φ. Die (anti-)ferromagnetischen Phasen ergeben sich bei $\varphi = 0°, 180°$.

$|J|$ resultiert bei Berücksichtigung von Doppelbesetzungseffekten in einer Vergrößerung des ferromagnetischen Bereichs, egal ob J größer oder kleiner null ist. Die Phasengrenzen, die aus den Ising-artigen Grundzuständen bei Sättigung entstehen sind dabei nicht eindeutig. So können insbesondere im Übergang zum Paramagneten in der Nähe der Phasengrenzen Zustände mit einer Magnetisierung $0 < M < S$ die niedrigste Energie annehmen. Ebenfalls tritt gewöhnlich zwischen zwei Phasen Phasenseparation auf, die sogar teilweise dazwischen liegende Phasen überdecken kann. Dabei ist der Trend zur Separation bei hohen n stärker.

Der Einfluss des quantenmechanischen Spins hängt stark von der verwendeten Methode ab. So ist in den Einzelbesetzungs-MCDA-Methoden eine große Abhängigkeit von der Spinquantenzahl zu sehen. Bei $S = \frac{1}{2}$ ist die FM-Phase erheblich zu kleineren Bandbesetzungen zurückgedrängt. Bei einer expliziten Behandlung der Doppelbesetzung verschwindet diese Effekt allerdings. Dafür ergibt sich bei kleinen Spins eine erhöhte Asymmetrie zwischen den Bereichen positiver und negativer J.

Es ist möglich, das reine KLM durch zusätzliche Wechselwirkungen zu erweitern. Details dazu wurden nicht in diesem Kapitel sondern im Anhang B.2 besprochen. Dabei zeigt sich erwartungsgemäß, dass dies einen erheblichen Einfluss auf die Phasendiagramme haben kann, was z.B. bei der Betrachtung von Realsystemen, in denen mehrere Wechselwirkungen wichtig sein können, berücksichtigt werden muss. Ein direkter Heisenberganteil mit antiferromagnetischer Kopplung erhöht die Bereiche antiferromagnetischer Phasen drastisch, während ein JT-Anteil hauptsächlich die Füllung der einzelnen Bänder verändert und damit zwischen effektiven Einband- und Zweibandmodel wechselt.

Ergänzend ist zu erwähnen, dass immer nur eine begrenzte Anzahl an Phasen untersucht werden konnte. Definiert man allgemeiner Spiralphasen, die sich durch Drehung benachbarter Spins um einen konstanten Winkel ergeben (Abb. 5.12), so lassen sich die Phasen im dreidimensionalen Gitter durch drei Winkel $(\varphi_x, \varphi_y, \varphi_z)$ beschreiben. Die hier betrachteten Phasen sind dann Spezialfälle mit FM $(0,0,0)$, AFa $(\pi, 0, 0)$, AFc $(\pi, \pi, 0)$ und AFg (π, π, π). Ganz analog zum stetigen Übergang von FM zu PM in Abb. 5.10 ist zu vermuten, dass dann z.B. beim Übergang von FM zu AFa Phasen mit allgemeinen Winkel $(\varphi_x, 0, 0)$ den eigentlichen Grundzustand bilden. Dies ist im klassischen KLM auch gefunden worden[78]. Weitere Phasen (z.B. Spinverkantung, inkommensurable Phasen) wurden in anderen Arbeiten ebenfalls als Grundzustand be-

5. Verhalten des konzentrierten Volumensystems

schrieben und verweisen auf eine noch höhere Vielfalt des Phasendiagramms des KLMs hin[79, 73, 80, 81, 82, 83, 84, 85, 86, 87, 78].

5.2. Verhalten des Systems bei endlichen Temperaturen

Im vorherigen Abschnitt wurde die Existenz verschiedener Phasen bei $T = 0$ untersucht. Dieser Grenzfall ist in der Realität nicht erreichbar und man benötigt Aussagen über das Verhalten des Magnetismus bei endlichen Temperaturen. So kann z.B. eine Phase zwar im Phasendiagramm bei $T = 0$ vorkommen, aber bei $T > 0$ schnell verschwinden, wenn sie nur eine kleine kritische Temperatur T_C bzw. T_N besitzt. Vom thermodynamischen Standpunkt ist neben der Minimierung der inneren Energie noch eine Maximierung der Entropie vonnöten, um eine stabile Phase zu erhalten - es soll sich also ein Minimum der freien Energie ausbilden. Dabei kann man die geordneten magnetischen Phasen FM, AFa, AFc und AFg nicht mehr in magnetischer Sättigung annehmen, sondern muss ihnen eine variable (Untergitter-)Magnetisierung $0 \leq M^{(\alpha)} \leq S$ zugestehen. Alle Phasen gehen oberhalb ihrer kritischen Temperatur in die (gleiche) paramagnetische Phase über.
Für die Betrachtung von Phasenveränderungen bei endlicher Temperatur ist es nötig sehr kleine Energieunterschiede zu berechnen[13]. Dies bedeutet neben einem erhöhten Rechenaufwand auch einen höhere Empfindlichkeit der Methoden.

5.2.1. Berechnung der Magnetisierungskurven mit der freien Energie und Vergleich mit der mRKKY

Die Berechnung der freien Energie erfolgt nach Formel (4.60) bei fester Magnetisierung M, welche zusammengefasst

$$F_M(T) = U_M(0) - TS_M(0) - TI_M(T) \qquad (5.6)$$

lautet. Hieraus kann die Temperaturabhängigkeit der freien Energie bestimmt werden. Berechnet man diese für viele M-Werte so erlaubt dies eine Abbildung auf die Magnetisierungsabhängigkeit bei fester Temperatur $\{F_M(T)|M \in [0,S]\} \to F_T(M)$. Setzt man die Ableitung der freien Energie nach M null, ergibt sich als Minimumsbedingung

$$0 \stackrel{!}{=} \left.\frac{d(U_0(M') - TS_0(M') - TI_T(M'))}{dM'}\right|_{M'=M} \qquad (5.7)$$

$$\Rightarrow T(M) = \left.\frac{dU_0(M')}{d(S_0(M') + I_T(M'))}\right|_{M'=M} \qquad (5.8)$$

und auch eine implizite Gleichung für die Temperatur[14], bei der die Magnetisierung M angenommen wird. Diese ist numerisch lösbar. Es stellt sich aber heraus, dass im KLM

---
[13] Elf Kelvin entsprechen ungefähr einem Millielektronenvolt. Numerische Rechnungen bei der Minimierung der freien Energie erfordern dabei eine relative Genauigkeit von 10^{-7} bis 10^{-8}.

[14] Die Temperatur wurde zwar eigentlich festgehalten, aber nicht explizit eingesetzt. Es gibt aber nur eine Temperatur bzgl. einer festen Magnetisierung M für die die Minimumsbedingung erfüllbar ist.

5.2. Verhalten des Systems bei endlichen Temperaturen

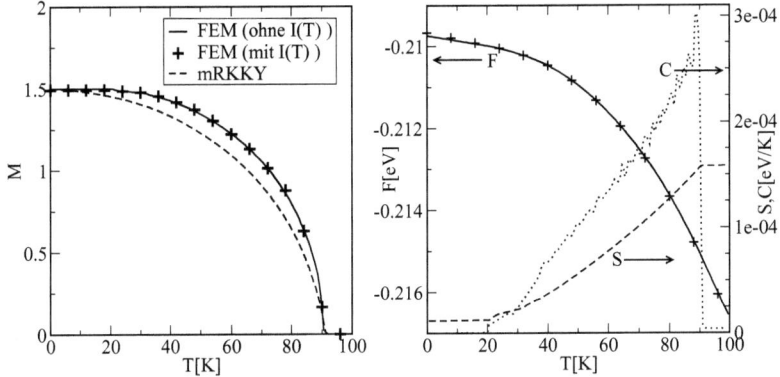

Abbildung 5.13.: *links:* Magnetisierungskurve der mRKKY und der FEM (mit und ohne Integral $I(T)$). Die mRKKY-Kurve wurde auf den T_C-Wert der FEM skaliert. *rechts:* Tatsächlich vom System angenommene Minimumswerte der freien Energie F (durchgezogen), Entropie S (gestrichelt) und Wärmekapazität C (gepunktet) aus der FEM. Die „+"-Symbole der freien Energie entstammen aus der direkten Berechnung aus Formel (4.60) und die Linie aus der iterativen Berechnung aus Anhang D.2. Parameter: $n = 0.2$, $J = 1\text{eV}$, $S = \frac{3}{2}$, $W = 1\text{eV}$

$dI_T(M) \ll dS_0(M)$ gilt. Somit vereinfacht sich Gleichung (5.8) zu einer explizit lösbaren Form

$$T(M) \approx \frac{dU_0(M')}{dS_0(M')}\bigg|_{M'=M}. \tag{5.9}$$

Die rechte Seite enthält keine Temperaturabhängigkeit mehr! Aus der Umkehrfunktion $M(T) = T^{-1}(M)$ bekommt man die Magnetisierungskurve, die sich damit vollständig aus Größen bei $T = 0$ bestimmen lässt. Dass sich die Vernachlässigung von $dI_M(T)$ in der Tat bei der Freie-Energie-Minimierung (FEM) nicht auf die Magnetisierungskurve auswirkt, erkennt man in Abb. 5.13. Qualitativ ähnelt die Magnetisierungskurve aus der FEM, der die aus der mRKKY-Berechnung (Abschnitt 4.1) über ein effektives Heisenberg-Modell bestimmt wurde.
Die oben gemachte Vereinfachung überträgt sich nicht automatisch auf das erweiterte KLM. Treten Terme auf, die eine eigene starke Temperaturabhängigkeit haben, ist $\partial_M I_T(M)$ nicht unbedingt vernachlässigbar. In diesem Fall muss dann die komplette Formel (5.8) benutzt werden. Außerdem ist $I_T(M)$ nur in der Ableitung der freien Energie nach M klein. Möchte man absolute Beträge der freien Energie berechnen, trägt $I_M(T)$ in (5.6) auch bei. Allerdings lässt sich eine iterative Formel zur Bestimmung der freien Energie herleiten, die wiederum $I_M(T)$ nicht benötigt (vgl. Anhang D.2).
Zur Berechnung der Magnetisierungskurve wurde die freie Energie für alle möglichen $\{T, M\}$-Kombinationen benötigt. Dabei wird vom System in Wirklichkeit nicht jede

5. Verhalten des konzentrierten Volumensystems

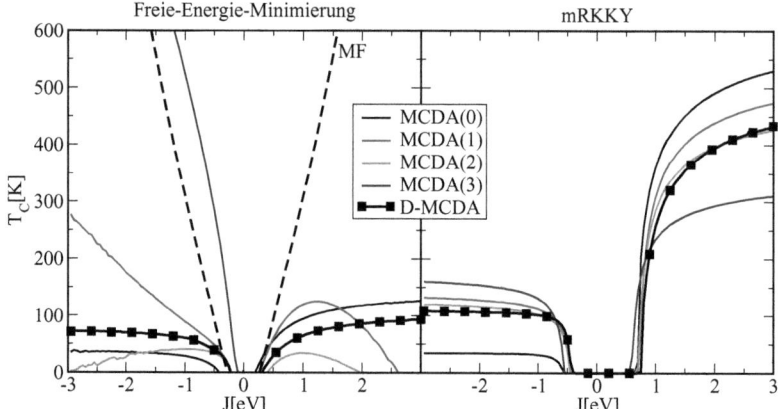

Abbildung 5.14.: Curietemperaturen bzgl. der Kopplung J für verschiedene Methoden der MCDA-Näherungen. *links:* T_C durch Minimierung der freien Energie. *rechts:* T_C durch mRKKY-Formalismus. Bei der Minimierung der freien Energie zeigen sich deutliche qualitative Unterschiede zwischen den unterschiedlichen Methoden. Nur die MCDA(0) und die D-MCDA zeigen in der FEM für $|J| \to \infty$ eine Konstanz der Curietemperaturen. Bei der mRKKY geschieht dies immer. Zusätzlich ist im linken Bild die MF-Näherung des KLMs gezeigt (gestrichelt), welche mit J^2 ansteigt. In der mRKKY liefert sie keine endliche Curietemperatur. Parameter: $W = 1\text{eV}$, $S = \frac{3}{2}$, $n = 0.7$

tatsächlich angenommen, sondern eben nur jene, die dem Minimum entspricht. Trägt man diese als Funktion von der Temperatur auf, zeigt sich das typische monotone Absinken von $F(T)$. Auch die aus der freien Energie berechenbaren Größen der Entropie $S(T) = -\frac{dF}{dT}$ und die Wärmekapazität $C = T\frac{dS}{dT}$ verhalten sich, wie für magnetische Systeme zu erwarten ist. Die Entropie steigt mit der Temperatur bis T_C stark an und ändert sich danach nur wenig und die Wärmekapazität hat bei der Curietemperatur ein ausgeprägtes Maximum. Die direkten Effekte einer Temperaturerhöhung (z.B. Energieveränderung durch die Fermifunktion) haben nur wenig Einfluss, wie man bei Temperaturen $T > T_C$ sehen kann. Deutlich stärker wirkt sich der indirekte Einfluss über die Veränderung der Magnetisierung aus.

Neben der FEM wurde in dieser Arbeit die modifizierte RKKY-Wechselwirkung (mRKKY) als Methode zur Berechnung der Curietemperatur erwähnt (Abschnitt 4.1). A priori ist es nicht klar welche Methode nun die genaueren Werte liefern wird. Es bietet sich der Vergleich der Methoden mittels der T_C-J-Kurven an, welcher in Abb. 5.14 zu sehen ist. Es fällt auf, dass die Curietemperatur bei den Kurven aus der mRKKY immer in Sättigung geht, also sich T_C bei großen $|J|$ nicht mehr ändert. Dies ist der bekannte Grenzfall des Doppelaustauschs („*double exchange*")[88, 89, 90, 91, 43, 92]. Bei der Minimierung der freien Energie hängt die Existenz dieses Grenzfalls stark von der verwendeten Me-

5.2. Verhalten des Systems bei endlichen Temperaturen

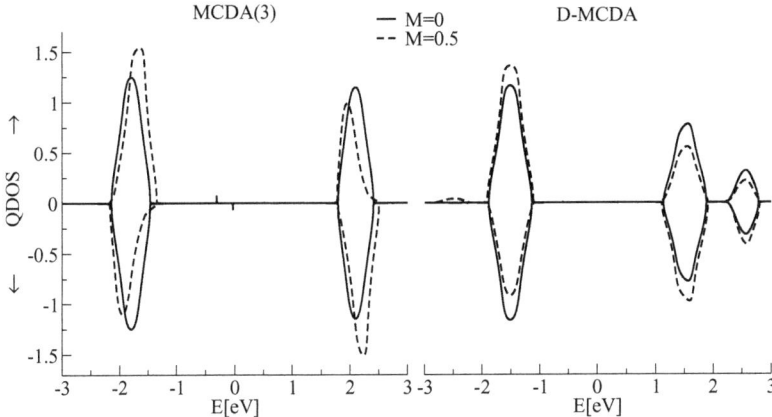

Abbildung 5.15.: QDOS der MCDA(3) (*links*) und der D-MCDA (*rechts*). Bei der MCDA(3) verschieben sich die Pole der Green-Funktion mit der Magnetisierung M im Gegensatz zur D-MCDA. Parameter: $n = 0.7$, $S = \frac{3}{2}$, $W = 1\text{eV}$, $J = 2\text{eV}$

thode zur Berechnung des elektronischen Untersystems ab. In der Tat tritt dieser nur bei der MCDA(0) und der D-MCDA auf. Alle Methoden, die eine Einzelbesetzungsnäherung der DB-GF verwenden, zeigen noch eine starke Varianz bei großen $|J|$. Damit scheint es einleuchtend, der mRKKY den Vorzug zu geben, da sie den Doppelaustauschgrenzfall immer erfüllt.

Die Abbildung auf eine Heisenbergmodell hat aber den Nachteil, dass damit automatisch dessen Eigenschaften übernommen werden und das eigentliche Verhalten des KLMs überdeckt werden kann. Innerhalb der mRKKY ist es wichtig, wie Curietemperaturen berechnet werden. Diese sind beim Ferromagneten durch das effektive Austauschintegral J_{ij}^{eff} bei $M = 0$ (Abschnitt 4.1) bestimmt. Bei starken Kopplungen $|J|S > W$ ist dabei nur der Nächste-Nachbar-Austausch entscheidend. Es lässt sich zeigen[37], dass dieser dann konstant bezüglich J wird, so lange der untere Teil der Zustandsdichte in der Nähe von $\sim JS$ ist. Dies ist aber bei allen hier verwendeten Näherungen, außer der Meanfield-Näherung, bei $M = 0$ der Fall. Somit ist die Konstanz der Curie-Temperaturen bei großen $|J|$ bei hinreichend guten Näherungen eine Eigenschaft des mRKKY-Formalismus.

Im Gegensatz dazu, werden die Curietemperaturen bei der Freien-Energie-Minimierung aus einer Differenz von *zwei* Magnetisierungswerten bestimmt:

$$T_C = \frac{U_0(\Delta M) - U_0(M = 0)}{S_0(\Delta M) - S_0(M = 0)} \tag{5.10}$$

Es kommt also auf die *Veränderung* mit der Magnetisierung an. Dabei gibt es entscheidende Unterschiede zwischen den Einzelbesetzungsnäherungen und der D-MCDA. Die

5. Verhalten des konzentrierten Volumensystems

Pole der Green-Funktion bleiben bei MCDA(1,2,3) nicht konstant bzgl. M, wie im Fall der MCDA(3) in Abb. 5.15 zu sehen ist. Gerade eine Verschiebung von Zustandsdichte wirkt sich, im Gegensatz zu einer Verlagerung von spektralem Gewicht, relativ stark auf die innere Energie aus. Dadurch dass die Energieunterschiede in Formel (5.10) an sich schon sehr klein sind, können auch geringe absolute Fehler in der Berechnung der inneren Energie große Auswirkungen haben. Somit ist zu schlussfolgern, dass die Fehlberechnung der Polpositionen in den MCDA(1,2,3) zu einem falschen Verhalten bei $|J|S \gg W$ führt. In der MCDA(0) findet keine Verschiebung statt, da hier die DB-GF komplett weggelassen werden. Dies scheint eigentlich eine stärkere Näherung zu sein als in den anderen MCDA(x)-Varianten, aber die EB-Pole bleiben an der richtigen Stelle. Hauptsächlich wirkt sich das Weglassen der DB-GF auf die Verteilung des spektralen Gewichts auf die einzelnen Subbänder aus. Dies hat, zumindest bei kleinen n, einen wesentlich geringeren Einfluss auf die innere Energie. Das zu erwartende Doppelaustauschverhalten wird dadurch nicht zerstört. Allerdings wird aber das Verhalten bei hohen Elektronendichten ungenauer (vgl. Abschnitt 5.2.2).
Die ISA zeigt ein ähnliches Verhalten von Verschiebungen der Zustandsdichte wie die MCDA(1,2,3)-Varianten. Diese finden allerdings nur in Bereichen mittelgroßer $|J|$ statt. In den Grenzfällen aus denen sie abgeleitet wurde ($J \to 0$ und $JS \gg W$) liefert sie aber sehr gute Ergebnisse. Details dazu finden sich in Anhang D.3.
Insgesamt ist also ein falsches Verhalten der T_C-J-Kurven nicht als Fehler der FEM zu werten, sondern in der Bestimmung der inneren Energie und damit in der Näherung der Einelektronen-Green-Funktion zu suchen. Es ist sogar umgekehrt etwas merkwürdig, warum die mRKKY bei allen verwendeten Methoden ähnliche Ergebnisse liefert. Dies deutet auf eine gewisse „Unempfindlichkeit" bzgl. der Eigenschaften des KLMs hin bzw. auf eine Dominanz des Charakters des Heisenberg-Modells. Im Folgenden soll (wenn nicht anders erwähnt) nur noch die D-MCDA zur Berechnung verwendet werden, da sie die besten Ergebnisse liefert. Ebenfalls wird zur Berechnung der Magnetisierungskurven bzw. der Curietemperaturen die FEM benutzt.

5.2.2. Ferromagnetismus im reinen Kondo-Gitter-Modell

Im reinen Kondo-Gitter-Modell gibt es drei wesentliche Parameter (n, J, W), die einen erheblichen Einfluss auf die magnetische Ordnung des System haben. Des Weiteren ist die Größe der Spinquantenzahl S teilweise von Bedeutung. Es wurde bei den T=0-Phasendiagrammen festgestellt, dass sich bei positiven J kaum Änderungen durch eine Variation von S erzielen lassen und sich das Verhalten bzgl. der Kopplungsstärke JS fast nicht unterscheidet. Bei negativen J ist allerdings eine Asymmetrie zu $J > 0$-Ergebnissen vorhanden, die sich bei kleinerem S verstärkte. Ähnlich ist dies bei den Curietemperaturen (Abb. 5.16). Für positive J tritt bei allen Spinquantenzahlen das gleiche Ansteigen und Sättigen der Curietemperaturen mit wachsendem J auf. Im Gegensatz dazu ändert sich das qualitative Verhalten der Kurven bei $S = \frac{1}{2}$ mit $J < 0$. Es kommt zu einer maximalen Curietemperatur bei einem $J_{\max}$ welches von der Besetzungszahl abhängt.
 Es ist leider nicht eindeutig zu sehen, wodurch genau diese Maximumsausbildung von T_C zustande kommt. Dies liegt hauptsächlich an den geringen Energieunterschieden, die

5.2. Verhalten des Systems bei endlichen Temperaturen

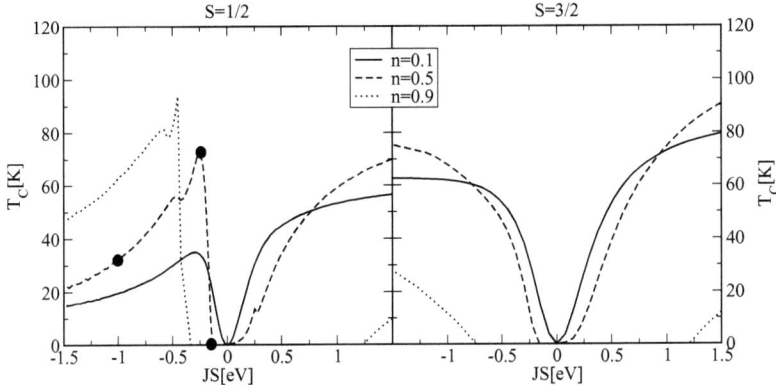

Abbildung 5.16.: Curietemperaturen bzgl. der Kopplungstärke JS für verschiedene Spinquantenzahlen. *links:* $S = \frac{1}{2}$ *rechts:* $S = \frac{3}{2}$. Für positive J steigen alle Curietemperaturen bis zur Sättigung. Bei negativen J nur für $S > \frac{1}{2}$, wobei hingegen bei $S = \frac{1}{2}$ die Curietemperaturen nach einem Maximalwert absinken. Die Punkte bezeichnen die Werte, für die die QDOS in Abb. 5.17 gezeigt wird. Parameter: $W = 1\text{eV}$

die magnetische Ordnung bestimmen. Trotzdem ist es möglich, Unterschiede im Verhalten der Quasiteilchen-Zustandsdichten für positive/negative J zu erkennen. Es sei hier noch einmal an die Polstruktur der Green-Funktionen erinnert:

- $E_{EB}^{(1)} = -\frac{1}{2}JS$, $E_{EB}^{(2)} = +\frac{1}{2}J(S+1)$ - Einzelbesetzungspole

- $E_{DB}^{(1)} = -\frac{1}{2}J(S+1)$, $E_{DB}^{(2)} = +\frac{1}{2}JS$ - Doppelbesetzungspole

Die QDOS bei dem jeweils energetisch niedrigstem Pol aus der Doppelbesetzung hat dabei immer verschwindendes spektrales Gewicht. Je nach Vorzeichen von J ist damit einer der beiden Einzelbesetzungspole energetisch am niedrigsten. Durch das Fehlen von spektralem Gewicht an einem DB-Pol in der QDOS spalten die Bänder bei $J < 0$ schneller auf. In der Tat ist der Beginn der Bandaufspaltung mit dem Erreichen des Maximums-T_C verbunden (Abb. 5.17). Mit größer werdendem $|J|$ trennt sich das besetzte Band für $J < 0$ wesentlich stärker von den anderen als bei $J > 0$. Außerdem hat das besetzte Band bei $J < 0$ eine kleineres spektrales Gewicht. Die hier erwähnten Aspekte sind nicht nur auf $S = \frac{1}{2}$ beschränkt, aber in diesem Fall bei Weitem dominanter. So sind für $S \gg 1$ die EB- und DB-Pole nicht mehr unterscheidbar und auch der Unterschied des spektralen Gewichts für $J \gtrless 0$ ist vernachlässigbar.

Der nächste äußerst wichtige Parameter ist die Bandbesetzung n. Wie schon in Abb. 5.16 gesehen, benötigen höhere Bandbesetzungen auch größere Kopplungen $|JS|$, um überhaupt ein endliches T_C zu erreichen. In den meisten Fällen hat die T_C-n-Kurve die Form einer (verformten) umgekehrten Parabel (Abb. 5.18). Die Position des Maximums

5. Verhalten des konzentrierten Volumensystems

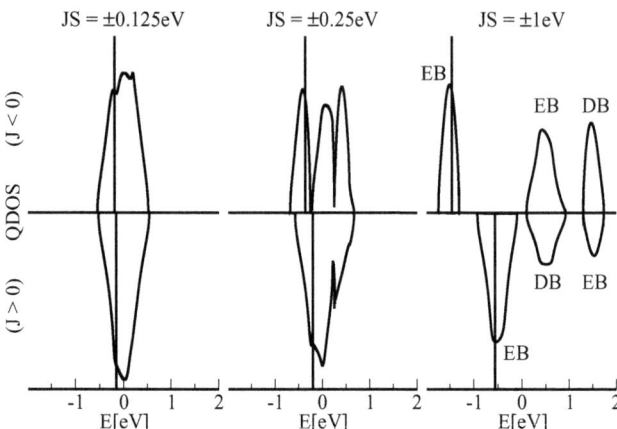

Abbildung 5.17.: Paramagnetische QDOS bzgl. der charakteristischen Punkte im T_C-J Diagramm in Abb. 5.16 (*oben*). Zum Vergleich werden die QDOS zu äquivalenten positiven Kopplung gezeigt (*unten*). Das chemische Potential ist durch vertikale Linien gekennzeichnet. Das Maximums-T_C bei negativen J ist verknüpft mit dem Beginn der Aufspaltung der beiden Einzelbesetzungsbänder. Das eigentlich dazwischen liegende DB-Band hat verschwindendes spektrales Gewicht. Man beachte, dass bei negativen J das spektrale Gewicht und die Bandbreite des *besetzten* Subbands deutlich geringer sind. Parameter: $M = 0$, $S = \frac{1}{2}$, $W = 1$eV, $n = 0.5$.

ist dabei von der Größe der Kopplung abhängig. Mit deren Vergrößerung verschiebt sich das Maximum zu Viertelfüllung ($n = 0.5$). In der D-MCDA gibt es keinen Ferromagnetismus bei $n \to 1$. Dies war auch schon in den Phasendiagrammen bei $T = 0$ ersichtlich - bei großen n war die paramagnetische Phase immer energetisch günstiger als die ferromagnetische (vgl. Abb. 5.8). Einen Sonderfall findet man wieder bei negativen J und $S = \frac{1}{2}$. Die Kurven sehen hier deutlich anders aus. So ist das absolute Maximum der Kurven bei höheren n zu finden. Außerdem zeigt sich ein nicht so ausgeprägtes lokales Maximum bei kleinen n. Des Weiteren ist wiederum zu erkennen, dass mit einer Erhöhung von $|J|$ nicht unbedingt eine Vergrößerung von T_C einher geht. Sieht man sich die Entwicklung der Zustandsdichten für verschiedene n an, erhält man wieder ein unterschiedliches Bild für $J \gtreqless 0$ (Abb. 5.19). Generell wird mit Erhöhung von n spektrales Gewicht von Einzelbesetzungsbändern zu einem Doppelbesetzungsband[15] verlagert. Für $n \to 1$ bleiben dann nur zwei Bänder übrig - ein EB- und ein DB-Band. Bei positiven J sind das die am nächsten zusammen liegenden Bänder und bei $J < 0$ die am weitesten entfernten. Das chemische Potential ist dabei zwischen den Bändern und es liegen also komplett gefüllte/leere Subbänder vor. Dies ist ein typisches Anzeichen für das Verschwinden einer

---
[15]Das andere DB-Band hat immer ein spektrales Gewicht von ungefähr null für $n < 1$.

5.2. Verhalten des Systems bei endlichen Temperaturen

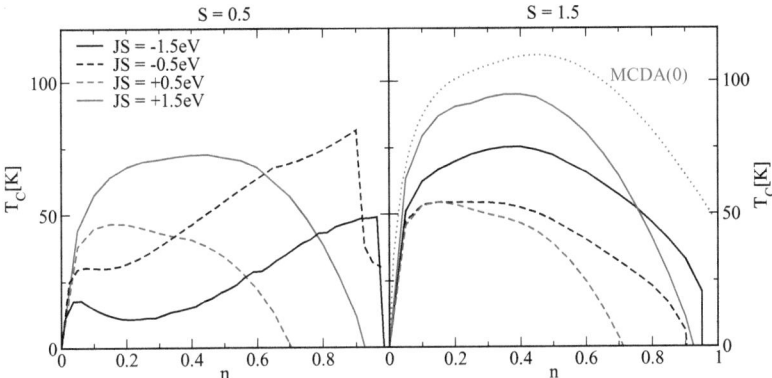

Abbildung 5.18.: Curietemperaturen bzgl. der Bandbesetzung n bei verschiedenen Spins und Kopplungstärken JS (positive J in rot und negative in schwarz). Fast alle Kurven zeigen die typische Form einer umgekehrten (verformten) Parabel, deren Maximum sich mit höherem $|J|$ zu größeren Bandbesetzungen verschiebt. Ausnahme bzgl. der Form ist der Fall $S = \frac{1}{2}$ mit $J < 0$, wie es auch in Abb. 5.16 der Fall ist. Bei $n \to 1$ gibt es keine endliche Curietemperatur. Zusätzlich sind für $S = \frac{3}{2}$ und $JS = 1.5$eV die Curietemperaturen aus der MCDA(0) angegeben (gepunktete rote Linie). Bei $n \to 1$ bleibt eine endliches T_C erhalten, was durch fehlende Doppelbesetzungseffekte verursacht wird. Parameter: $W = 1$eV

ferromagnetischen Ordnung.

Es wird hier auch der Nachteil der MCDA(0) klar. Diese hatte auch bei Verwendung der empfindlichen Freie-Energie-Minimierung bzgl. der Kopplungsabhängigkeit der Curietemperatur (Abb. 5.14) vernünftige Resultate ergeben - also Sättigung der Curietemperatur bzgl. großer $|J|$. Durch die Vernachlässigung der DB-Effekte fehlt hier aber auch die Reduktion des spektralen Gewichts des besetzten EB-Bandes bei hohen n. Deshalb ist das entsprechende Subband bei $n \to 1$ nicht komplett gefüllt. Somit verschwindet in Abb. 5.18 auch die Curietemperatur nicht bei $n = 1$. Man erkennt also, dass die DB-Effekte eine entscheidende Rolle spielen, obwohl die Anzahl der Doppelbesetzungen im Gitter für $n < 1$ ja nahezu null ist. Allein deren Einfluss auf die Anzahl der möglichen Einzelbesetzungen, die ja mit zunehmender Elektronenzahl sinkt, ist deutlich zu spüren.

Berechnet man die Curietemperaturen wieder mittels der mRKKY, entsteht ein qualitativ leicht verändertes Bild (Abb. 5.20). Die meisten Grundaussagen bleiben aber gleich. So ist im Allgemeinen die Curietemperatur bei positiven J höher als bei negativen. Die Unterschiede sind bei der mRKKY aber wesentlich stärker ausgeprägt. Bei negativen J findet sich ebenfalls ein Absinken der T_Cs mit steigendem Betrag der Kopplung - zumindest bei fast allen n bei $S = \frac{1}{2}$ und außerdem, im Gegensatz zur FEM, bei kleinen n und $S = \frac{3}{2}$. Ebenfalls, wie bei der FEM, ist der Bereich endlicher Curietemperaturen bei negativen J größer als bei dem positiven Gegenpart. Als deutlichster Unterschied

5. Verhalten des konzentrierten Volumensystems

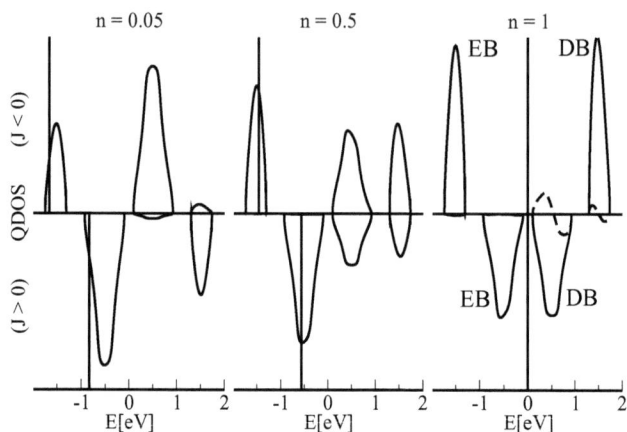

Abbildung 5.19.: Paramagnetische QDOS bzgl. verschiedener Bandbesetzungen n für negative (*oben*) und positive J (*unten*). Bei $n \to 1$ verschwinden jeweils ein EB- und DB-Band, wobei das verbliebene EB-Band komplett gefüllt ist. Es treten hier (näherungsbedingt) negative Zustandsdichten auf (gestrichelt), welche aber nicht besetzt sind. Senkrechte Linien stellen das chemische Potential dar. Parameter: $M = 0$, $S = \frac{1}{2}$, $W = 1\text{eV}$, $JS = \pm 1\text{eV}$, $J_{AF} = 0$, $U_H = 0$

zu den Ergebnissen der FEM fällt die wesentlich höhere Symmetrie der T_C-n-Kurven auf. Sie besitzen jetzt fast genau die Form einer nach unten geöffneten Parabel (bis auf $JS = -0.5\text{eV}$, $S = \frac{3}{2}$). Diese erhöhte Symmetrie scheint auf die Abbildung auf ein Heisenbergmodell zurückzugehen. Dies könnte die ursprüngliche Struktur der Kurven stark glätten. Ein Beweis für diese Annahme kann hier aber nicht erbracht werden.

Der fehlende Modellparameter des reinen KLMs ist die Größe des Hoppings t bzw. die freie Bandbreite $W = \frac{|t|}{12}$. Prinzipiell kann man diese als Energieeinheit wählen. Dies bedeutet, dass z.B. die Grenzfälle starker ($\frac{JS}{W} > 1$) und schwacher Kopplung ($\frac{JS}{W} < 1$) von der freien Bandbreite abhängen. An dieser Grenze spalten die Unterbänder auf. In der Tat ändert sich auch das Verhalten der Curietemperatur bzgl. W in den entsprechenden Bereichen. So lange sich das System im Bereich starker Kopplungen befindet, steigt die Curietemperatur proportional zur Bandbreite (Abb. 5.21). Dieses Verhalten ist unter der Voraussetzung $T_C(J) = $ const. aus thermodynamischen Überlegungen vorhersagbar[43, 37]. Für schwache Kopplungen bzw. große W geht das System zu dem bekannten konventionellen RKKY-Verhalten $T_C \sim 1/W$ über.

Insgesamt entsprechen die hier mit FEM gefundenen Ergebnissen größtenteils qualitativ denen, die in anderen Arbeiten mittels der mRKKY bestimmt worden sind [43, 37, 60, 36, 91, 59]. So findet sich auch dort ein Sättigungsverhalten der Curietemperatur bzgl. großer $|J|$, das typische Verschwinden von T_C bei $n \to 1$ und die verschiedenen Propor-

5.2. Verhalten des Systems bei endlichen Temperaturen

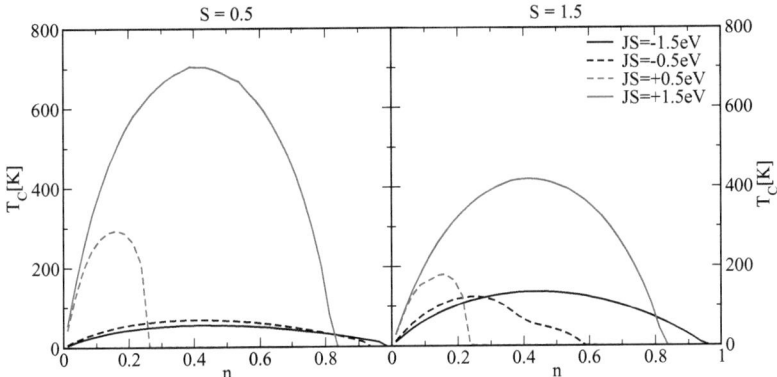

Abbildung 5.20.: Wie in Abb. 5.18 aber mittels mRKKY berechnet. Prinzipielle Merkmale bleiben gleich (bei den meisten n Rückgang von T_C mit steigendem $|J|$ bei $J < 0$, höheres T_C bei $J > 0$, breiterer Bereich der Bandbesetzung mit endlichem T_C bei $J < 0$), wogegen die Kurven deutlich symmetrischer (parabelförmiger) sind.

tionalitäten bzgl. W. Dies ist der Fall obwohl beide Näherungen von unterschiedlichen Positionen ausgehen und sollte somit als Stütze für beide Theorien gesehen werden. Die FEM reagiert allerdings sehr viel empfindlicher auf die zu Grunde liegende Näherung des elektronischen Systems. Durch die Natur der mRKKY, also die Abbildung auf ein Heisenbergmodell, behält sie immer auch einen entsprechenden Charakter. So sind z.B. die T_C-n-Kurven in der mRKKY viel symmetrischer (parabelähnlicher) als bei der FEM. Diese Einprägung von Eigenschaften einer künstlichen Abbildung gibt es in der FEM nicht, oder nur in einem viel geringerem Maße. Nur die Entropie bei $T = 0$ wurde durch ein (gedachtes) effektives Feld bestimmt. Wegen

$$T(M) = \frac{d_{M'} U_0(M')}{d_{M'} S_0(M')}\bigg|_M \quad (5.11)$$

ist dann der eigentliche Einfluss des KLMs auf die Magnetisierungskurve durch die innere Energie bzw. deren Ableitung im Zähler gegeben. Dadurch dass diese Ableitung typischerweise sehr kleine Werte annimmt, sind kleine Veränderungen schnell zu merken, wodurch es zu einer starken Veränderung des Verhaltens kommen kann. Somit ist es essentiell eine gute Näherung des elektronischen Untersystems zu erhalten, welche in dieser Arbeit die D-MCDA ist. Der Einfluss von Erweiterungstermen zum KLM auf den Ferromagnetismus bei endlichen Temperaturen findet sich in Anhang B.3.

5. Verhalten des konzentrierten Volumensystems

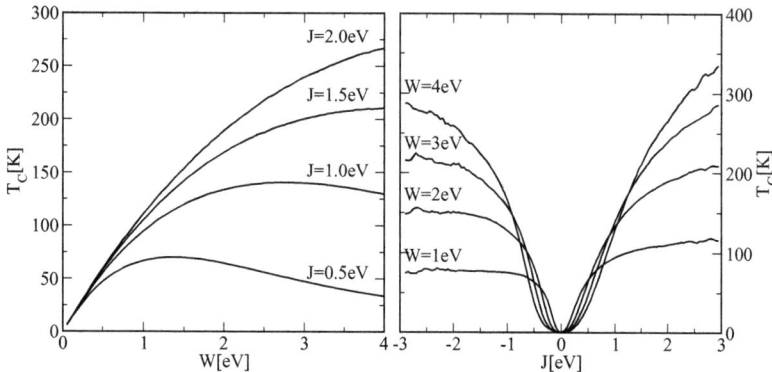

Abbildung 5.21.: *links:* Curietemperaturen bzgl. der Bandbreite des freien Systems W für verschiedene Kopplungen J. *rechts:* T_C vs. J für verschiedene Bandbreiten. Es ist in beiden Abbildungen zu erkennen, dass im Bereich starker Kopplungen $JS > W$ die Curietemperatur proportional zu W ist. Im Fall schwacher Kopplung sinkt stattdessen T_C mit Erhöhung der Bandbreite. Parameter: $n = 0.4$, $S = \frac{3}{2}$

5.2.3. Spezialfall $S = \frac{1}{2}$ bei negativer Kopplung und Halbfüllung

Schon bei den Curietemperaturen hat sich das Verhalten des Systems bei $S = \frac{1}{2}$ und negativen Kopplungen $J < 0$ von dem bei anderen Parametern unterschieden. Der Bereich negativer Kopplung ist auch der „ursprüngliche" Fall des Kondo-Gitter-Modells, der zur Untersuchung der Kondo-Abschirmung[93, 94, 95] (*Kondo screening*, vgl. Abb. 5.22) benutzt wird. Je nach Anzahl der verfügbaren Elektronen N_{el}, können eben so viele lokale Momente durch Antiparallelstellung der jeweiligen Spins abgeschirmt werden. Dies bedeutet, dass das Gesamtmoment auf dem Gitterplatz verschwindet. Tsunetsugu *et al.*[96] haben bei genügend großen Kopplungen J eine Reduktion des magnetischen Gesamtmoments $M^{tot} = M^{lok} + M^{el}$ nach dem einfachen Zusammenhang $M^{tot} = \frac{1}{2}(1-n)$ bei $T = 0$ gefunden. Dies ergibt sich auch nach der vorliegenden Theorie (Abb. 5.22). Aber auch für $T > 0$ bleibt eine Reduktion erhalten, die sich nach $M^{tot} = M^{lok}(1-n)$ ergibt. Die Elektronen scheinen sich also auch bei $T > 0$, immer auf Gitterplätzen mit antiparallelem lokalen Moment zu befinden. Insbesondere für $n = 1$ verschwindet also die Gesamtmagnetisierung, weshalb man nicht mehr von Ferromagnetismus sprechen kann. Die Untersysteme (Elektronen, lokale Momente) haben dabei aber immer noch eine magnetische Ordnung.

Dieses wichtige Verhalten der Kondo-Abschirmung gelingt, von den hier vorgestellten Näherungen, so nur in der D-MCDA.

5.2. Verhalten des Systems bei endlichen Temperaturen

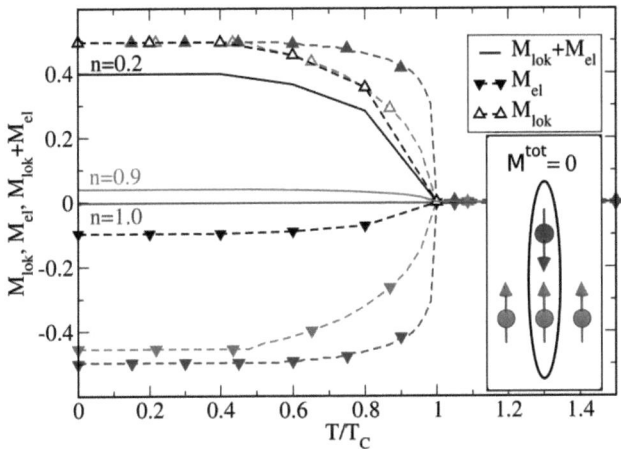

Abbildung 5.22.: Magnetisierungskurven der Magnetisierung der lokalen Momente $M_{lok} = \langle S^z \rangle$, der Elektronenmagnetisierung $M_{el} = \frac{1}{2}(n_\uparrow - n_\downarrow)$ und deren Summe bei $S = \frac{1}{2}$ für verschiedene Bandbesetzungen. Allgemein ergibt sich der Zusammenhang $M^{tot} = M^{lok}(1-n)$. Bei $n = 1$ wird die Gesamtmagnetisierung durch die Einzelmagnetisierungen vollständig kompensiert. Die Übergangstemperatur zum Paramagnetismus der Untersysteme ist bei $n = 1$ sehr gering, $T^* = 0.6K$. *Inset:* Schematische Darstellung des „Abschirmung" eines lokalen Moments durch einen antiparallel orientierten Spin des Elektrons. Parameter: $J = -2eV$; $W = 1eV$

5.2.4. Antiferromagnetische Phasen bei endlichen Temperaturen

Neben der ferromagnetischen Ordnung treten im KLM noch weitere Phasen auf. Dies sind unter anderem antiferromagnetische Phasen, wobei in dieser Arbeit jene untersucht werden, die sich durch Aufspaltung in zwei magnetische Untergitter beschreiben lassen. Schon in Abschnitt 5.1.2 wurde gesehen, dass alle diese Phasen bei $T = 0$ auftreten können[16]. Nun ist es aber für reale physikalische Systeme entscheidend, bis zu welcher Temperatur diese Phasen bestehen, bevor sie in die paramagnetische Phase übergehen. Neben dem generellen Auftreten der einzelnen Phasen wurde in Abb. 5.8 eine fast antisymmetrisches Verhalten komplementärer Phasen bzgl. des Paramagnetismus gefunden. Als komplementäre Phasen werden hier solche bezeichnet, deren Differenz aus den nächsten Nachbarn mit per definitionem parallel und antiparallel ausgerichtetem Spins bis auf das Vorzeichen gleich ist:

- FM: $\Delta N = N_{\uparrow\uparrow} - N_{\uparrow\downarrow} = 6 \Leftrightarrow$ AFg: $\Delta N = -6$

---
[16] Eventuell können diese Phasen noch durch andere Phasen überdeckt werden, die in dieser Arbeit nicht untersucht werden.

5. Verhalten des konzentrierten Volumensystems

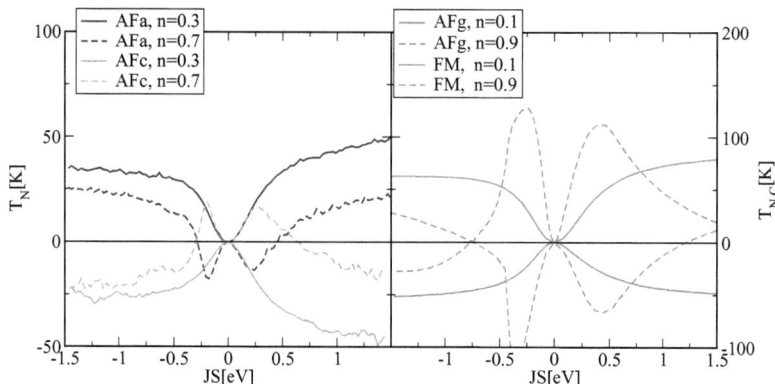

Abbildung 5.23.: Übergangstemperaturen verschiedener magnetischer Phasen (FM *orange*, AFa *blau*, AFc *cyan*, AFg *grün*). Es sind dabei jeweils die beiden komplementären Phasen bzgl. des AFM-Charakters (FM/AFg, AFa/AFc) in einem Diagramm. Die Übergangstemperaturen komplementärer Phasen sind ungefähr antisymmetrisch zur $T = 0$-Achse. Negative $T_{C,N}$s sind unphysikalisch und dienen hier nur zur Verdeutlichung der komplementären Eigenschaften. Parameter: $S = \frac{3}{2}$, $W = 1\text{eV}$

- AFa: $\Delta N = 2 \Leftrightarrow$ AFc: $\Delta N = -2$

Bei der Freie-Energie-Minimierung ist der Unterschied zwischen der inneren Energie der geordneten Phase zur paramagnetischen entscheidend für die Höhe der Übergangstemperatur. Diese verhält sich nun bei komplementären Phasen ungefähr antisymmetrisch zu $T = 0$ (Abb. 5.23). Um dieses Verhalten zu verdeutlichen, werden auch negative Übergangstemperaturen gezeigt, welche eigentlich unphysikalisch sind, da hier bei $T \geq 0$ die geordnete Phase gegenüber der paramagnetischen energetisch benachteiligt ist. Nimmt man die AFg-Phase bei $J < 0$ als Beispiel, so existieren endliche positive Übergangstemperaturen nur in einem Intervall $J \in [J_{\min}, J_{\max}]$. Diese typische Maximumsverhalten von T_N (bzw. der Magnetisierung bei endlichen Temperaturen) der AFg-Phase, wurde ebenfalls bei DMFT-Rechnungen[97, 70, 71] gefunden. Ebenso finden Peters et al. [39] ein Zusammenbrechen der Polarisation für große $|J|$. Betrachtet man außerdem negative Übergangstemperaturen sieht man, dass auch die AFg-Phase ein Doppelaustausch-Verhalten besitzt. Allerdings sättigt sich T_N gewöhnlich bei negativen Temperaturen und diese Eigenschaft wird normalerweise vom Auftreten des Paramagneten überdeckt. Ähnliche Aussagen können über das AFa/AFc-Phasenpaar gemacht werden.

Natürlich spielt auch die Bandbesetzung eine große Rolle bei der Existenz einzelner Phasen. In Abb. 5.24 sieht man die verschiedenen Übergangstemperaturen der einzelnen Phasen bzgl. n. Wieder ist das komplementäre Verhalten der Phasenpaare zu erkennen. Dabei sind antiferromagnetische Phasen nur bei sehr wenigen Bandbesetzungen vertreten. Bei Materialien wie den Manganaten die prinzipiell gut über das KLM beschrieben

5.2. Verhalten des Systems bei endlichen Temperaturen

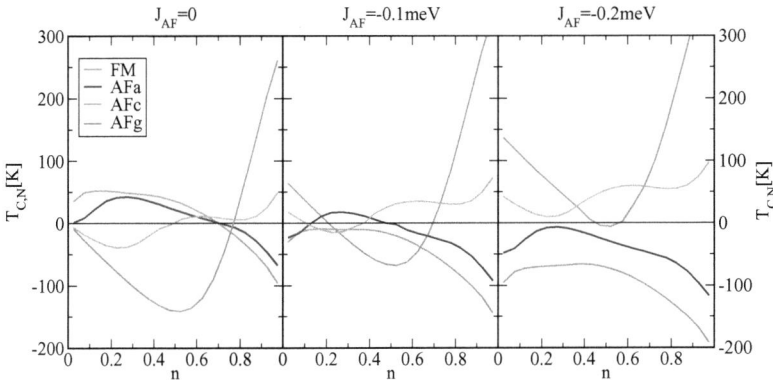

Abbildung 5.24.: Übergangstemperaturen (T_C, T_N) der verschiedenen magnetischen Phasen bzgl. der Bandbesetzung und verschiedenen direkten Heisenberg-Kopplungen J_{AF}. Von der Zunahme einer antiferromagnetischen Kopplung profitiert die AFg-Phase am stärksten, während die FM-Phase stark zurückgedrängt wird. Negative Übergangstemperaturen bedeuten, dass die paramagnetische Phase schon bei $T = 0$ energetisch günstiger als die entsprechende geordnete Phase ist. Somit haben diese zwar keine direkte physikalische Bedeutung, sie zeigen aber wie weit die entsprechende Phase „von ihrer möglichen Existenz" entfernt ist. Das Auftreten einer Phase passiert im gleichen Bereich wie in Abb. B.2. Parameter: $S = \frac{7}{2}$, $W = 1\text{eV}$, $JS = 0.5\text{eV}$

werden können, ist dagegen der Bereich von Antiferromagnetismus wesentlich ausgeprägter. Hier wird allerdings auch ein direkter antiferromagnetischer Austausch zwischen den Spins vermutet, der hier durch einen zusätzlichen MF-Heisenberg-Hamilton-Operator (Anhang B.1) simuliert werden soll. Das Auftreten der Phasen bzw. die Übergangstemperatur kann durch einen endlichen direkten antiferromagnetischen Austausch J_{AF} erheblich beeinflusst werden, wie ebenfalls in Abb. 5.24 zu sehen. Wie bei $T = 0$ (vgl. Anhang B.3) werden Phasen mit stärkerem antiferromagnetischen Charakter, also insbesondere die AFg-Phase, dadurch stark bevorzugt. Dabei kommt es zu einem Wechselspiel aus dem Energiegewinn bzw. der Energiestrafe aus dem KLM und dem hier verwendeten Meanfield-Heisenberg-Term

$$H_{ff} = -J_{AF}(N_{\uparrow\uparrow} - N_{\uparrow\downarrow})M \sum_i S_i^z \ . \tag{5.12}$$

Bei $n \to 0$ hat das Kondo-Gitter-Modell kaum Einfluss, da hier dessen innere Energie verschwindet. Somit wird das Auftreten der Phasen nur durch die direkte Kopplung bestimmt. Es hat hier bei $J_{AF} < 0$ die AFg-Phase die höchste Übergangstemperatur. Gewöhnlich könnten für eine bestimmte Elektronendichte mindestens zwei Phasen gleichzeitig existieren. Zum Beispiel haben bei $J_{AF} = 0$ und $n = 0.6$ die FM-, AFa- und

5. Verhalten des konzentrierten Volumensystems

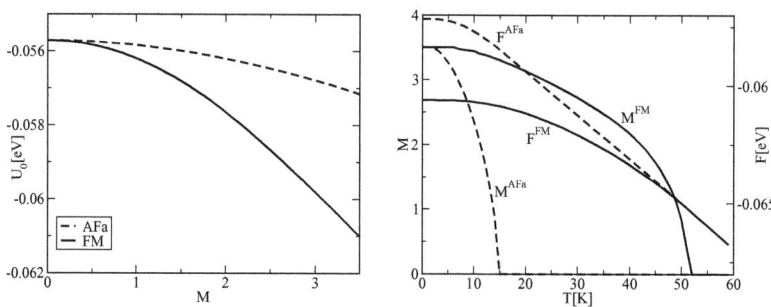

Abbildung 5.25.: *links:* Innere Energie bei $T = 0$ für die FM- und AFa-Phase. *rechts:* Freie Energie und Magnetisierung über T für diese Phasen. Die freien Energien fallen bei der höheren Übergangstemperatur (hier T_C) zusammen. Dabei hat die Phase mit der höchsten Übergangstemperatur zu allen Temperaturen die geringste Energie. Parameter: $S = \frac{7}{2}$, $W = 1\text{eV}$, $JS = 0.5\text{eV}$, $J_{AF} = 0$, $n = 0.1$

AFc-Phase in Abb. 5.24 eine endliche positive Übergangstemperatur. Es muss also mit Hilfe der freien Energie dabei entschieden werden, welche Phase die tatsächlich geringste Energie hat.

Aus den „gewöhnlichen" Eigenschaften der inneren Energie bei $T = 0$ folgt, dass die Phase mit der höchsten Übergangstemperatur im ganzen Temperaturbereich auch die niedrigste freie Energie hat. Dies lässt sich aus einfachen Überlegungen folgern. Als Erstes ist festzustellen, dass sich die innere Energie bei $T = 0$ meist sehr gut durch eine quadratische Funktion

$$U_0^\alpha(M) \approx U_0^\alpha(0) + \beta M^2 \tag{5.13}$$

nähern lässt[17]. Die innere Energie für $M = 0$ ist dabei für alle Phasen (α =FM, AFa, AFc, AFg) gleich, da hier sich die Untergitter ja nicht mehr voneinander unterscheiden. Daraus ergibt sich

$$U_0^\alpha(M) \approx U_0(0) + \underbrace{(U_0^\alpha(S) - U_0(0))}_{\Delta U^\alpha} \frac{M^2}{S^2} \tag{5.14}$$

und die Ableitung bei $M = 0^+$

$$\left.\frac{\partial U_0^\alpha}{\partial M}\right|_{0^+} = \frac{2}{S^2} \Delta U^\alpha 0^+ \ . \tag{5.15}$$

---

[17]Die innere Energie muss mit Polynomen gerader Ordnung genähert werden, damit die Magnetisierungssymmetrie $U(M) = U(-M)$ gilt.

5.2. Verhalten des Systems bei endlichen Temperaturen

Die Übergangstemperatur ergibt sich aus

$$T_{C,N}^\alpha = \left.\frac{\partial_M U_0^\alpha}{\partial_M S_0^\alpha}\right|_{0^+}, \qquad (5.16)$$

wobei die Entropie ebenfalls (kaum) von der jeweiligen Phase abhängt. Da $T_{C,N}^\alpha$ bei genügend kleinen $M = 0^+$ nicht von dessen konkreter Wahl beeinflusst wird, kann man $\partial_M S_0^\alpha = \gamma 0^+$ ansetzen. Somit bleibt

$$T_{C,N}^\alpha = \frac{2\gamma}{S^2}\Delta U^\alpha = \frac{2\gamma}{S^2}(U_0^\alpha(S) - U_0(0)). \qquad (5.17)$$

Der höchste Energieunterschied ΔU^α zwischen paramagnetischer und gesättigter Phase erzeugt, damit auch die höchste Übergangstemperatur. Durch (5.14) sind aber auch die inneren Energien aller Magnetisierungen $M > 0$, für die Phase am niedrigsten, die die geringste Sättigungsenergie hat. Setzt man für alle Phasen dann eine gleiche explizite Temperaturentwicklung bei festgehaltenem M an, so ist die freie Energie nur noch von der inneren Energie bei $T = 0$ phasenabhängig:

$$F_M^\alpha(T) = U_M^\alpha(0) - T(I_M(T) + S_M(0)). \qquad (5.18)$$

Die oben gemachte Voraussetzung äußert sich in der Phasenunabhängigkeit des Integrals $I_M(T)$. Wegen

$$F_M^\alpha(T) < F_M^\beta(T) \Leftrightarrow U_M^\alpha(0) < U_M^\beta(0) \Leftrightarrow U_{M=S}^\alpha(0) < U_{M=S}^\beta(0) \qquad (5.19)$$

ergibt sich ebenfalls die niedrigste freie Energie für die Phase mit der niedrigsten Sättigungsmagnetisierung bzw. der mit der höchsten Übergangstemperatur (Abb. 5.25).
Die hier gemachten Annahmen sind sehr gute Näherungen in den meisten Bereichen. Abweichungen davon treten z.B. in dem Bereich auf, in denen Sättigung nicht die geringste Energie darstellt (vgl. Abschnitt 5.1.3). In diesen Fällen sind allerdings auch die Übergangstemperaturen sehr klein.
  Wiederum weist die FEM starke Unterschiede zur Behandlung des Systems mittels der mRKKY auf. Hier müssen Austauschintegrale berechnet werden. Am einfachsten ist dies beim Ferromagneten, da es hier nur ein magnetisches Gitter gibt in dem alle Spins eine Vorzugsrichtung haben. In der Berechnung der Magnetisierung kommen die Magnonenenergien

$$E(\mathbf{q}) = 2M(J(0) - J(q)) \qquad (5.20)$$

vor (vgl. Abschnitt 4.1.1). Da diese positiv sein müssen, sollten auch die Austauschintegrale $J(0)$ größer als null sein. Bei antiferromagnetischen Phasen, die, zumindest in dieser Arbeit, durch zwei Untergitter mit zueinander antiparalleler Magnetisierung M^α beschrieben werden, gibt es zusätzlich Intergitterkopplungen. Zur Berechnung der Ma-

5. Verhalten des konzentrierten Volumensystems

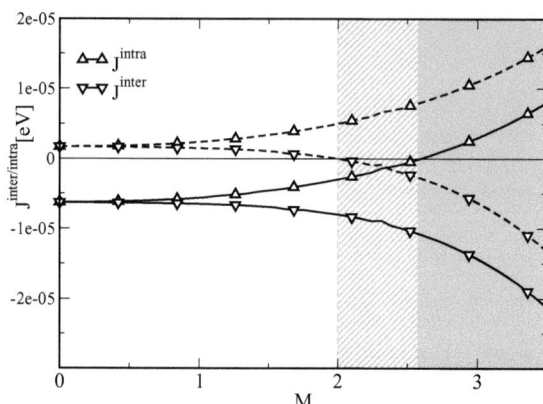

Abbildung 5.26.: Austauschintegrale der mRKKY beim AFa-Antiferromagneten innerhalb des magnetischen Untergitters („intra' ,△) und zwischen diesen („inter",▽). Die durchgezogene Linie wurde bei $J_{AF} = 0.175$meV und die gestrichelte bei $J_{AF} = 0.183$meV gerechnet. Die grauen Flächen zeigen den Bereich in dem die Phase stabil ist ($J^{\text{intra}} > 0$ und $J^{\text{inter}} < 0$). Parameter: $S = \frac{7}{2}$, $W = 1$eV, $JS = 0.5$eV, $n = 0.8$

gnonenbesetzung φ_α für ein Untergitter α, werden die Energien

$$E_\pm(\mathbf{q}) = \pm \frac{1}{2}\sqrt{(E^{\alpha\alpha}(\mathbf{q}) - E^{\bar{\alpha}\bar{\alpha}}(\mathbf{q}))^2 + 4E^{\alpha\bar{\alpha}}(\mathbf{q})E^{\bar{\alpha}\alpha}(\mathbf{q})} \;, \quad (5.21)$$

$$E^{\alpha\alpha}(\mathbf{q}) = 2M^\alpha \left(J^{\alpha\alpha}(0) - J^{\alpha\alpha}(\mathbf{q}) - J^{\alpha\bar{\alpha}}(0)\right) \;, \quad (5.22)$$

$$E^{\alpha\bar{\alpha}}(\mathbf{q}) = -2M^\alpha J^{\alpha\bar{\alpha}}(\mathbf{q}) \quad (5.23)$$

benötigt (vgl. Abschnitt 4.1.1). Das Argument der Wurzel in (5.21) lässt sich als

$$\underbrace{(J^{\alpha\alpha}(0) - J^{\alpha\alpha}(\mathbf{q}))^2}_{\geq 0} - 2(J^{\alpha\alpha}(0) - J^{\alpha\alpha}(\mathbf{q}))J^{\alpha\bar{\alpha}}(0) + \underbrace{(J^{\alpha\bar{\alpha}}(0))^2 - (J^{\alpha\bar{\alpha}}(\mathbf{q}))^2}_{\geq 0} \overset{!}{>} 0 \quad (5.24)$$

schreiben, wobei die Untergittermagnetisierungen M^α herrausgekürzt wurden. Wegen $J^{\alpha\alpha}(0) \geq J^{\alpha\alpha}(\mathbf{q})$ ist das Argument tatsächlich immer größer null, wenn $J^{\alpha\alpha}(0) > 0$ und $J^{\alpha\bar{\alpha}}(0) < 0$. Damit bleiben auch die Energien $E_\pm(\mathbf{q})$ reell. Zwar lassen sich auch Fälle konstruieren bei denen auch ein gleiches Vorzeichen reelle Werte liefern würde, aber bei den hier berechneten mRKKY-Austauschintegralen ist dies praktisch nie der Fall, da die Bedingung für alle **q**-Werte gelten muss.

Diese Bedingungen $J^{\alpha\alpha}(0) \equiv J^{\text{intra}} > 0$ und $J^{\alpha\bar{\alpha}}(0) \equiv J^{\text{inter}} < 0$ können natürlich durchaus erfüllt sein. Allerdings ist zu beachten, dass bei $M \to 0$ alle Phasen in die paramagnetische übergehen. Insbesondere wird die Unterscheidung zwischen den magnetischen

5.3. Phasenseparation bei endlichen Temperaturen

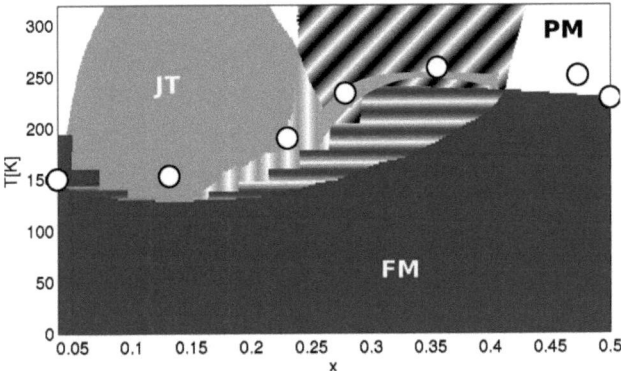

Abbildung 5.27.: Phasendiagramm mit paramagnetischer (weiß), ferromagnetischer Phase (blau) und PM-Phase mit Jahn-Teller-Aufspaltung (orange) bzgl. T und $x = 1 - n$. Es tritt dabei Phasenseparation auf (gestreift in den Farben der jeweiligen Phase, außer PM/PM Separation - dort schwarz-weiß). Die Kreise bezeichnen die experimentellen T_C-Werte und die graue Fläche zwischen $x = 0.25$ und $x = 0.4$ den experimentell gefundenen Bereich von Phasenseparation zwischen FM und PM bei La$_{1-x}$Ca$_x$MnO$_3$[42]. Antiferromagnetische Phasen werden nicht betrachtet. Parameter: $S = \frac{3}{2}$, $W = 2$eV, $J = 2$eV, $U_H = 5$eV, $J_{AF} = -1$meV, $g = 0.675\sqrt{eV}$, Zweibandmodell

Untergittern hinfällig, da beide die gleiche Magnetisierung $M = 0$ haben. Dies bedeutet auch, dass Intra- und Intergitteraustausch den *gleichen* Wert annehmen. Somit sind beide entweder negativ oder positiv, was aber zu keiner antiferromagnetischen Ordnung führt. Typischerweise tritt der Übergang zu Austauschintegralen gleichen Vorzeichens schon bei $M > 0$ auf (Abb. 5.26). An diesem Punkt bricht der Antiferromagnetismus sofort in einem Übergang erster Ordnung zusammen. Dieses Verhalten ist (praktisch) universell für die mRKKY und es gibt damit keinen Übergang zweiter Ordnung wie bei der FEM (vgl. Abb. 5.25). Dies ist also ein Artefakt der mRKKY.

Als weiterer Nachteil ist zu werten, dass bei $T = 0$ die Erfüllung der Bedingungen der mRKKY an Antiferromagnetismus ($J^{\text{intra}} > 0$ und $J^{\text{inter}} < 0$) nicht automatisch mit den Phasendiagrammen des KLMs zusammenfallen. Dies ist natürlich bei der FEM *per constructionem* so.

5.3. Phasenseparation bei endlichen Temperaturen

Besonders bei der Untersuchung von Manganaten spielt das mögliche Auftreten von Phasenseparation eine große Rolle. Diese wird als möglicher Grund des Auftretens des kolossalen Magnetwiderstands (*colossal magnetoresistance*, CMR) gesehen. Der CMR tritt z.B. in La$_{1-x}$Ca$_x$MnO$_3$ bei Dotierungsraten von $x \approx 0.3$ auf[46, 98, 99] und äußert

5. Verhalten des konzentrierten Volumensystems

sich in einem enormen Anstiegs des Widerstands in der Nähe von T_C[100]. Mit Hilfe der freien Energie ist es möglich, auch bei endlichen Temperaturen nach Phasenseparation zu suchen. Dazu ist es nötig, die freie Energie in einem genügend großen Phasenraum $\{n,T\}$ zu berechnen. Anschließend kann bei einem festen T eine Maxwell-Konstruktion bzgl. n durchgeführt werden. Dies geschieht ganz analog zum Fall $T=0$ (vgl. auch Abb. 5.1). Phasenseparation kann nun wieder zwischen allen möglichen verschiedenen Phasen stattfinden. Besonders interessant ist im Fall der Manganate die Phasenseparation zwischen FM- und PM-Phase. Diese wurde experimentell in der Nähe der Curietemperatur bei $La_{1-x}Ca_xMnO_3$ bei $0.25 < x < 0.4$ gefunden[42], was mit $x = 1 - n$ einer Bandbesetzung von $0.75 > n > 0.6$ entspricht. Um einen qualitativen als auch quantitativen Vergleich mit den Manganaten zu erhalten, sollen die Modellparameter passend gewählt werden. Wie in [36, 43] gezeigt ist dafür eine Erweiterung des KLMs nötig. So sollten auch ein Jahn-Teller-Term und eine direkte antiferromagnetische Kopplung vorhanden sein, die starken Einfluss auf T_C haben([101, 102, 36] und Anhang B.3).

In Abb. 5.27 zeigt sich, dass eine gute Übereinstimmung mit den experimentell gefundenen T_C-Werten bei passenden Parametern erreicht werden kann[18]. Besonders interessant ist aber, dass es tatsächlich einen Bereich von Phasenseparation zwischen ferro- und paramagnetischer Phase gibt. Wie im Experiment findet diese in der Nähe von T_C in ähnlichen Dotierungsbereichen x statt, wobei der experimentell gefundene Bereich kleiner ist. Wie kommt es nun zu solch einer Phasenseparation (PS)? Wie in Anhang B.3 zu sehen, bedeutet eine Jahn-Teller-Bandaufspaltung eine deutliche Reduzierung der Energie. Damit aber eine Aufspaltung entsteht muss erstens eine kritische Bandbesetzung *überschritten* werden (vgl. Abb. B.3 in Anhang B.2) und außerdem, zumindest bei wie hier mittleren Kopplungen g, eine kritische Magnetisierung *unterschritten* werden (vgl. Abb. B.7 in Anhang B.3). In der hier vorhandenen Parameterkonstellation tritt die kritische Bandbesetzung bei $n_C \approx 0.6875$ auf, was sich dann in einem Anstieg der Bandaufspaltung bei T_C äußert. Durch die daraus folgende Reduktion der Energie, sinkt die freie Energie stärker mit der Temperatur ab als bei $n < n_C$ (Abb. 5.28). Dies führt dazu, dass die freie Energie bei fester Temperatur und variabler Bandbesetzung $F_T(n)$ eine negative zweite Ableitung bekommt. Es tritt also Phasenseparation um n_C und T_C auf. Es ist hier hinzuzufügen, dass bei verschwindender JT-Kopplung g im KLM keine Phasenseparation zwischen FM und PM gefunden wurde.

Neben der FM/PM-Phasenseparation treten noch weitere auf. So entstehen Gebiete mit Phasenseparation zwischen JT-aufgespaltener und nicht-aufgespaltener Phase (in Abb. 5.27 orange-weiß, paramagnetisch) und es tritt sogar Phasenseparation in der rein paramagnetischen Phase zwischen zwei n-Werten auf. Experimentell sind solche Phasen, nach Kenntnisstand des Autors, nicht gefunden worden. Sie sollten sich allerdings auch schwer aufspüren lassen, da kein eindeutiger Parameter wie die Magnetisierung zu Verfügung steht bzw. null ist.

Es stellt sich nun die Frage was mit den physikalischen Erwartungswerten in den Gebie-

---

[18]In Abb. 5.27 entspricht die Temperatur beim Übergang von FM bzw. der Übergang der FM/PM-Phasenseparation in alle anderen paramagnetischen Phasen (PM, JT, Phasenseparation außer FM/PM) der Curietemperatur.

5.3. Phasenseparation bei endlichen Temperaturen

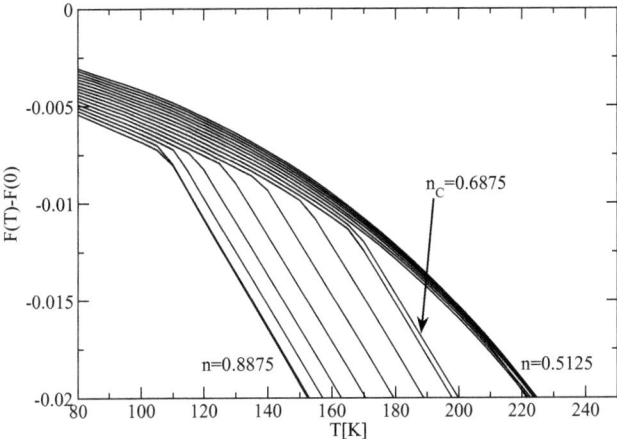

Abbildung 5.28.: Reduzierte freie Energien $(F(T) - F(0))$ für n-Werte von $n = 0.5125$ bis $n = 0.8825$ in Schritten von $\Delta n = 0.025$. Ab einem bestimmten n_C tritt bei T_C eine Jahn-Teller-Bandaufspaltung auf. Dies äußert sich in einem stärkerem Abknicken der freien Energie Parameter: $S = \frac{3}{2}$, $W = 2\text{eV}$, $J = 2\text{eV}$, $U_H = 5\text{eV}$, $J_{AF} = -1\text{meV}$, $g = 0.675\sqrt{\text{eV}}$

ten passiert. Für die Magnetisierung M und den Besetzungsunterschied $\langle \Delta n \rangle$ bietet sich ein einfaches Hebelgesetz an. Es seien n_1 und n_2 die Endpunkte der Phasenseparation, so ergibt sich der Erwartungswert X an der Stelle $n \in [n_1, n_2]$ zu

$$X(n) = \frac{n_2 - n}{n_2 - n_1} X(n_1) + \frac{n - n_1}{n_2 - n_1} X(n_2) \ . \tag{5.25}$$

Berechnet man außerdem den spezifischen elektrischen Widerstand[19] ρ_{el}, so ergibt sich der Widerstand im phasenseparierten Bereich[103] zu

$$\rho_{el}(n) = \rho_{el}(n_1)^{\frac{n_2 - n}{n_2 - n_1}} \rho_{el}(n_2)^{\frac{n - n_1}{n_2 - n_1}} \ . \tag{5.26}$$

Diese Mischung der physikalischen Größen ändert deren Verhalten beträchtlich. So hat die Magnetisierung in diesen Bereich nicht mehr einen Phasenübergang erster Ordnung (Abb. 5.29), den sie eigentlich durch die Jahn-Teller-Aufspaltung bekommt (vgl. Abschnitt B.3). Da die eine Phasenseparationsgrenze bei einem $n_1 < n_C$, also im nicht JT-aufgespalteten Bereich, liegt, ist hier auch eine Phasenübergang zweiter Ordnung zu finden. Dies bedeutet auch, dass das innerhalb des *gesamtem* PS-Bereichs der Fall ist. Trotzdem kommt es immer noch zu sehr abrupten Änderungen von physikalischen Größen, die so nicht im Experiment gefunden werden. Dies ist hauptsächlich auf die recht

---
[19] Dessen Berechnung findet sich im Anhang E.

5. Verhalten des konzentrierten Volumensystems

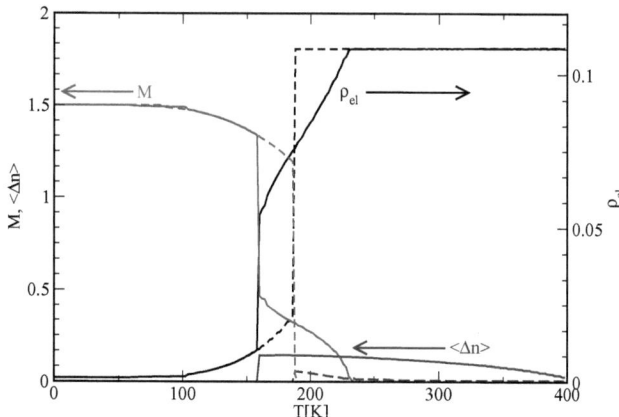

Abbildung 5.29.: Elektrischer Widerstand ρ_{el} (schwarz), Magnetisierung M (rot) und Besetzungsunterschied $\langle \Delta n \rangle$ (blau). Die durchgezogenen Linien zeigen die Werte aus der Phasenseparation (vgl. Text) und die gestrichelten jene ohne deren Beachtung. Parameter: $n = 0.7125$, $S = \frac{3}{2}$, $W = 2\text{eV}$, $J = 2\text{eV}$, $U_H = 5\text{eV}$, $J_{AF} = -1\text{meV}$, $g = 0.675\sqrt{\text{eV}}$

einfache Meanfield-Näherung des Jahn-Teller-Effekts zurückzuführen. Durch diese energetisch dominante Approximation, wird die erheblich genauere D-MCDA-Näherung unterdrückt. Um eine Verbesserung der Ergebnisse zu erhalten, müssten bessere Näherung des Jahn-Teller-Terms mit Beinhaltung kooperativer Effekt benutzt werden[104, 105, 106, 107, 108, 109]. Ebenso findet sich in dem vorliegenden Modell kein Anzeichen eines starken Anstiegs (mehrere Größenordnungen) des elektrischen Widerstands bei T_C. Vorhergehende Arbeiten deuten darauf hin, dass z.B. durch eine Interband-Coulomb-Abstoßung der Widerstandssprung erhöht werden könnte[43]. Diese würde eine Erweiterung des Hubbard-Anteils auf Abstoßungsterme

$$H_U = \sum_{\alpha\beta\sigma\sigma'} U_{\sigma\sigma'}^{\alpha\beta} n_{\alpha\sigma} n_{\beta\sigma'} \tag{5.27}$$

erfordern. Damit würde Abstoßung zwischen verschiedenen Orbitalen α, β und Elektronenspins σ, σ' erfolgen. Dies führt zu einer Mischung der einzelnen Elektronenoperatoren bzgl. ihrer Indizes in den Bewegungsgleichungen und würde die Herleitung der D-MCDA erheblich erschweren. Es soll deshalb in dieser Arbeit nicht betrachtet werden.

6. Verdünnte ungeordnete magnetische Systeme und magnetische Filme

Das konzentrierte Volumensystem aus Kapitel 5 weist eine hohe innere Symmetrie auf. So zeigt es z.B. Translationsinvarianz, was bedeutet, dass kein Gitterplatz gegenüber einem anderen ausgezeichnet ist. Dies ändert sich bei den in diesem Kapitel betrachteten Systemen und führt zu zusätzlichen Effekten.

6.1. Verdünnte ungeordnete Systeme

In den vorherigen Kapiteln wurden Systeme besprochen, bei denen sich an jedem Gitterplatz ein lokales Moment befand. Dies muss aber nicht der Fall sein. Eine besonders interessante Klasse von Materialien ist die der verdünnten magnetischen Halbleiter (*diluted magnetic semiconductors*, DMS). In diesen sind nur eine geringe Prozentzahl (ca. 1-10%) von Atomen „magnetisch aktiv". Trotzdem erreichen sie teilweise erstaunlich hohe Curietemperaturen[29, 30, 110]. Einer der bekanntesten DMS ist $Ga_{1-x}Mn_xAs$, welches bei 9% Mangan-Ionen Curietemperaturen von bis zu $T_C \approx 173K$ erreicht[111]. Es gibt mehrere Ansätze, die verdünnten magnetischen Halbleiter zu beschreiben. Weit verbreitet sind ab-initio Methoden[112, 113], die konkret auf materialspezifische Eigenschaften eingehen können. Zur Berechnung magnetischer Eigenschaften, z.B. von T_C, wird aber auf Modellsysteme zurückgegriffen. Eine Standardmethode ist die Abbildung auf ein Heisenbergmodell, bei dem die Austauschintegrale aus DFT-Rechnungen bestimmt werden.
Nimmt man an, dass der Magnetismus in bestimmten DMS über eine Wechselwirkung von Ladungsträgern mit lokalisierten Momenten entsteht, so bietet sich eine Beschreibung über das Kondo-Gitter-Modell an. Diese Annahme ist zum Beispiel bei III-V-Halbleitern wie $Ga_{1-x}Mn_xAs$ gerechtfertigt[114]. Berechnet man die elektronischen Eigenschaften mit dem KLM und die der lokalisierten Momente im Heisenberg-Modell, so muss die Unordnung in beiden Modellen beachtet werden[115, 116]. Dabei kann es bei einer getrennten Behandlung beider Modelle eventuell zu einer Fehleinschätzung der Unordnungseffekte kommen. Außerdem besteht natürlich auch in verdünnten Systemen eine Präjudizierung der Systemeigenschaften durch das Heisenberg-Modell. Die in Abschnitt 4.2 vorgestellte Freie-Energie-Minimierung benötigt keine Abbildung auf das Heisenberg-Modell und sollte sich daher gut zu einer Beschreibung von DMS eignen.
Generell werden die Begriffe „Verdünnung" und „Unordnung" meist synonym gebraucht, obwohl sie nicht das Gleiche bedeuten. Theoretisch kann es auch eine geordnete Verdünnung mit magnetischen Störstellen geben. In der Tat scheint die Verdünnung an sich, den größeren Einfluss zu haben[116]. In realen Systemen ist aber eine Dotierung immer

6. Verdünnte ungeordnete magnetische Systeme und magnetische Filme

mit gleichzeitiger Unordnung verbunden, weshalb in dieser Arbeit Verdünnung immer auch Unordnung bedeuten soll.

6.1.1. Theorie ungeordneter Systeme

In ungeordneten Systemen, hat nicht jeder Gitterplatz das gleiche Potential. Dies kann man z.B. durch Legierungen mit verschiedenen Atomsorten an den einzelnen Gitterplätzen erreichen. In dem Fall, dass die Hopping-Integrale nicht von der Unordnung beeinflusst werden sollen (*diagonale Substitutionsunordnung*[52]), schreibt sich der Hamilton-Operator

$$H = \sum_\sigma H_\sigma = \sum_{\langle i,j \rangle \sigma} T_{ij} c_{i\sigma}^+ c_{j\sigma} + \sum \eta_{(i)\nu} c_{i\sigma}^+ c_{i\sigma} \ . \tag{6.1}$$

Das Potential $\eta_{(i)\nu}$ ist nun von der jeweiligen Atomsorte ν am Gitterplatz abhängig. Durch die statistische Verteilung ist dieses Problem aber nicht mehr translationsinvariant und lässt sich nicht mehr per Fouriertransformation lösen. Diese Schwierigkeit wird durch eine Konfigurationsmittelung aufgehoben. In realen Vielteilchen-Systemen wird zwar eine konkrete Konfiguration der Atome vorkommen, aber sie wird weder direkt messbar noch in verschiedenen Einzelexperimenten reproduzierbar sein. Entscheidend ist also vielmehr die Konzentration der verschiedenen Atome c_ν. Es wird nun über alle mikroskopisch vorkommenden Konfigurationen gemittelt und man erhält daraus die gemittelte Green-Funktionsmatrix

$$\left\langle \hat{G}_\sigma(E) \right\rangle = \left\langle \frac{1}{E - H_\sigma} \right\rangle \stackrel{!}{=} \frac{1}{E - H_\sigma^{\text{eff}}(E)} \ . \tag{6.2}$$

Die Klammern $\langle \ldots \rangle$ bezeichnen eine Konfigurationsmittelung, die über

$$\left\langle \hat{G}_\sigma(E) \right\rangle = \sum_\nu c_\nu \hat{G}_\sigma(E, \eta_{\nu\sigma}) \tag{6.3}$$

von der Zufallsgröße $\eta_{\nu\sigma}$ und den jeweiligen Konzentrationen c_ν abhängt. Die GF besitzt nun die Symmetrie des Grundgitters und definiert einen effektiven Hamilton-Operator $H_\sigma^{\text{eff}}(E)$. Dadurch ist auch die Dyson-Gleichung einfach

$$\left\langle \hat{G}_\sigma(E) \right\rangle = \hat{G}_\sigma^{(0)}(E) + \hat{G}_\sigma^{(0)}(E) \Sigma_\sigma(E) \left\langle \hat{G}_\sigma(E) \right\rangle \tag{6.4}$$

$$= \hat{G}_\sigma^{(0)}(E) + \hat{G}_\sigma^{(0)}(E) \left\langle \hat{T}_{0\sigma} \right\rangle \hat{G}_\sigma^{(0)}(E) \ . \tag{6.5}$$

Die freie Green-Funktion $\hat{G}_\sigma^{(0)}(E) = (E - H_{0\sigma})^{-1}$ muss dabei nicht gemittelt werden, da sie schon die erforderliche Symmetrie hat. Nun ist es natürlich noch nötig die Selbstenergie $\Sigma_\sigma(E)$ zu bestimmen. Dies geschieht im Rahmen einer *Coherent Potential Approximation* (CPA) [117, 52]. Dabei wird eine effektives Medium ermittelt, welches möglichst wenig vom exakten Ausdruck H^{eff} abweicht. Im Falle eines Ferromagneten ist das che-

6.1. Verdünnte ungeordnete Systeme

mische Gitter gleich dem magnetischen Gitter und man setzt

$$\tilde{H}_\sigma = \sum_{\langle i,j \rangle} T_{ij} c_{i\sigma}^+ c_{j\sigma} + \sum_i \Sigma_\sigma^{\mathrm{CPA}}(E) c_{i\sigma}^+ c_{i\sigma} \qquad (6.6)$$

an. Eine optimale Ähnlichkeit mit der exakten Lösung ist dann erreicht wenn die Streumatrix $\langle \hat{T}_{0\sigma} \rangle$ null wird. Da die Matrix aber nicht bekannt ist, wird sie in der CPA näherungsweise durch atomare Streumatrizen $\langle t_{K\sigma}^{(i)} \rangle$ ausgedrückt. Nun genügt es, dass die atomaren Streumatrizen verschwinden. Es ergibt sich folgende selbstkonsistente Formel (Details in [52])

$$0 \overset{!}{=} \sum_\nu c_\nu \frac{\eta_\nu - \Sigma_\sigma^{\mathrm{CPA}}(E) - T_0}{1 - \langle G_{ii\sigma}(E) \rangle (\Sigma_\sigma^{\mathrm{CPA}}(E) - T_0)} \qquad (6.7)$$

für die **k**-unabhängige CPA-Selbstenergie. Durch die in den gemittelten Größen vorhandene Translationsinvarianz ergibt sich die Green-Funktion im Ferromagneten zu

$$\langle G_{\mathbf{k}\sigma}(E) \rangle = \frac{1}{E - \epsilon(\mathbf{k}) - \Sigma_\sigma^{\mathrm{CPA}}(E)}, \qquad (6.8)$$

$$\langle G_{ii\sigma} \rangle = \frac{1}{N} \sum_{\mathbf{k}} \langle G_{\mathbf{k}\sigma}(E) \rangle \qquad (6.9)$$

Zur Bestimmung der GF des Antiferromagneten muss dann dessen Grundsymmetrie aus zwei magnetischen Untergittern genutzt werden. Dem entsprechend ändert sich das effektive Medium zu

$$\tilde{H}_\sigma^{\mathrm{AFM}} = \sum_{\langle i,j \rangle, \alpha, \beta} T_{ij}^{\alpha\beta} c_{\alpha i\sigma}^+ c_{\beta j\sigma} + \sum_{i,\alpha} \Sigma_{\alpha\sigma}^{\mathrm{CPA}}(E) c_{\alpha i\sigma}^+ c_{\alpha i\sigma} \qquad (6.10)$$

mit den Untergitterindizes α, β. Dies ist das Analogon zur Behandlung des Antiferromagneten in Abschnitt 3.3. Durch die Lokalität der Green-Funktionen ändert sich bei der weiteren Behandlung nichts, außer dass in den Formeln ein zusätzlicher Index α auftaucht. Dem entsprechend wird Formel (6.7) zu

$$0 \overset{!}{=} \sum_\nu c_{\alpha\nu} \frac{\eta_{\alpha\nu} - \Sigma_{\alpha\sigma}^{\mathrm{CPA}}(E) - T_0}{1 - \langle G_{ii\alpha\sigma}(E) \rangle (\Sigma_{\alpha\sigma}^{\mathrm{CPA}}(E) - T_0)} \ . \qquad (6.11)$$

Die CPA-Green-Funktion hat nun die Form wie in (3.131)

$$\langle G_{\mathbf{k}\alpha\sigma}(E) \rangle = \left(E - \epsilon^{\alpha\alpha}(\mathbf{k}) - \Sigma_{\alpha\sigma}^{\mathrm{CPA}}(E) - \frac{(\epsilon^{\alpha\bar{\alpha}}(\mathbf{k}))^2}{E - \epsilon^{\alpha\alpha}(\mathbf{k}) - \Sigma_{\bar{\alpha}\sigma}^{\mathrm{CPA}}(E)} \right)^{-1} \qquad (6.12)$$

und enthält damit die Selbstenergien der beiden Untergitter.
Somit ist das Problem im Prinzip für den Ferro- und Antiferromagneten gelöst. Für explizite Ergebnisse ist allerdings noch die Kenntnis der Konzentrationen c_ν und der

6. Verdünnte ungeordnete magnetische Systeme und magnetische Filme

Potentiale η_ν der einzelnen Komponenten vonnöten.

6.1.2. Dynamische Legierungsanalogie

Die Konzentrationen der Atomsorten sind durch die Art der Legierung im Experiment meist recht exakt bekannt und müssen nicht durch die Theorie bestimmt werden. Anders ist es bei den Potentialen. In dieser Arbeit soll der CPA-Formalismus genutzt werden, um verdünnte magnetische Festkörper zu beschreiben. Diese haben nicht an jedem, sondern nur an xN, $x \in [0;1]$, Gitterplätzen einen lokalisierten Spin. Eine Wechselwirkung mit dem lokalisierten Spin kann also nur auftreten, wenn dort ein solcher vorhanden ist. Der Hamilton-Operator dieses System kann durch eine Zufallsvariable $x_i = 0; 1$ mit dem des konzentrierten in Verbindung gebracht werden. Er ist dann im reinen KLM

$$H = \sum_{\langle i,j\rangle\sigma} T_{ij} c_{i\sigma}^+ c_{j\sigma} - \frac{J}{2} \sum_{i\sigma} x_i \left(z_\sigma S_i^z n_{i\sigma} + S_i^{\bar{\sigma}} c_{i\sigma}^+ c_{i\bar{\sigma}} \right) \qquad (6.13)$$

$$\stackrel{!}{=} \sum_{\langle i,j\rangle\sigma} T_{ij} c_{i\sigma}^+ c_{j\sigma} + \sum_{i\sigma} x_i \eta_\sigma^M n_{i\sigma} \; . \qquad (6.14)$$

In der zweiten Zeile wurde das Potential der magnetischen Gitterplätze η_σ^M eingeführt. Eine einfache Wahl wäre es nun, dieses Potential mit den Energien des unendlich schmalen Bandes (Abschnitt 2.4.2) gleichzusetzen[118]. Allerdings sind auch Störstellen in einem System nicht als isoliert zu betrachten. Im Grenzfall $x \to 1$ würde sich dann auch nicht das Verhalten eines konzentrierten Systems, wie durch die MCDA oder ISA beschrieben, einstellen.

Es liegt also nahe, einen anderen Ansatz zu suchen. So kann man anstelle der atomaren Energien die Selbstenergien des konzentrierten Systems einsetzen. Eine allgemeine Wahl lautet nun

$$c^{\text{NM}} = 1 - x, \qquad \eta^{\text{NM}} = T_0^{\text{NM}} \qquad \text{nicht-magnetisch} \qquad (6.15)$$

$$c^{\text{M}} = x, \qquad \eta_\sigma^{\text{M}}(E) = M_\sigma(E) + T_0^{\text{M}} \qquad \text{magnetisch} \; . \qquad (6.16)$$

Die $M_\sigma(E)$ sind nun die Selbstenergien des konzentrierten Systems, z.B. der ISA oder MCDA. Diese sind nun energieabhängig, weshalb man von einer dynamischen Legierungsanalogie (*dynamical alloy analogy*, DAA) spricht [119, 115, 120]. Die zwei Legierungskomponenten bestehen dann aus magnetischen und unmagnetischen Gitterplätzen (bezogen auf den lokalisierten Spin). Da dies im Allgemeinen durch unterschiedliche Atome bewerkstelligt wird, können sie auch unterschiedliche chemische Eigenschaften haben. Deshalb ist es auch möglich, dass verschiedene Bandschwerpunkte T_0^{NM} bzw. T_0^{M} existieren.

Direkte Legierungsanalogie

Ein erster Schritt bei der Legierungsanalogie ist es, das Problem des konzentrierten Systems zu lösen. Es wird also

6.1. Verdünnte ungeordnete Systeme

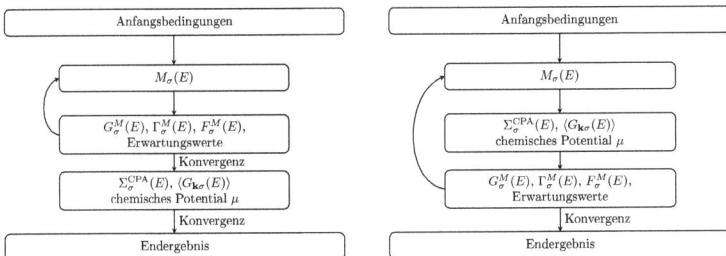

Abbildung 6.1.: Flussdiagramme der Legierungsanalogien im MCDA-Formalismus. *links:* Direkte Legierungsanalogie. Die Konvergenzzyklen des magnetischen Untersystems und des CPA-Komplettsystems sind getrennt. *rechts:* In der erweiterten Legierungsanalogie bilden das magnetische Untersystem und das verdünnte Gesamtsystem einen gemeinsamen Selbstkonsistenzzyklus.

(1.) die Selbstenergie $M_\sigma(E)$ berechnet

(2.) daraus die GF des konzentrierten Systems $G_{\mathbf{k}\sigma}(E) = (E - \epsilon(\mathbf{k}) - M_\sigma(E))^{-1}$

(3.) dann entsprechende Erwartungswerte

bis eine Selbstkonsistenz erreicht ist. Daraufhin hat man ein Potential $\eta_\sigma^M(E) = M_\sigma(E)$, welches in die CPA-Formel (6.7) einsetzt wird und damit die Selbstenergie des verdünnten Systems ergibt. Diese Abgrenzung von magnetischen Untersystem und verdünnten Komplettsystem hat aber ein paar Nachteile. So ist physikalisch intuitiv verständlich, dass beide Systeme sich gegenseitig beeinflussen sollten. Auch die Bestimmung von Erwartungswerten im magnetischen Untersystem gestaltet sich schwieriger, da diese meist über das Spektraltheorem berechnet werden. In dessen Formel (2.13) kommt aber das chemische Potential μ über die Fermifunktion vor, welches im Gesamtsystem bestimmt werden muss. Es stellt sich also die Frage, wie dieses Konzept verbessert werden kann.

Erweiterte Legierungsanalogie

Es ist von Nachteil, dass in der direkten Legierungsanalogie das magnetische Untersystem vom Komplettsystem abgegrenzt worden war. Dies ist unter anderem dadurch der Fall, dass die GF des Untersystems direkt aus dessen Selbstenergie berechnet wurde und damit keine explizite Verbindung zu dem verdünnten System existierte. Deshalb wird in dieser Arbeit eine erweiterte Legierungsanalogie vorgeschlagen, die diese Probleme umgeht.
Innerhalb des MCDA-Formalismus (Abschnitt 3.2) kann dieses Vorgehen nämlich etwas verändert werden. Wegen der einfacheren Struktur, soll hier die MCDA ohne explizite Berücksichtigung der Doppelbesetzung besprochen werden. Nimmt man den Hamilton-Operator (6.13) zum Aufstellen der Bewegungsgleichung der Ein-Elektron-GF so ergibt

6. Verdünnte ungeordnete magnetische Systeme und magnetische Filme

sich

$$EG_{ij\sigma}(E) = \delta_{ij} - \sum_l T_{il} G_{lj\sigma}(E) - \frac{J}{2} x_i (z_\sigma \langle S^z \rangle + z_\sigma \Gamma_{iij\sigma}(E) + F_{iij\sigma}(E)) \ . \quad (6.17)$$

Dies ist bis auf das x_i vor den höheren Green-Funktionen die gleiche BGL wie beim konzentrierten Gitter (3.35). Will man jetzt die GF der magnetischen Komponente berechnen, kann man näherungsweise das $x_i = 1$ setzen. Wenn man jetzt wie im Fall des konzentrierten Gitters weiter rechnen würde, bekäme man die gleiche Selbstenergie $M_\sigma(E)$. Würde diese direkt selbstkonsistent bestimmen und als Legierungspotential festlegen, dann wäre dies die direkte Legierungsanalogie.
Es soll jetzt aber eine leicht modifizierte Vorgehensweise besprochen werden. Es dient aber auch jetzt die Wahl $x_i = 1$ in (6.17) als Startpunkt. Durch einen Index „M" an den GF und Erwartungswerten soll darauf hingewiesen werden, dass es sich eigentlich nur um ein Teilsystem handelt, welches noch mit dem Gesamtsystem wechselwirkt. Man erhält aus (6.17)

$$EG_{ij\sigma}^M(E) = \delta_{ij} - \sum_l T_{il} G_{lj\sigma}^M(E) - \frac{J}{2} (z_\sigma \langle S^z \rangle^M + z_\sigma \Gamma_{iij\sigma}^M(E) + F_{iij\sigma}^M(E)) \ . \quad (6.18)$$

Dies ist natürlich immer noch die gleiche formale Struktur wie im konzentrierten Gitter. Dem zur Folge erhält man auch die gleichen (formalen) Bestimmungsgleichungen für $\Gamma_{iij\sigma}^M(E)$ und $F_{iij\sigma}^M(E)$ wie in den Gleichungen (3.74) bis (3.78). Die Selbstenergie ist dann

$$M_\sigma(E) = -\frac{J}{2} (z_\sigma (\langle S_i^z \rangle^M + \Gamma_\sigma^M(E)) + F_\sigma^M(E)) \ , \quad (6.19)$$

wobei $\Gamma_\sigma^M(E)$, $F_\sigma^M(E)$ lokale Größen sind. Insbesondere sind diese, und damit auch die Selbstenergie, Funktionale der lokalen GF $G_{\pm\sigma}^M(E)$.
Ab jetzt ändert sich das Verfahren. Anstatt $G_{\mathbf{k}\sigma}^M = (E - \epsilon(\mathbf{k}) - M_\sigma(E))^{-1}$ zu wählen, benutzt man die allgemeine Darstellung der lokalen GF einer Legierungskomponente. Diese lässt sich nach Ref. [117] über

$$G_{ii\sigma}^\nu(E) = \frac{\langle G_{ii\sigma}(E) \rangle}{1 - (\eta_\sigma^\nu(E) - \Sigma_\sigma^{\mathrm{CPA}}(E)) \langle G_{ii\sigma}(E) \rangle}, \quad \nu = \mathrm{M, NM} \quad (6.20)$$

bestimmen. Die GF des Untersystems steht also über die GF $\langle G_{ii\sigma}(E) \rangle$ und die Selbstenergie $\Sigma_\sigma^{\mathrm{CPA}}(E)$ im direkten Zusammenhang mit dem verdünnten Gesamtsystem. Als entscheidende Änderung soll in die Formeln für $\Gamma_\sigma^M(E)$, $F_\sigma^M(E)$ nun die projizierte GF $G_\sigma^M(E)$ eingesetzt werden[1]. Aus den so berechneten Funktionen $\Gamma_\sigma^M(E)$, $F_\sigma^M(E)$ erhält man wieder die Selbstenergie und die zu deren selbstkonsistenten Berechnung benötigten Erwartungswerte *des magnetischen Untersystems* $\langle n_\sigma \rangle^M$, Δ_σ^M und γ_σ^M (vgl. Anhang A.1). Die Selbstenergie wird dann wieder über $\eta_\sigma^M = M_\sigma(E)$ zur Bestimmung der CPA-Selbstenergie durch (6.7), (6.11) benutzt.

---
[1] Also eben nicht die direkte berechnete GF $G_{ii\sigma} = (1/N) \sum_\mathbf{k} (E - \epsilon(\mathbf{k}) - M_\sigma(E))^{-1}$!

6.1. Verdünnte ungeordnete Systeme

Insgesamt erhält man dadurch eine „erweiterte" Selbstkonsistenz, bei der neben der magnetischen Wechselwirkung (6.17) des konzentrierten Systems und der allgemeinen CPA-Gleichung (6.7), (6.11) außerdem die Verbindung der magnetischen Komponente zum Gesamtsystem (6.20) erfüllt ist.

Der Selbstkonsistenzzyklus gestaltet sich nun wie folgt:

(1.) Vorgabe der Selbstenergie $M_\sigma(E) = \eta_\sigma^M$

(2.) Bestimmung der GF des verdünnten Systems $\langle G_{\mathbf{k}\sigma}(E)\rangle$ über (6.7, 6.8) und daraus das chemische Potential μ

(3.) Bestimmung von $G_\sigma^M(E)$ über (6.20)

(4.) Berechnung von $\Gamma_\sigma^M(E)$, $F_\sigma^M(E)$ nach (3.76) und die daraus folgenden Erwartungswerte des magnetischen Untersystems sowie die Selbstenergie $M_\sigma(E)$

(5.) Wiederholen des Zyklus bis zur Selbstkonsistenz

Durch diese Vorgehensweise wird das magnetische Untersystem viel mehr in das Gesamtsystem eingebunden und deren Zusammenhang stärker berücksichtigt. Insbesondere sind die Erwartungswerte des magnetischen Untersystems berechenbar, die sich im Allgemeinen von denen des Gesamtsystems unterscheiden. Dieser Unterschied hat erheblichen Einfluss auf das magnetische Verhalten des Gesamtsystems[121].

Die Flussdiagramme der beiden beschriebenen Methoden finden sich Abbildung 6.1. In dieser Arbeit wird allerdings nur die erweiterte Legierungsanalogie verwendet.

Entropie bei Verdünnung

Wie beim Antiferromagneten soll die Formel (4.73) für die elektronische Entropie weiterhin gelten. Die Besetzungszahlen der Elektronen kommen aber aus dem CPA-Formalismus.

Die in Abschnitt 4.2.2 gemachten Vereinfachungen beruhen im Wesentlichen auf die Unabhängigkeit der einzelnen Momente, was auch beim verdünnten System angenommen werden soll. Hier sind nur xN Plätze mit Spins besetzt. Somit ist

$$S_M^{\text{lok}}(0, x) = x S_M^{\text{lok}}(0, x = 1) \ . \tag{6.21}$$

Es ist hierbei darauf zu achten, dass die Magnetisierungen M bzgl. der magnetischen Komponente des Gitters definiert sind. Also bedeutet z.B. $M = S$, dass die Spins der magnetischen Gitterplätze gesättigt sind (und nicht etwa $M = xS$).

Vernachlässigung der Doppelbesetzung

Die Form der dynamischen Legierungsanalogie lässt es nicht zu, die D-MCDA zu verwenden. Deren Green-Funktion hat die allgemeine Form

$$G_{\mathbf{k}\sigma}^{\text{D-MCDA}}(E) = \frac{1 + M_\sigma^{(2)}(E)}{E - \epsilon(\mathbf{k}) - M_\sigma^{(1)}(E)} \ . \tag{6.22}$$

6. Verdünnte ungeordnete magnetische Systeme und magnetische Filme

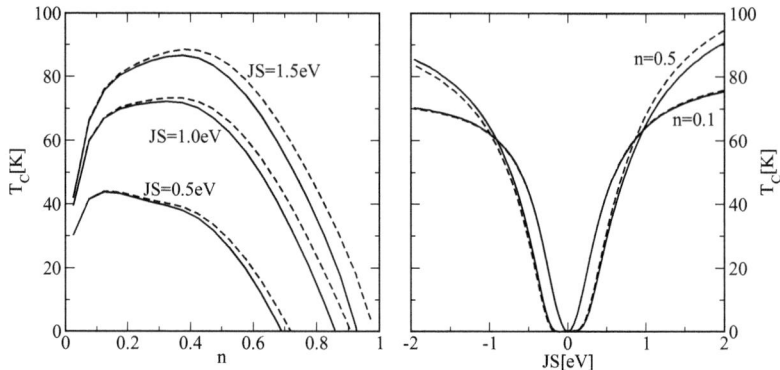

Abbildung 6.2.: Vergleich der Curietemperaturen der D-MCDA (durchgezogen) und der MCDA(0) (gestrichelt) bei hohem Spin $S = \frac{15}{2}$. Durch $S \gg 1$ und damit $S + 1 \approx S$ sind die EB- und DB-Pole fast gleich. Deshalb ergeben sich nur geringe Unterschiede bei den Curietemperaturen zwischen beiden Näherungen. Parameter: $W = 1\text{eV}$

Das dynamische spektrale Gewicht $1 + M_\sigma^{(2)}(E)$ verhindert hier die Legierungsanalogie[2]. Bei den MCDA-Methoden ohne explizite Betrachtung der Doppelbesetzung ist der energieabhängige Teil $M_\sigma^{(2)}(E)$ nicht vorhanden. Allerdings zeigten diese Methoden auch diverse Schwächen. Wie ist dieser Nachteil nun zu umgehen?
Man hat in den Abschnitten 5.1.1 und 5.2.2 gesehen, dass es für verschiedene Spinquantenzahlen S bei gleichen JS und $J > 0$ kaum Unterschiede bzgl. magnetischer Phasen bzw. Curietemperaturen gibt. Somit ist hier die Wahl eines konkreten S nicht entscheidend. Des Weiteren unterscheiden sich die jeweiligen Pole der Einzel- und Doppelbesetzung

- $E_{EB}^{(1)} = -\frac{1}{2}JS$, $E_{DB}^{(1)} = -\frac{1}{2}J(S+1)$
- $E_{EB}^{(2)} = +\frac{1}{2}J(S+1)$, $E_{DB}^{(2)} = +\frac{1}{2}JS$

nur um die zum Spin additive „Eins". Diese hat kaum noch Einfluss, wenn man zu hohen Spins $S \gg 1$ übergeht und die entsprechenden EB/DB-Pole fallen zusammen. Dadurch unterscheiden sich die Methoden der MCDA(x) aus Einzelbesetzungsnäherungen kaum von der D-MCDA.
Ist man nun vorrangig an Magnetisierungskurven oder Curietemperaturen interessiert,

---

[2] Das spektrale Gewicht $1 + M_\sigma^{(2)}(E)$ ist im Allgemeinen komplexwertig und müsste zu den Konzentrationen der CPA hinzugefügt werden. Nun kann man einwenden, dass bei der dynamischen Legierungsanalogie schon komplexe Potentiale aus den Selbstenergien verwendet wurden und damit auch komplexe Gewichte/Konzentrationen benutzt werden könnten. Eine numerische Auswertung zeigt aber, dass dabei keine sinnvollen Ergebnisse entstehen.

6.1. Verdünnte ungeordnete Systeme

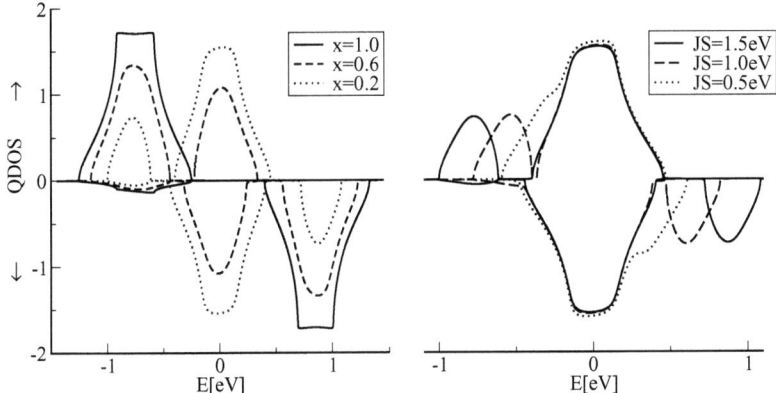

Abbildung 6.3.: Zustandsdichten des verdünnten Systems für verschiedene x (*links*) und J (*rechts*). Der korrelierte Teil der Zustandsdichte entsteht bei den Polen des konzentrierten Systems ($-\frac{1}{2}JS$, $\frac{1}{2}J(S+1)$) und der unkorrelierte bei $T_0^{NM} = 0$. Das spektrale Gewicht der korrelierten Bänder pro Spinrichtung entspricht der Konzentration x. Parameter: *links*: $JS = 1.5$eV *rechts*: $x = 0.2$ alle: $S = \frac{15}{2}$, $M = S$, $W = 1$eV, $n = 0.1$, $T_0^{NM} = 0$, MCDA(0)

so genügt es also für positive J auf hohe Spins bei entsprechender Kopplung JS auszuweichen. Die geringen Unterschiede zwischen der D-MCDA und der MCDA(0) bzgl. der T_Cs sind in Abb. 6.2 gezeigt. So soll im Folgenden für positive J die MCDA(x)-Methoden in guter Näherung verwendet werden. Sollten statt Elektronen Löcher (mit Besetzung p) betrachtet werden, gilt das gleiche für *negative* J, da hier die Relation $J, n, \epsilon(\mathbf{k}) \Leftrightarrow -J, p, \epsilon(-\mathbf{k})$ gilt[122].

6.1.3. Phasendiagramme verdünnter Systeme bei verschwindender Temperatur

Die Phasendiagramme werden wie üblich durch einen Vergleich der inneren Energien der verschiedenen Phasen bestimmt. Als erstes ist es daher interessant, welchen Einfluss die Verdünnung auf die Quasiteilchenzustandsdichten hat. Die QDOS spaltet sich im Wesentlichen in zwei Anteile - den unkorrelierten und den korrelierten (Abb. 6.3). Der korrelierte entsteht durch die Wechselwirkung der Elektronen mit den magnetischen Störstellen. Dem zur Folge hat er auch die Pole bei den Positionen des konzentrierten Systems. Diese sind bei den hier benutzten großen Spins ungefähr bei $\pm\frac{1}{2}JS$. Der unkorrelierte Teil entsteht durch die nicht-wechselwirkenden Ladungsträger und befindet sich um $E \approx 0$ bzw. im Allgemeinen bei dem Bandschwerpunkt um $E \approx T_0^{NM}$. Durch Hybridisierung mit dem korrelierten Band verschiebt es sich spinabhängig aus der Position des komplett freien Systems (Hybridisierungsabstoßung). Das gesamte spektrale Gewicht der Unterbänder ist x für die korrelierten und $1 - x$ für die unkorrelierten Bän-

6. Verdünnte ungeordnete magnetische Systeme und magnetische Filme

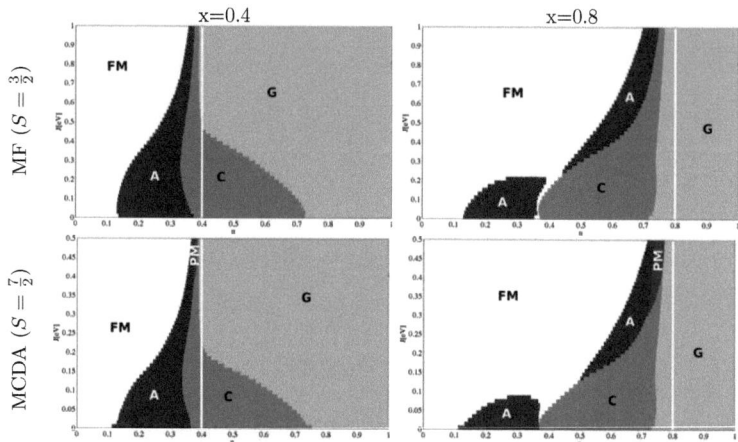

Abbildung 6.4.: Phasendiagramme für zwei verschiedene Verdünnungen (*links: $x = 0.4$ rechts: $x = 0.8$*) In der Meanfieldnäherung und der MCDA. Die weißen Linien entsprechen $n = x$. Man beachte, dass für $J \to 0$ alle Konzentrationen die gleichen Phasenabfolgen/-bereiche haben, also insbesondere die des konzentrierten Gitters (vgl. Abb. 5.6). Parameter: $W = 1.0$eV

der (pro Spinrichtung). Ebenfalls verändert sich deren effektive Bandbreite W^{eff}. Das Quadrat der Bandbreite kann allgemein aus den Schwankungen der Energieeigenwerte um den Mittelwert[123] ausgedrückt werden

$$W^2 = \langle (E - \langle E \rangle) \rangle = \sum_{m \neq n} |T_{nm}|^2 \ . \tag{6.23}$$

Die Hoppingmatrixelemente T_{nm} sind genau dann nicht null wenn die Atome an Plätzen n und m gleich sind[3]. Führt man eine Konfigurationsmittlung durch, so ist die Wahrscheinlichkeit, dass sich am Platz m das gleiche Atom befindet gleich der Gesamtkonzentration x der entsprechenden Legierung. Somit ist[112]

$$\langle W^2 \rangle = x \sum_{m \neq n} |T_{nm}|^2 \tag{6.24}$$

und die korrelierten Unterbänder haben eine effektive Bandbreite $W^{\text{eff}} \approx \sqrt{x}W$.

Diese prinzipiellen Eigenschaften der QDOS des verdünnten Systems verändern dann auch die Phasendiagramme (Abb. 6.4)[124]. Für große JS sind die korrelierten Bänder von den unkorrelierten getrennt. Dadurch wird für $n < x$ nur das untere korrelierte Band besetzt. Das Phasendiagramm verhält sich hier sehr ähnlich zum konzentrierten

---
[3]Diese Annahme ist nur für große Kopplungen $JS > W$ gerechtfertigt. Bei kleinen JS überlagern sich das korrelierte und das unkorrelierte Band und W^{eff} steigt (vgl. Abb. 6.5).

6.1. Verdünnte ungeordnete Systeme

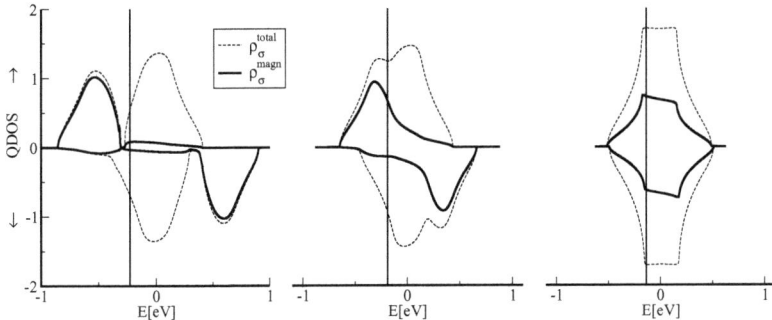

Abbildung 6.5.: Projizierte Zustandsdichten des magnetischen Untergitters $\rho_\sigma^{\mathrm{magn}}(E)$ (korreliertes Band, durchgezogene Linie) für verschiedene JS (*links:* $JS = 1\mathrm{eV}$, *mitte:* $JS = 0.5\mathrm{eV}$ und *rechts:* $JS = 0.05\mathrm{eV}$). Zur Orientierung ist die Zustandsdichte des Gesamtsystems $\rho_\sigma^{\mathrm{total}}(E)$ ebenfalls angegeben (dünne gestrichelte Linie). Senkrechte Linien stehen für das chemische Potential. Bei der hier verwendeten Bandbesetzung ist das untere korrelierte Sub-Band für große JS komplett gefüllt. Wandert dieses bei kleineren JS in das unkorrelierte, sinkt die effektive Füllung des *korrelierten* Bandes. Parameter: $S = \frac{15}{2}$, $W = 1\mathrm{eV}$, $n = 0.5$, $x = 0.4$, MCDA(0)

Fall, wenn man es bzgl. einer effektiven Füllung $n^{\mathrm{eff}} = n/x$ betrachtet. Für $n^{\mathrm{eff}} \to 1$ geht das System wie üblich in die AFg-Phase über. Diese bleibt dann bei $n > x$ erhalten. Für kleinere Kopplungen JS wandert dann das korrelierte Band in das unkorrelierte (Abb. 6.5). Somit werden auch Zustände nicht wechselwirkender Elektronen besetzt. Dadurch sinkt die Anzahl der Elektronen in den Zuständen des magnetischen Untersystems und das korrelierte Band ist weniger als halbgefüllt. Es entstehen die Phasen der neuen (kleineren) effektiven Füllung. Interessant ist das Verhalten bei $J \to 0$. Hier sind unabhängig von der Konzentration der magnetischen Störstellen die gleichen Phasenbereiche vorhanden (FM: $n \lesssim 0.15$, AFa $0.15 \lesssim n \lesssim 0.35$, AFc $0.35 \lesssim n \lesssim 0.75$ und AFg $0.75 \lesssim n$, vgl. auch konzentriertes Gitter). Das System geht hier in das fast freie System über, d.h. das Potential der magnetischen Störstellen η^{M} ist beinahe null. In diesem Bereich ist die sogenannte VCA (*virtual crystal approximation*) eine gute Näherung. Hier wird, im Gegensatz zur CPA, *nur* die Kopplung mit der Konzentration skaliert $J \to xJ$. Da die Kopplung von vornherein klein ist, ist die tatsächliche Stärke und damit die Konzentration von untergeordneter Bedeutung für die Phasenabfolge. Es bleibt also das Bild des konzentrierten Gitters für $J \to 0$. Entscheidend ist, dass sich die Zustände der Störstellen durch Hybridisierung mit dem Komplettsystem nicht nur bei $E \approx 0$ sondern in dem gesamten Bereich des unkorrelierten Bandes befinden. Dies führt zu gleicher effektiver Füllung für alle Konzentrationen und damit zu gleichen Phasenbereichen.
Dieses Verhalten bei kleinen J würde sich nicht mehr einstellen, wenn das korrelierte und das unkorrelierte Band unterschiedliche Bandschwerpunkte $T_0^{\mathrm{(N)M}}$ hätten. Würde z.

6. Verdünnte ungeordnete magnetische Systeme und magnetische Filme

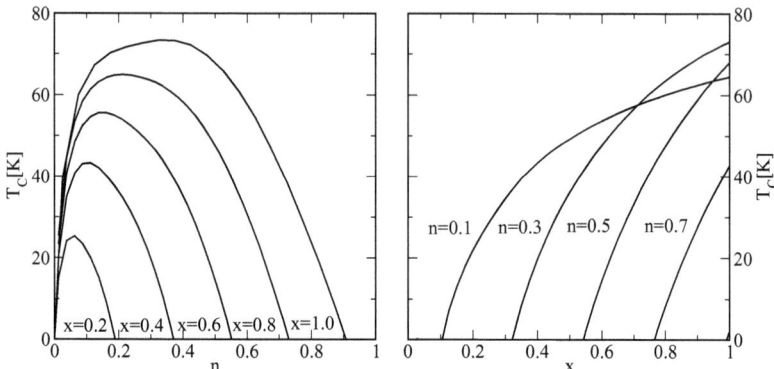

Abbildung 6.6.: Curietemperaturen bzgl. n (*links*) und x (*rechts*) im Bereich starker Kopplung. Ab einer effektiven Füllung $n^{\text{eff}} = n/x > 1$ gibt es keinen Ferromagnetismus. Man beachte den ungefähr wurzelförmigen Anstieg $T_C \sim \sqrt{x}$ im rechten Diagramm. Dieser ist bei starken Kopplungen durch die effektive Bandbreite $W^{\text{eff}} \sim \sqrt{x}$ und $T_C \sim W^{\text{eff}}$ gegeben. Parameter: $JS = 1\text{eV}$, $S = \frac{15}{2}$, $W = 1\text{eV}$

B. das unkorrelierte Band energetisch weit nach oben geschoben, so würden (zumindest für $n < 2x$) nur die korrelierten Bänder besetzt. Es würde sich dann auch bei kleinen J das Verhalten des konzentrierten Gitters bzgl. der effektiven Füllung $n^{\text{eff}} = n/x$ einstellen. Die Auswirkung einer Verschiebung der Bandschwerpunkte wird noch bei der Betrachtung endlicher Temperaturen genauer untersucht.

6.1.4. Ferromagnetismus bei endlichen Temperaturen

Es ist sinnvoll, noch einmal die wichtigsten Eigenschaften des reinen konzentrierten Kondo-Gitter-Modells zusammenzufassen. Die drei wesentlichen Parameter[4] sind hier n, J und W. Ferromagnetismus wird allgemein durch ein größeres $|J|$ verstärkt. Dabei gehen die erreichbaren Curietemperaturen in Sättigung mit wachsendem $|J|$ (Grenzfall des Doppelaustausches). Des Weiteren wird bei größeren n ein bestimmtes kritisches J_C benötigt, um überhaupt ein endliches T_C zu erhalten. Für $n \to 1$ (Halbfüllung) sind gar keine positiven T_Cs möglich, während die höchsten Übergangstemperaturen bei Viertelfüllung erreicht werden. Die Bandbreite des freien Systems W bestimmt die Bereiche schwacher ($JS < W$) und starker ($JS > W$) Kopplung. Die Wirkung auf T_C ist in beiden Bereichen entgegengesetzt. So verringert bei schwacher Kopplung (RKKY-Grenzfall) die Bandbreite die Curietemperatur wie $T_C \sim \frac{1}{W}$, während bei starker Kopplung $T_C \sim W$ gilt.

Diese Grundeigenschaften bleiben auch beim verdünnten KLM erhalten. Allerdings sind

---
[4] Die Spinquantenzahl S wird hier wegen der Beschränkung auf große Spins nicht betrachtet.

6.1. Verdünnte ungeordnete Systeme

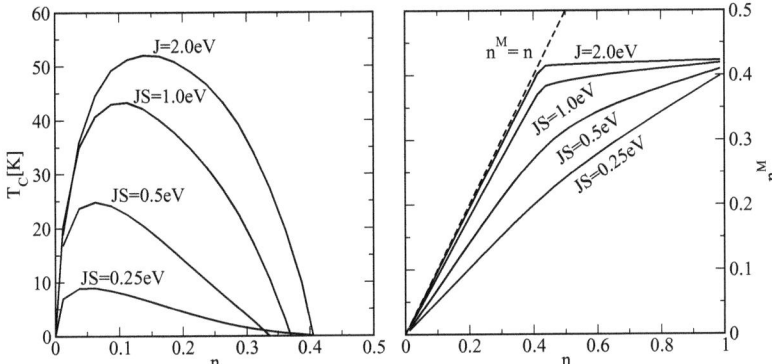

Abbildung 6.7.: *links:* Curietemperaturen bzgl. n von schwacher bis starker Kopplung. *rechts:* Ladungsträgerdichte im magnetischen Untersystem. Bei starker Kopplung sind fast alle Ladungsträger im magnetischen Untersystem. Deshalb wird schnell Halbfüllung bei $n^M \approx x$ erreicht (an der Position des „Knicks" im rechten Bild). Bei schwacher Kopplung überlagern sich korrelierte und unkorrelierte Bänder und Halbfüllung der magnetischen Bänder wird erst bei $n \approx 1$ erreicht. Da n^M nur sehr schwach mit n ansteigt, ist der Bereich endlicher T_Cs bzgl. n größer als für die kleinen positiven J üblich (vgl. Abb. 5.18 für das konzentrierte Gitter). Tatsächlich erweitert sich das Intervall endlicher Curietemperaturen beim Übergang $JS = (0.5 \to 0.25)$eV. Parameter: $x = 0.4$, $S = \frac{15}{2}$, $W = 1$eV

hier nicht die Größen des Gesamtsystems entscheidend (n, W), sondern die daraus zu ermittelnden Entsprechungen im magnetischen Untersystem (n^M, W^{eff}).
Abbildung 6.6 zeigt die Curietemperaturen bzgl. der Gesamtelektronendichte n. Da die korrelierten Unterbänder ein gesamtes spektrales Gewicht von $2x$ haben ist Halbfüllung (bei starken Kopplungen) somit bei $n \approx x$ erreicht. Es existieren keine positiven T_Cs oberhalb dieser Grenze[5]. Des Weiteren sinkt T_C bei kleineren Konzentrationen x ab. Dies geschieht nach einem ungefähr wurzelförmigen Verlauf. Warum ist dies nun so? Hier treten zwei Effekte auf. Als erstes ändert sich das spektrale Gewicht des korrelierten Bandes mit dem Faktor x. Für den Fall von $n < x$ ist also auch die innere Energie pro Gitterlatz $U(x) \approx xU(x=1)$. Da aber ebenfalls die Entropie um diesen Faktor skaliert wird (vgl. Abschnitt 6.1.1), ändert sich T_C wegen

$$T_C = \left.\frac{\partial_M U_0(M,x)}{\partial_M S_0(M,x)}\right|_{0^+} \approx \left.\frac{\partial_M U_0(M,x=1)}{\partial_M S_0(M,x=1)}\right|_{0^+} \quad (6.25)$$

durch diesen Effekt kaum. Der zweite Effekt ist die Reduktion der Bandbreite des magnetischen Untersystems $W \to W^{\text{eff}} \sim \sqrt{x}$. Wie im Fall des konzentrierten Systems gesehen wurde, ist T_C bei starken Kopplungen proportional zur Bandbreite und deshalb

---
[5] Ab $n \approx 2 - x$ wird das obere korrelierte Unterband gefüllt, was wieder zu positiven T_Cs führen würde.

6. Verdünnte ungeordnete magnetische Systeme und magnetische Filme

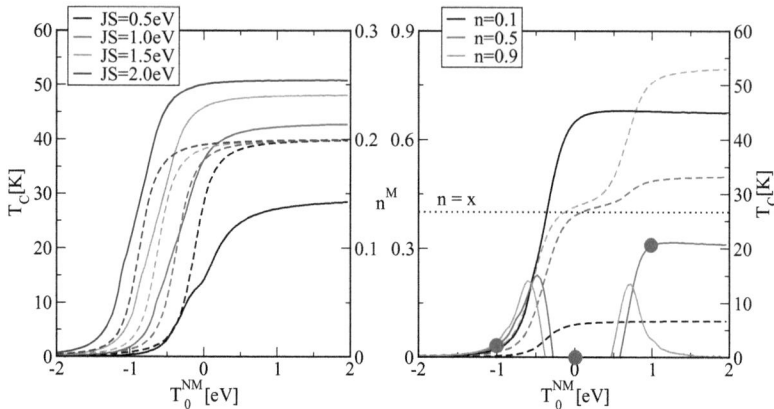

Abbildung 6.8.: *links:* Curietemperaturen (durchgezogen) und n^M (gestrichelt) bzgl. T_0^{NM} von schwacher bis starker Kopplung ($n = 0.2$). Mit steigendem T_0^{NM} steigt auch die Besetzung des magnetischen Untergitters. Weil $n_{max}^M = n = x/2$ hier Viertelfüllung bedeutet (max. T_C) erhöht sich mit n^M immer auch die Curietemperatur. *rechts:* Curietemperaturen (durchgezogen) und n^M (gestrichelt) bzgl. T_0^{NM} für verschiedene Bandbesetzungen ($JS = 1\text{eV}$). Bei großen $n > x$ ist bei bestimmten T_0^{NM} Halbfüllung möglich ($T_C = 0$). Mit weiterer Erhöhung wird das obere korrelierte Subband teilweise gefüllt und T_C steigt. Vgl. dazu auch die QDOS in Abb. 6.9 welche an den roten Punkten berechnet wurden. Parameter: $x = 0.4$, $S = \frac{15}{2}$, $W = 1\text{eV}$

gilt

$$T_C \sim W^{\text{eff}} \sim \sqrt{x} \ . \tag{6.26}$$

Diese Argumentationen sind nur eindeutig bei starker Kopplung, für die die Bänder des magnetischen Untersystems klar von denen des unkorrelierten getrennt sind. Bei schwächeren Kopplungen wird auch für $n < x$ schon das unkorrelierte Band besetzt. So ist in Abb. 6.7 zu sehen, dass hier die Besetzung des korrelierten Bandes n^M zwar mit n ansteigt, aber deutlich unter der Gesamtbesetzung n bleibt. Dadurch wird Halbfüllung des korrelierten Bandes erst wesentlich später erreicht. Deshalb ersteckt sich der Bereich positiver T_C trotz des kleinen Js über relativ viele n-Werte.
Die entscheidende Größe ist also n^M/x bzgl. der sich das verdünnte System, wie das konzentrierte bzgl. n verhält. Dies oder dann auch wieder bzgl. der effektiven Bandbreite W^{eff}. Besonderheiten des verdünnten System treten also vorrangig durch eine Veränderung dieser effektiven Größen durch die anderen Parameter J, x auf.
Ein sehr direkter Weg die Bandbesetzung zu variieren, liegt in der Veränderung des Bandschwerpunktes T_0^{NM} im Potential η^{NM} der Legierungsanalogie in (6.15). Damit kann die Position des unkorrelierten Bandes verändert werden. Unter anderem kann es z.B. unterhalb der korrelierten Bänder liegen und damit vorrangig besetzt werden.

6.1. Verdünnte ungeordnete Systeme

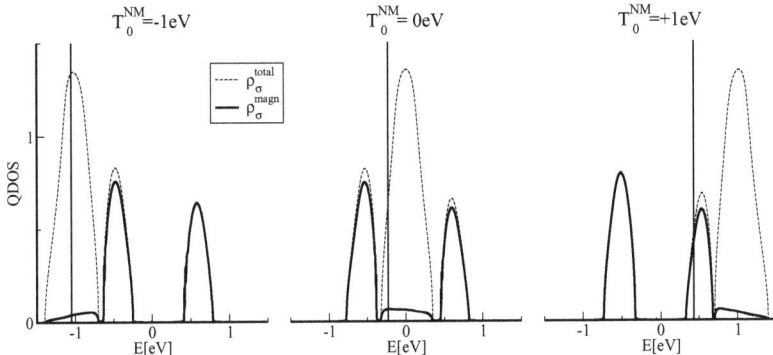

Abbildung 6.9.: Paramagnetische QDOS des Gesamtsystems (gestrichelt) und des magnetischen Untergitters (durchgezogen) für verschiedene T_0^{NM} im Fall $x < n < 1 - x$. Senkrechte Linien bezeichen das chemische Potential. Bei niedrigen Bandschwerpunkten (*links*) ist das unkorrelierte Band unter dem korrelierten. Es gibt damit kaum Besetzung auf magnetischen Gitterplätzen. Steigt T_0^{NM} wird das korrelierte Band teilweise gefüllt und auch T_C erhöht sich bis zur Viertelfüllung und sinkt danach wieder. Bei Halbfüllung (*mitte*) ist $T_C = 0$. Schiebt sich das unkorrelierte Band über das obere korrelierte Subband, so wird dieses wieder teilweise gefüllt. Parameter: $n = 0.5$, $JS = 1$eV, $x = 0.4$, $S = \frac{15}{2}$, $W = 1$eV

Dies hat starke Auswirkungen auf T_C. In Abbildung 6.8 sind diese Zusammenhänge zu sehen. Ein einfacher Fall ist $n < x/2$, wo die maximale Füllung der korrelierten Bänder Viertelfüllung entspricht. Da Viertelfüllung, zumindest bei großen JS, maximales T_C bedeutet, steigert eine Erhöhung von n^M *immer* die Curietemperatur.
Liegt das unkorrelierte Band sehr tief, so nimmt für $n < 1 - x$ dieses Band alle Ladungsträger auf. Deshalb befinden sich kaum Ladungsträger im korrelierten Band, was ein verschwindendes T_C zur Folge hat. Mit Verschiebung des unkorrelierten Bands zu energetisch höheren Position kommt diese Band in den Bereich des korrelierten, was einen Anstieg von n^M bedeutet. Somit steigt T_C. Für $x/2 < n < x$ kann es zu einem Absinken der Curietemperaturen kommen, da Viertelfüllung überschritten werden kann.
Etwas komplizierter wird es für den Fall $n > x$. Hier tritt anfangs, d.h. mit Erhöhen von T_0^{NM} aus tiefer Ausgangsposition, auch der normale Anstieg von T_C auf aber es wird irgendwann Halbfüllung erreicht (vgl. Abb. 6.9). Dort bricht der Ferromagnetismus zusammen. Eine weitere Erhöhung des Bandschwerpunkts, kann aber wieder zu Teilfüllung des *oberen* korrelierten Subbands führe, was wiederum T_C vergrößert. Ein Spezialfall liegt für $n > 2(1 - x)$ vor (ohne Abb.). Hier kann das unkorrelierte Band niemals alle Ladungsträger aufnehmen, woraus folgt, dass auch bei sehr tiefen Positionen dieses Bands T_C nicht verschwinden muss.

6. Verdünnte ungeordnete magnetische Systeme und magnetische Filme

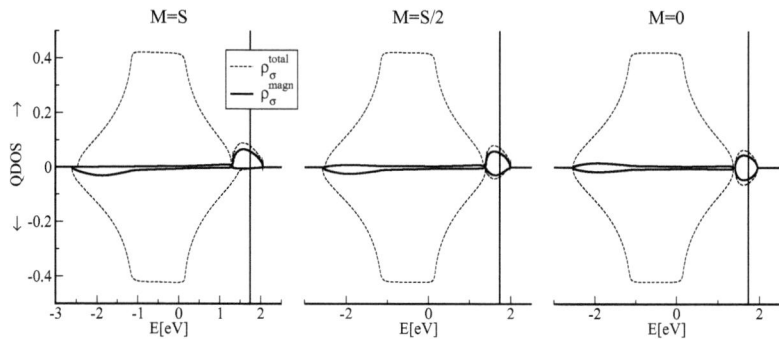

Abbildung 6.10.: Zustandsdichte bzgl. der Werte für $Ga_{1-x}Mn_x As$ für beide Spinrichtungen. Die senkrechten Linien bezeichnen das chemische Potential. Man beachte, dass die Besetzung mit Ladungsträgern wegen der Verwendung von Löchern *oberhalb* des chemischen Potentials stattfindet. Parameter: $JS = 2.5 eV$, $W = 4 eV$, $T_0^{NM} = -0.5 eV$, $x = 0.05$, $p = x/3$

6.1.5. Vergleich mit dem Experiment

Der wohl am häufigsten untersuchte verdünnte magnetische Halbleiter ist $Ga_{1-x}Mn_x As$. Erste Berichte über dessen hohe Curietemperaturen stammen von Ohno et al.[29]. Daraufhin stieg die Anzahl der Arbeiten an $Ga_{1-x}Mn_x As$ sowie von experimenteller[111, 30, 110] und theoretischer[125, 126, 127, 115] Seite stark an.

Die Dotierung von GaAs mit Mangan sorgt für magnetische Störstellen im System. Wenn Mangan Arsen ersetzt, tritt es als Mn^{2+} auf, was zu einer halbgefüllten 3d-Schale mit fünf Elektronen führt. Da die d-Niveaus deutlich unterhalb des Leitungsband liegen, stark lokalisiert sind und durch die Hundsche Regel nur Orbitale der gleichen Spinprojektion besetzt sind, formen die fünf Elektronen ein lokalisiertes Moment mit $S = \frac{5}{2}$ an allen Gitterplätzen des Mangans. Weiterhin fungiert Mn^{2+} als Akzeptor, d.h. es stellt zusätzlich als Ladungsträger ein Loch bereit. Die Ladungsträger bewegen sich in drei antibindenden *sp-d* Niveaus mit As 4p-Charakter[128]. Neben diesen *„substitutional"* Mn^{2+} kann das Mangan auch Zwischengitterplätze einnehmen. Diese nehmen erstens nicht an den magnetischen Interaktion teil und wirken zweitens als doppelter Donator, d.h. sie kompensieren zwei Löcher. Ebenso können Arsenatome zwischen den Gitterplätzen liegen (*„antisites"*), die auch als Lochakzeptoren dienen. Durch einen sorgfältigen Ausheilungsprozess (*„annealing"*) bei der Herstellung, kann die Anzahl der *„interstitial"* Manganatome und der As-*„antisites"* gegenüber der ursprünglich gewachsenen Probe (*„as-grown"*) reduziert werden[129, 110].

Es sollen nun die Parameter von $Ga_{1-x}Mn_x As$ bzgl. der vorliegenden Theorie abgeschätzt werden. Ab-initio-Rechnungen zeigen, dass der Hauptteil des Valenzbands der Löcher ungefähr eine Breite von vier Elektronenvolt hat[125]. Des Weiteren befindet sich ein Teil der auf die magnetischen Gitterplätze projizierten Zustandsdichte knapp ober-

6.1. Verdünnte ungeordnete Systeme

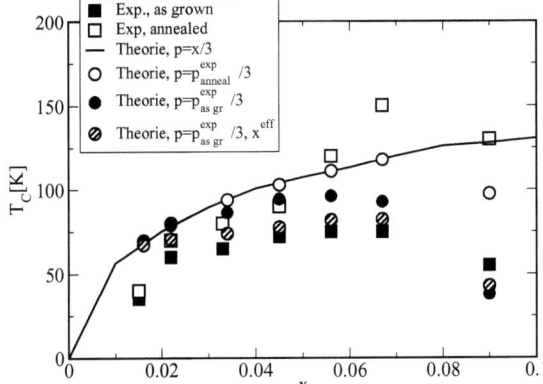

Abbildung 6.11.: Berechnete Curietemperaturen aus $p = x/3$ (durchgezogene Linie) und Lochdichten p^{exp} aus dem Experiment (Kreise) im Vergleich mit experimentell gefundenen T_Cs[110] (Quadrate). Der Herstellungsprozess der Proben („as grown", „annealed") wirkt sich auf Anzahl der Löcher und die Art der Mn-Störstellen aus („substitutional" oder „interstitial" Mn, $x^{\text{eff}} = x^{\text{subst}} - x^{\text{interst}}$, vgl. Text). Parameter: $JS = 2.5$eV, $W = 4$eV, $T_0^{\text{NM}} = -0.5$eV

halb dieses Hauptteils. Dies soll durch die Wahl eines geeigneten T_0^{NM} erreicht werden. Zur Größe der Kopplung J bzw. dem in der Halbleiterphysik benutzten Analogon $N\beta$ sind die Experimente leider nicht eindeutig. Bei Matsukura *et al.*[130] findet sich der Wert $J_{pd} = 150$eVÅ^3 ($N\beta = 3.3$eV), was einem $J = 1$eV im KLM entspricht. In [131] wird von Werten $N\beta = -1.2$eV berichtet. Da es hier um qualitative Aussagen geht soll $J = -1$eV angesetzt werden[6]. Daraus folgt mit $W = 4$eV die Wahl $T_0^{\text{NM}} = -0.5$eV, damit die Zustandsdichte des magnetischen Systems leicht oberhalb des unkorrelierten liegt (Abb. 6.10). Korrekterweise müsste man auch eine fcc-Struktur des Gitters annehmen. Darauf soll hier verzichtet werden, auch deshalb weil die mittels ab-initio berechneten Zustandsdichten tatsächlich mehr denen des einfach kubischen Gitters ähneln. Eine der wichtigsten Größen ist die Konzentration der Löcher $p = 2 - n$. So liefert jedes Manganion ein Loch, was die Wahl $p = x$ impliziert. Allerdings ist $Ga_{1-x}Mn_xAs$ ein Mehr-Band-System. Wie schon erwähnt wird das Valenzband aus drei Orbitalniveaus geformt. Damit werden also drei Bänder von einem Elektron besetzt, was einer effektiven Füllung jedes Bandes von $\frac{1}{3}x$ entspricht[132]. In der Tat würde sich ja bei $p = x$, außer in Meanfield-Rechnungen[111, 121], kein Ferromagnetismus ausbilden. Das eigentliche Mehr-Band-Modell ist also nun durch ein Ein-Band-Modell mit einer kleineren nominellen Füllung $p = x/3$ ersetzt.
Dies erlaubt nun explizite T_C-Werte auszurechnen. In Abbildung 6.11 sieht man eine

---
[6]Das negative Vorzeichen kommt durch die Art der Ladungsträger - Löcher - ins Spiel. Bei den hier verwendeten großen Spins hat das Vorzeichen keine Auswirkung auf T_C.

6. Verdünnte ungeordnete magnetische Systeme und magnetische Filme

qualitative Übereinstimmung der theoretischen mit den experimentellen Werten[7]. Schon die einfache Annahme $p = \frac{1}{3}x$ gibt den Verlauf der Curietemperaturen mit der Dotierung x gut wieder. Die Übereinstimmung verbessert sich weiter, wenn man die Ladungsträgerkonzentrationen des Experiments einsetzt und drittelt. In „*as-grown*"-Proben ist diese geringer als in denen, die „*annealed*" wurden.
Ist es nun tatsächlich gut, möglichst hohe Ladungsträgerkonzentrationen anzustreben, wie Meanfield-Rechnungen vorhersagen[111]? Immerhin bewirkt ein Annealing ja eine Erhöhung von p und T_C. Dies steht in Kontrast zu den Ergebnissen dieser Arbeit und weiteren[133, 114]. Auch bei starken Kopplungen J ist das maximale T_C bei $p = x/2$ zu finden. Dadurch dass sich aber die Lochkonzentration wegen $p = x/3 < x/2$, durch die Annahme von drei zu füllenden Bändern, unterhalb des Maximalwerts bzgl. T_C befindet, ist in diesem Bereich eine Erhöhung von p wünschenswert. Eine weitere Erhöhung $p > x/2$ führt zu einem Absinken von T_C (vgl. Abb. 6.6). Auch experimentell wird bestätigt, dass eine zu starke Erhöhung der Ladungsträgerkonzentration T_C verringert bzw. den Ferromagnetismus zerstört[134, 135].
Das Beseitigen von Mn-*Interstitials* ist allerdings immer empfehlenswert. Diese tragen nicht, oder sogar gegenteilig zum Ferromagnetismus bei. Setzt man als effektiv wirksame Konzentration $x^{\text{eff}} = x^{\text{subst}} - x^{\text{interst}}$ aus dem Experiment an, so werden die theoretischen Ergebnisse gegenüber den „*as-grown*"-Werten ohne Betrachtung der effektiv wirksamen Mankonzentration nochmals reduziert. Dies ist sofort einleuchtend, da im Bereich starker Kopplungen der Zusammenhang $T_C \sim \sqrt{x}$ gilt.
Nach den vorliegenden Ergebnissen dieser Arbeit, sollte für eine Erhöhung von T_C ein System mit möglichst hoher Kopplung, hoher Dotierung, hoher Bandbreite W und eine Ladungsträgerkonzentration $p = x/2$ gewählt werden. Außerdem sollte sich der besetzte magnetische Teil der Zustandsdichte außerhalb des Bereich des unkorrelierten Bandes befinden. Die Erhöhung der Bandbreite kann sich negativ auswirken, wenn dadurch das System in den Bereich schwacher Kopplungen gebracht wird. Natürlich sind diese Parameter im Experiment nicht einstellbar, bzw. es sind ihnen Grenzen gesetzt (bisher $x < 10\%$), aber Versuche, z.B. eine Erhöhung von x anstelle von p zu erreichen[8], scheinen (von theoretischer Seite aus) vielversprechender.

6.2. Magnetische Filme

Insbesondere nach der Entdeckung des Riesenmagnetwiderstands (*giant magnetoresistance*, GMR) in magnetischen Schichten durch Grünberg und Fert[9, 8] sind dimensionsreduzierte magnetische Systeme Gegenstand zahlreicher wissenschaftlicher Arbeiten geworden. Kernpunkt des GMRs ist, dass sich die Magnetisierungen von Schichtsystemen parallel oder antiparallel ausrichten können. Je nach der Stellung der Magnetisierungen

---

[7]Sogar die quantitative Übereinstimmung ist hier sehr gut. Aber durch die genäherte Bestimmung von J als auch W sind quantitative Aussagen nur in gewissen Grenzen möglich.
[8]Es sollte dabei nicht außer acht gelassen werden, dass neben den magnetischen Eigenschaften in DMS auch Halbleitereigenschaften benötigt werden. Dies stellt weitere Randbedingungen an die Fertigung von diesen Materialien.

6.2. Magnetische Filme

ändert sich der Widerstand. Somit ist es sehr interessant zu wissen, wann ein Material in einer bestimmten Konfiguration vorliegt. Der wohl häufigste Ansatz in der Literatur ist die Annahme eines aus lokalisierten Spins bestehenden Heisenberg-Systems. Die Interaktion der einzelnen Schichten wird durch eine Interlagenaustauschkopplung simuliert[136, 137, 138]. Durch diese effektive Wechselwirkung kann das komplexe Wechselspiel zwischen Ladungsanordnung/-transfer in den einzelnen Schichten und deren Einfluss auf den Magnetismus nicht direkt untersucht werden. Ist die wahrscheinliche Ursache des Magnetismus in einem Material die Wechselwirkung zwischen Ladungsträgern und Spins, sollte die Beschreibung des Systems eher mit dazu angepassten Modellen wie z.B. dem KLM erfolgen. Dies ist in einer Hybridbeschreibung aus Ladungsträgermodell mit einem effektiven Heisenberg-Modell schon geschehen[37, 139, 140]. Im Rahmen dieser Arbeit soll nun die Existenz der Konfigurationen im KLM ohne Zuhilfenahme eines Heisenberg-Modells erfolgen. Welche dieser Konfigurationen bevorzugt ist, hängt von deren inneren oder freien Energie ab, je nachdem ob bei verschwindender oder endlicher Temperatur gerechnet wird.

6.2.1. Schichtsysteme

Ein, zumindest formal, sehr ähnlicher Fall zum Antiferromagneten im konzentrierten Gitter (Abschnitt 3.3) tritt bei der Behandlung von Schichtsystemen auf. Der Hamilton-Operator bleibt wie in (3.127), nur dass die Untergitterindizes zu Schichtindizes werden und die Summation über Ortsindizes nur innerhalb der Schichten stattfindet:

$$H = \sum_{\substack{\langle i_\| j_\| \rangle \\ \alpha\beta\sigma}} T^{\alpha\beta}_{i_\| j_\|} c^+_{i_\|\alpha\sigma} c_{j_\|\beta\sigma} - \frac{J}{2} \sum_{i_\|\alpha\sigma} \left(z_\sigma S^z_{i_\|\alpha} n_{i_\|\alpha\sigma} + S^{\bar{\sigma}}_{i_\|\alpha} c^+_{i_\|\alpha\sigma} c_{i_\|\alpha\bar{\sigma}} \right) \tag{6.27}$$

Die Schichtindizes können nun die Werte $\alpha = 1, \ldots, N_L$ annehmen. Sie beschreiben die Verschiebung des Ortsindex $i_\|$ in der Schicht α: $R^\alpha_{i_\|} = R_{i_\|} + r_\alpha$. Die Ebenen des Systems sollen hier als unendlich groß angenommen werden und translationsinvariant innerhalb der jeweiligen Schicht sein. Man kann also in den Ebenen wie im dreidimensionalen System eine kontinuierliche Dispersion $\epsilon^{\alpha\alpha}_\|(\mathbf{k}_\|)$ bestimmen. Im Fall endlich vieler aufeinanderliegender Schichten ist dies senkrecht zu den Ebenen nicht möglich. Hier bleiben die Werte diskret und es lässt sich keine Wellenzahl in dieser Richtung definieren. Im Allgemeinen können die Inter- und Intra-Hoppingintegrale eine verschiedene Größe haben, da es sich z.B. um verschiedene Materialien handeln kann. Es soll sich aber für den etwas einfacheren Fall $T^{\alpha\beta}_{i_\| j_\|} = \frac{W^{2D}}{8} \delta^{\alpha\beta}_{i_\| j_\| + 1} + \frac{W^{2D}}{8} \delta^{\alpha\beta \pm 1}_{i_\| j_\|}$ entschieden werden. Das Hopping ist also in allen drei Raumrichtungen gleich und W^{2D} entspricht der freien Bandbreite der zweidimensionalen Schichten. Der allgemeinere Fall stellt aber kein prinzipielles Problem dar. Konkret ergibt sich für die Dispersionen eines einfach kubischen Gitters mit den Schichtebenen in xy- bzw. (100)-Richtung bei zweidimensionaler Fouriertrans-

6. Verdünnte ungeordnete magnetische Systeme und magnetische Filme

formation [37, 141]

$$\epsilon^{\alpha\beta}(\mathbf{k}_\|) = \frac{1}{N_\|} \sum_{\langle i_\|,j_\| \rangle} T^{\alpha\beta}_{i_\| j_\|} e^{i\mathbf{k}_\|(\mathbf{R}_{i_\|} - \mathbf{R}_{j_\|})} \tag{6.28}$$

die Werte

$$\epsilon_\|(\mathbf{k}_\|) = \frac{W^{2D}}{4}(\cos(ak_x) + \cos(ak_y)) + T_0 \tag{6.29}$$

$$|\epsilon_\perp(\mathbf{k}_\|)|^2 = \left(\frac{W^{2D}}{4}\right)^2 . \tag{6.30}$$

Die $\epsilon_\perp(\mathbf{k}_\|)$ wurden nur in der quadratischen Form aufgeführt, in der sie auch später vorkommen werden.
Im Spezialfall einer lokalen Selbstenergie ergibt sich dann, analog zum Antiferromagneten die Green-Funktion bzgl. der Schichtindizes:

$$G^{\alpha\beta}_{\mathbf{k}_\|\sigma}(E) = \begin{pmatrix} g^{-1}_{\mathbf{k}_\| 1\sigma}(E) & \epsilon_\perp & 0 & \ldots & \ldots & 0 \\ \epsilon_\perp^* & g^{-1}_{\mathbf{k}_\| 2\sigma}(E) & \epsilon_\perp & 0 & \ldots & \ldots \\ 0 & \epsilon_\perp^* & \ldots & \ldots & \ldots & \ldots \\ \ldots & 0 & \ldots & \ldots & \ldots & 0 \\ \ldots & \ldots & \ldots & \ldots & g^{-1}_{\mathbf{k}_\| N_L-1\sigma}(E) & \epsilon_\perp \\ 0 & \ldots & \ldots & 0 & \epsilon_\perp^* & g^{-1}_{\mathbf{k}_\| N_L\sigma}(E) \end{pmatrix}^{-1}_{\alpha\beta} \tag{6.31}$$

mit

$$g^{-1}_{\mathbf{k}_\|\alpha\sigma}(E) = E - \epsilon_\|(\mathbf{k}_\|) - M^\alpha_\sigma(E) . \tag{6.32}$$

Diese Formulierung stellt letztendlich eine Erweiterung der Behandlung des Antiferromagneten auf endliche Systeme dar. Wie bei diesem sind in der MCDA die Selbstenergien Funktionale der lokalen Schicht-Green-Funktionen:

$$M^{\text{MCDA}}_{\alpha\sigma}(E) = M^{\text{MCDA}}_{\alpha\sigma}(\{G^{\alpha\alpha}_{i_\| i_\| \pm\sigma}(E)\}, E) . \tag{6.33}$$

Die Formulierung des Schichtsystems ist bisher allgemein gehalten und auch prinzipiell lösbar. Um den numerischen Aufwand zu verringern, sollen aber nur bestimmte, höhersymmetrische Systeme aus N_L Schichten betrachtet werden, in denen nur die Deckschichten des Materials ferromagnetisch, die Zwischenschichten dagegen unmagnetisch sind (Abb. 6.12). In diesen Systemen sollen zwei Konfigurationen untersucht werden. Bei der ersten sind die Magnetisierungen der beiden Schichten parallel und bei der zweiten antiparallel zueinander. Aus Symmetriegründen sind dann beide Magnetisierungen vom Betrag gleich und es gilt $\langle S^z \rangle^{\alpha=1} = \pm \langle S^z \rangle^{\alpha=N_L}$. Dies führt, wie beim Antiferromagneten, zu der Forderung, dass die Selbstenergien der Randschichten ebenfalls spinsymmetrisch oder -antisymmetrisch sind, $M^{\alpha=1}_\sigma(E) = M^{\alpha=N_L}_{\pm\sigma}(E)$. So muss effektiv nur eine Selbst-

6.2. Magnetische Filme

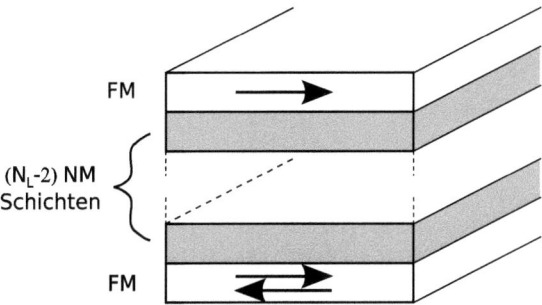

Abbildung 6.12.: Schematische Darstellung der in dieser Arbeit betrachteten Schichtsysteme. Zwischen zwei ferromagnetischen Schichten (FM) befinden sich $N_L - 2$ nicht-magnetische (NM). Die Magnetisierungen der FM Schichten können parallel oder antiparallel zueinander ausgerichtet sein.

energie berechnet werden, weil ja die Selbstenergien der unmagnetischen Zwischenschichten null sind. Der Hauptvorteil liegt aber in dem Zusammenhang der Magnetisierungen. Wären diese unabhängig voneinander, so müssten für jede Magnetisierung N_M Magnetisierungswerte zur Minimierung der freien Energie berechnet werden - im Fall von zwei unabhängigen ferromagnetischen Schichten also $(N_M)^2$, anstatt nur N_M wie beim symmetrischen System.

6.2.2. Phasendiagramme bei verschwindender Temperatur

Interessant ist die Frage welche der Konfigurationen - parallele oder antiparallele Ausrichtung der Magnetisierungen - energetisch am günstigsten ist. Aus den Erfahrungen mit den konzentrierten oder verdünnten Volumensystemen ist zu vermuten, dass sich eine antiparallele Konfiguration eher bei höheren Bandbesetzungen finden lässt. Dort waren ja auch die antiferromagnetischen Phasen vorhanden. In der Tat zeigt Abb. 6.13 dieses Verhalten. Für Zweischichtsysteme ist das Phasendiagramm sehr ähnlich zu dem konzentrierten Gitter. Die antiparallele Konfiguration ist bei hohen n zu finden und wird mit steigendem J zurückgedrängt. Dies geschieht aus sehr ähnlichen Gründen wie beim Antiferromagneten. Schaut man sich die Zustandsdichten an, so fällt auf, dass bei $N_L = 2$ die parallele Konfiguration eine wesentliche größere Bandbreite hat als die antiparallele. Wie bereits in Abschnitt 5.1.2 besprochen, führt dies zu einem Energievorteil bei kleinen/mittleren Bandbesetzungen.

Neben dem Verhalten des konzentrierten Systems nimmt das Schichtsystem bei $N_L > 2$ auch typische Eigenschaften des verdünnten Systems an. So ist die Gesamtgitterbesetzung des Systems n, aber die Konzentration in den magnetischen Schichten kann durchaus andrs sein. Liegen die mittleren Schichten energetisch höher als die Randschichten, wie hier bei $T_0^{\text{NM}} = 0$ und $|J| > 0$ der Fall, so werden die FM-Schichten vorrangig mit

123

6. Verdünnte ungeordnete magnetische Systeme und magnetische Filme

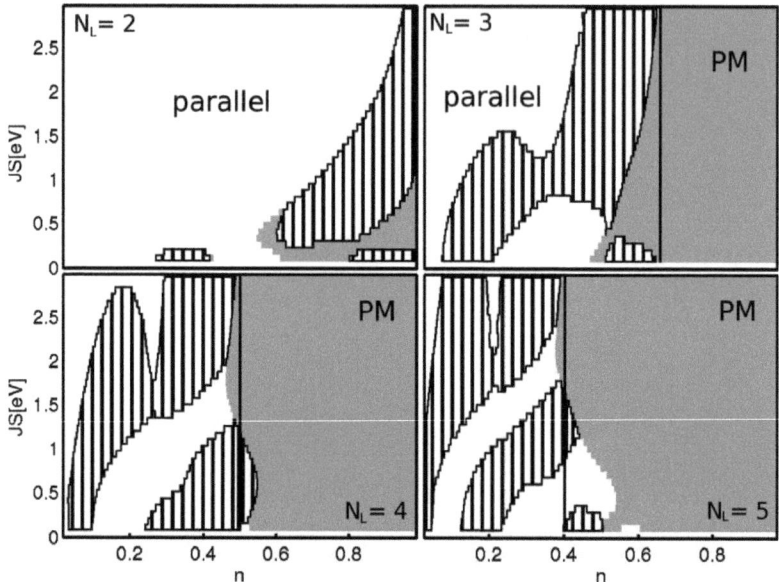

Abbildung 6.13.: Phasendiagramme von Schichtsystemen bei verschwindender Temperatur für verschiedene Schichtzahlen $N_L = 2, 3, 4, 5$. Es wird unterschieden zwischen paralleler Ausrichtung der Magnetisierungen der magnetischen Filme (weiß), antiparalleler (gestreift) und Paramagnetismus (grau). Senkrechte Linien bezeichnen die Grenze $n = 2/N_L$ (vgl. Text). Parameter: $S = 7.5$, $W^{2D} = 1\text{eV}$, $T_0^{NM} = 0$

Elektronen besetzt - im Grenzfall starker Kopplungen $JS > W$ sogar fast ausschließlich. Dies bedeutet, dass die FM-Schichten bei $n \approx 2/N_L$ halb gefüllt sind (vgl. Abb. 6.14). Auch dies ist deutlich in den Phasendiagrammen zu erkennen. Wie bei den verdünnten Systemen ist oberhalb der Grenze $n \approx 2/N_L$, bei starken Kopplungen ein Übergang in eine andere Phase zu beobachten. Im Gegensatz zur AFg-Phase ist es hier die paramagnetische[9].

Neben dem Ladungsträgertransfer zu den FM-Schichten, entstehen bei mehreren Schichten auch mehr Peaks in den Zustandsdichten - besonders in den mittleren Schichten. Außer der Bandbreite einer Phase waren aber die Peaks ein entscheidender Faktor für das Auftreten einer Phase bei einer bestimmten Bandbesetzung. Da die mittleren Schichten eher bei kleineren Kopplungen JS besetzt werden, führt das dazu, dass sich die Konfi-

---

[9]In dieser Arbeit soll sich, vorrangig aus numerischen Gründen, auf ferromagnetische Schichten beschränkt werden. Es ist natürlich auch möglich, dass die Schichten eine antiferromagnetische Ordnung besitzen und dass diese dann oberhalb $n \approx 2/N_L$ angenommen wird.

6.2. Magnetische Filme

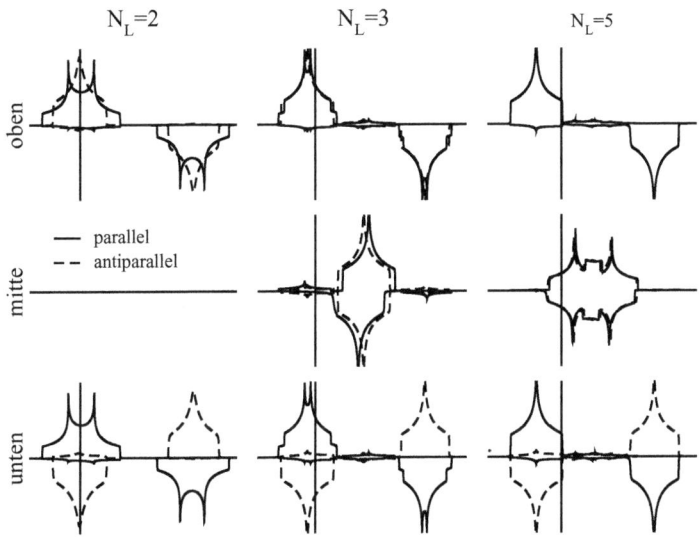

Abbildung 6.14.: Zustandsdichten für beide Spinrichtungen der einzelnen Schichten in anti-/paralleler Konfiguration. Die Magnetisierungsrichtung der oberen Schicht bleibt gleich und die der unteren ist dazu (anti-)parallel. Senkrechte Linien bezeichnen das chemische Potential (ungefähr gleich für beide Konfigurationen). Schon bei $N_L = 5$ sind kaum Unterschiede der beiden Konfigurationen zu erkennen (bis auf die Spinvertauschung in der unteren Schicht). Parameter: $S = 7.5$, $W^{2D} = 1$eV, $JS = 2$eV, $n = 0.5$, $M = S$, $T_0^{\text{NM}} = 0$

gurationen bei Systemen höherer Schichtzahl gerade hier öfter abwechseln. Dies äußert sich im Phasendiagramm durch das vermehrte Auftreten von „Streifen" und „Inseln" von einzelnen Konfigurationen.
Prinzipiell treten in den Schichtsystemen zwei bekannte Effekte aus den konzentrierten (Bandbreite) und aus den verdünnten (Ladungsträgertransfer zum/vom magnetischen Untersystem) Systemen auf. Zusätzlich ist aber ein weiterer Effekt zu beachten. Im Gegensatz zu den vorherigen Ergebnissen geht es bei der Frage nach paralleler oder antiparalleler Konfiguration nicht um die *intrinsische* Stabilität einer Phase - denn der Ferromagnetismus der Grenzschichten wird vorausgesetzt -, sondern um einen Kopplungseffekt[10]. Dieser ist in der Literatur, besonders im Bezug auf Heisenberg-Modelle, als Interlagenaustauschkopplung (*interlayer exchange coupling*) bekannt[142, 143, 144, 145, 37, 92, 146]. Wodurch wird dieser in der vorliegenden Theorie geschaffen? Die einzige Verbindung der Grenzschichten besteht durch das Hopping senkrecht zu den Schichten.

---

[10] Ein Vergleich der intrinsischen Ordnung liegt aber in den Phasendiagrammen aber ebenfalls vor. Dies ist der zwischen Ferro- und Paramagnetismus *innerhalb* der Schichten.

6. Verdünnte ungeordnete magnetische Systeme und magnetische Filme

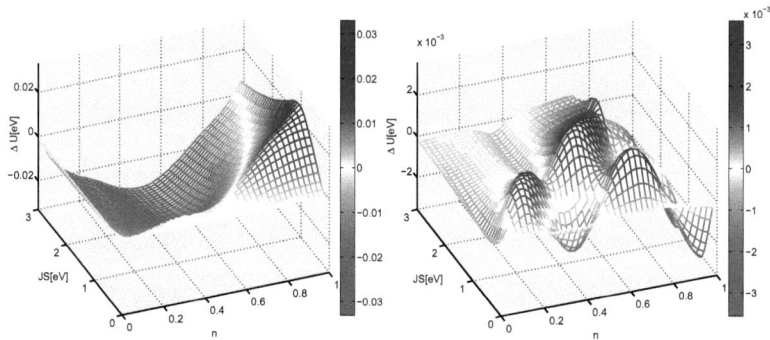

Abbildung 6.15.: Interlagen-Austauschkopplung $U^{\uparrow\uparrow} - U^{\uparrow\downarrow}$ bei zwei (*links*) und drei (*rechts*) Lagen. Negative Werte bedeuten ferromagnetischen Austausch (rot) und positive antiferromagnetischen (blau). Man beachte, dass die Größenordnung des Austauschs mit der Lagenzahl stark abnimmt. Die paramagnetische Phase wird hier nicht betrachtet. Parameter: $S = 7.5$, $W^{2D} = 1\text{eV}$, $M = S$, $T_0^{\text{NM}} = 0$

Das führt zu Hybridisierungseffekten, die die einzelnen Schichten verändern. Allerdings sind diese Effekte sehr klein. Damit die Modifikation der einen Grenzschicht die andere „erreicht" muss sie durch alle Zwischenschichten hindurch. Somit verkleinert sich der Hybridisierungseffekt exponentiell mit der Anzahl der Zwischenschichten. Dies ist in der Tat der Fall. Definiert man den Interlagenaustausch aus der Differenz der inneren Energien bei paralleler und antiparalleler Konfiguration

$$\Delta U = U^{\uparrow\uparrow} - U^{\uparrow\downarrow} \tag{6.34}$$

so zeigt sich ein stark parameterabhängiges Verhalten (vgl. Abb. 6.15). Insbesondere hat der Austausch eine stark oszillatorische Struktur. Dieser Wechsel zwischen ferro- und antiferromagnetischer Kopplung ist, allerdings bzgl. der Schichtzahl, wohlbekannt[142, 143]. Neu ist die starke Parameterabhängigkeit von den weiteren Modellparametern. Neben dem Vorzeichenwechsel verringert sich außerdem der Betrag der Austauschkopplung mit der Anzahl der Zwischenlagen - beim Übergang $N_L = 2 \to 3$ sogar um ungefähr eine Größenordnung. Eine Verstärkung des oszillatorischen Verhaltens und eine Abnahme der Kopplung ist bei einer weiteren Erhöhung der Lagenzahl zu beobachten, wobei hier, wegen der komplexen Struktur, auf eine graphische Darstellung verzichtet werden soll. Dadurch, dass das Verhalten des Systems bei $T = 0$ auch Einfluss auf endliche Temperaturen hat, werden sich diese Eigenschaften teilweise auf die Übergangstemperaturen der Konfigurationen übertragen.

6.2.3. Verhalten bei endlichen Temperaturen

Aus theoretischer Sicht ist es eigentlich unplausibel, geordnete magnetische Phasen im reinen zweidimensionalen Kondo-Gitter-Modell bei $T > 0$ zu untersuchen. Schon lange ist für das Heisenbergmodell bekannt, dass sich in dimensionsreduzierten Systemen ($D < 3$) nach dem Mermin-Wagner-Theorem keine geordnete magnetische Phase ausbilden kann. Dies trifft auch auf weitere Standard-Vielteilchenmodelle zu. Gelfert et al. [147, 148, 149] kamen zu dem allgemeinen Ausdruck

$$M_\gamma^2(T, B_0) \leq \xi_2 \frac{\beta d}{\ln\left(1 + \frac{\xi_1 k_0^2}{|B_0 M(T, B_0)|}\right)}, \qquad (6.35)$$

der für das Heisenberg-, Hubbard- und Kondo-Gitter-Modell, als auch das periodische Anderson-Modell gilt. Die ξ_i sind modell-/parameterabhängige Konstanten und k_0 die Integrationsgrenzen im **k**-Raum. Entscheidend für die Kernaussage ist aber der Fall eines verschwindenden äußeren Magnetfelds $B_0 = 0$. In diesem Fall divergiert der Logarithmus für $T > 0, (\beta = (k_B T)^{-1} < \infty)$ und endliche Schichtzahlen d. Somit ist keine endliche Schichtmagnetisierung M_γ möglich. In einer exakten Theorie wird also keine magnetische Ordnung bei $T > 0$ in einem hochsymmetrischen KLM bei $D < 3$ auftreten.

Diese Aussagen beruhen aber sehr stark auf einer hohen Symmetrie des Systems. Sobald eine kleine Störung auftritt, die sich z.B. in einem effektiven Magnetfeld B_0^{eff} äußert, lässt (6.35) die Möglichkeit geordneter Phasen bei $T > 0$ zu. Die reinen Systeme, die zu $B_0^{\text{eff}} = 0$ führen würden, sind experimentell gar nicht zugängig. Äußere Einflüsse und Abweichung von einer idealen Schichtordnung bewirken automatisch eine Symmetriebrechung. So finden sich im Experiment auch bei Filmen endliche Übergangstemperaturen, die sogar bei geringerer Schichtzahl ($d \approx 10 \ldots 20$) denen des Volumensystems nahe kommen.

Symmetriebrüche in dieser Arbeit treten z.B. durch Näherungslösungen oder die Definition bestimmter magnetischer Konfigurationen auf. Insbesondere durch nicht-magnetische Zwischenschichten weicht das System hier von der strengen Symmetrie des reinen KLMs ab. Es ist also aus experimenteller wie auch theoretischer Sicht sinnvoll, auch in dimensionsreduzierten Systemen nach kollektivem Magnetismus bei $T > 0$ zu suchen.

Um die Stabilität der Konfigurationen bzw. des Ferromagnetismus in den Schichten zu überprüfen, ist es wieder nötig, Zugriff auf die freie Energie zu haben. Da die innere Energie durch die Green-Funktionen berechenbar ist, wird noch die Entropie bei $T = 0$ benötigt. Diese steht wieder im engen Zusammenhang mit der Entropie des konzentrierten Volumensystems. Das Verhältnis von Gitterplätzen mit lokalem Moment zu den Gesamtgitterplätzen ergibt sich aus dem Verhältnis von ferromagnetischen Schichten zu Gesamtschichtzahl. Diese ist bei den hier betrachteten Systemen $2/N_L$. Wie beim verdünnten Systemen lässt sich dann die Entropie der lokalen Momente aus

$$S_0^{\text{lok,Schichten}}(M) = \frac{2}{N_L} S_0^{\text{lok,Volumen}}(M) \qquad (6.36)$$

6. Verdünnte ungeordnete magnetische Systeme und magnetische Filme

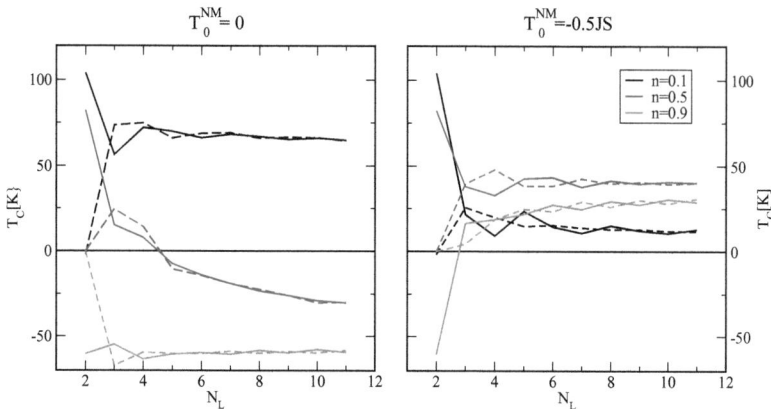

Abbildung 6.16.: Curietemperaturen in paralleler (durchgezogen) und antiparalleler Konfiguration (gestrichelt) der ferromagnetischen Schichten bzgl. der Gesamtschichtdicke. *links:* Die nichtmagnetischen Schichten verbleiben bei $T_0^{NM} = 0$. *rechts:* Die NM-Schichten haben ihren Bandschwerpunkte bei dem niedrigeren Subband der FM-Schichten ($T_0^{NM} = -\frac{1}{2}JS$). Parameter: $S = 7.5$, $W^{2D} = 1\text{eV}$, $JS = 1\text{eV}$

bestimmen (vgl. Formel (6.21)). Die Entropie der Elektronen ergibt sich ebenfalls aus der Formel des Volumensystems (4.2.4), nur dass die Besetzungszahlen $\langle n_{\mathbf{k}\sigma}\rangle$ aus der Green-Funktion des Schichtsystems berechnet werden.

Betrachtet man nun die Curietemperaturen des Gesamtsystems in den beiden Konfigurationen, so stellt sich ein schichtdickenabhängiger Verlauf ein (Abb. 6.16). Mit der Zahl der Schichten ändert sich auch, welche der Konfigurationen eine höhere Übergangstemperatur hat. Bei $N_L = 2$ hat die antiparallele Konfiguration (apK) der Magnetisierungen fast immer ein $T_C \approx 0$. Sie ist nur bei sehr wenigen Parameterkonstellationen bevorzugt und verschwindet bei leichter Temperaturerhöhung. Das Bild ändert sich bei höheren Schichtdicken, wo mal die parallele Konfiguration (pK) und mal die apK ein höheres T_C hat . Mit steigendem N_L ist der Unterschied zwischen $T_C^{\uparrow\uparrow}$ und $T_C^{\downarrow\uparrow}$ immer geringer. Lässt man die NM-Schichten bei $T_0^{NM} = 0$, tritt als stärkster Effekt bei hinreichend großem J die Veränderung der effektiven Bandbesetzung auf. Wie in Abschnitt 6.2.2 gesehen, sind dann die FM-Schichten[11] energetisch am tiefsten und werden vorrangig besetzt. Dies führt zu einer Vergrößerung der Bandbesetzung in den FM-Schichten n^{FM} gegenüber der nominellen Gesamtbesetzung $n < n^{FM}$. Somit ändert sich, wie für das KLM üblich, ebenfalls die Curietemperatur sehr stark.

Dieses Verhalten kann durch eine Wahl $T_0^{NM} \neq 0$ verändert werden (vgl. Abb. 6.17).

---
[11]Bei endlichen Temperaturen und insbesondere bei $T > T_C$ können die FM-Schichten Werte $M = 0$ annehmen. Trotzdem sie dann eigentlich paramagnetisch sind, sollen diese weiterhin FM-Schichten genannt werden, da sie prinzipiell zu Ferromagnetismus fähig sind.

6.2. Magnetische Filme

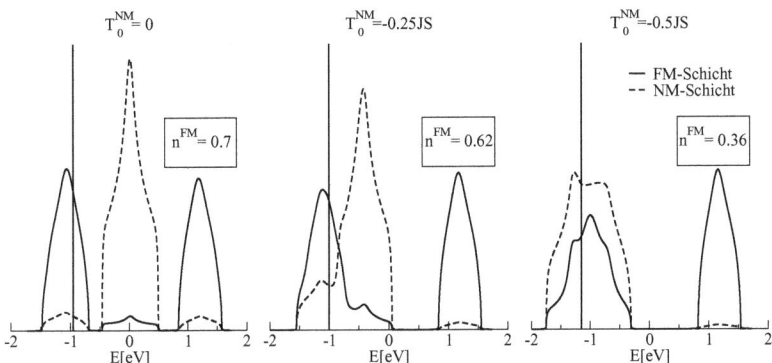

Abbildung 6.17.: Paramagnetische Zustandsdichten einer FM-Schicht und der mittleren NM-Schicht für verschiedene T_0^{NM}. Senkrechte Linien bezeichnen das chemische Potential. Je näher die QDOS der NM-Schicht am Subband der FM-Schicht liegt, desto größer werden die Hybridisierungseffekte - erkennbar an der Verlagerung von QDOS der FM-Schicht zu Energien der NM-Schicht und umgekehrt. Ebenfalls ändert sich die Bandbesetzung (pro Gitterplatz der FM-Schichten) in den FM-Schichten (siehe n^{FM} in der Abbildung). Parameter: $S = 7.5$, $W^{2D} = 1\text{eV}$, $n = 0.5$, $JS = 2\text{eV}$, $N_L = 3$

Insbesondere die Wahl $T_0^{NM} = -\frac{1}{2}JS$ ist eine Spezialfall, denn damit sind die Bänder der NM-Schichten energetisch an der gleichen Position wie die unteren Subbänder der FM-Schichten. Als Folge dessen werden die Hybridisierungseffekte zwischen unteren FM-Subband und NM-Band erheblich verstärkt, was zu einer höheren Korrelation der oberen und unteren FM-Schicht führen sollte. In der Tat werden nun (rechte Seite von Abb. 6.16) die Oszillationen der $T_C^{\uparrow\uparrow}$ und $T_C^{\uparrow\downarrow}$ umeinander ausgeprägter als im Fall von $T_0^{NM} = 0$. Dies ist wieder das typische Verhalten der Interlagenaustauschkopplung[143, 145, 142, 37]. Für $N_L = 2$ hat natürlich T_0^{NM} keinen Einfluss, da eben keine NM-Schicht existiert.

Die Bevorzugung von pK oder apK hängt in einem korrelierten System von allen Parametern ab. Neben N_L entscheiden also auch J und n über die tatsächliche Konfiguration[12]. Bei den Curietemperaturen ist, wie zu erwarten, ein enger Zusammenhang zu den Phasendiagrammen bei $T = 0$ zu erkennen. Sieht man sich die Abhängigkeit von der Bandbesetzung an (Abb. 6.18), so erkennt man einen häufigeren Wechsel der Bevorzugung von apK oder pK mit steigender Schichtanzahl. Wie schon beim Vergleich von (anti-)ferromagnetischen Phasen im konzentrierten Gitter (Abschnitt 5.2.4) bedeutet eine höhere Übergangstemperatur einer Phase auch, dass diese über den gesamten Temperaturbereich angenommen wird[13]. Wählt man wieder $T_0^{NM} = -\frac{1}{2}JS$, werden die Unterschiede abermals deutlicher. Sehr schön ist der häufigere Wechsel zwischen den

---

[12] Des Weiteren sind natürlich auch W und S entscheidend, die hier aber nicht explizit betrachtet werden sollen.
[13] Bis auf sehr exotische Parameterkonstellationen.

6. Verdünnte ungeordnete magnetische Systeme und magnetische Filme

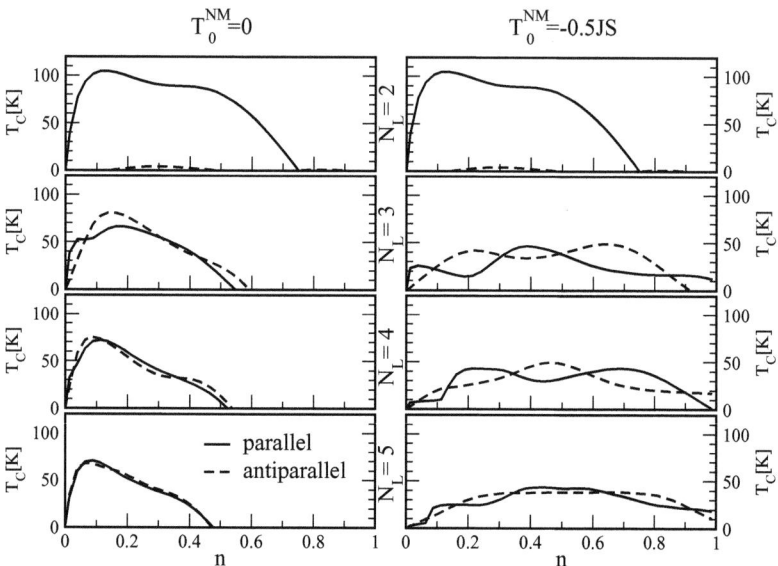

Abbildung 6.18.: Curietemperaturen in paralleler (durchgezogen) und antiparalleler (gestrichelt) Konfiguration der ferromagnetischen Schichten bzgl. der Bandbesetzung n. Bei $T_0^{NM} = 0$ tritt vorrangig die Veränderung der Bandbesetzungen in den FM-Schichten in Erscheinung ($n^{FM} \approx \frac{2}{N_L} n$ bei großen JS). Sind die NM-Schichten in der Nähe der unteren FM-Subbänder ($T_0^{NM} = -\frac{1}{2} JS$) ist $n^{FM} < n$ und die Hybridisierung zwischen den Schichten ist größer. Es kommt zu einen höherem relativen Unterschied zwischen $T_C^{\uparrow\uparrow}$ und $T_C^{\uparrow\downarrow}$. Parameter: $S = 7.5$, $W^{2D} = 1\text{eV}$, $JS = 1\text{eV}$

Konfigurationen, bei hohen N_L zu erkennen.

Interessant ist auch der Vergleich der Übergangstemperaturen von $T_0^{NM} = 0$ und $T_0^{NM} = -\frac{1}{2} JS$ bei verschiedenen Kopplungstärken JS (Abb. 6.19). Mit steigendem JS wird generell die Wechselwirkung zwischen Ladungsträgern und lokalen Momenten stärker. Dies führt prinzipiell zu einem Anstieg der Curietemperaturen[14]. Allerdings entfernen sich die Bänder der FM-Schichten bei $T_0^{NM} = 0$ mit steigendem JS weiter von denen der NM-Schichten. Dadurch sinkt die Hybridisierung und die FM-Schichten werden immer unabhängiger voneinander. Somit gleichen sich $T_C^{\uparrow\uparrow}$ und $T_C^{\uparrow\downarrow}$, bis auf den Fall $N_L = 2$, einander an. Bewegen sich die Bänder der NM-Schichten hingegen mit den besetzten Subbändern der FM-Schichten durch $T_0^{NM} = -\frac{1}{2} JS$ mit, so bleibt die Hybridisierung (ungefähr) gleich. In diesem Fall wächst der Unterschied der Übergang-

---
[14] Außer im Fall negativer Kopplungen und $S = \frac{1}{2}$, welcher hier aber nicht betrachtet wird.

6.2. Magnetische Filme

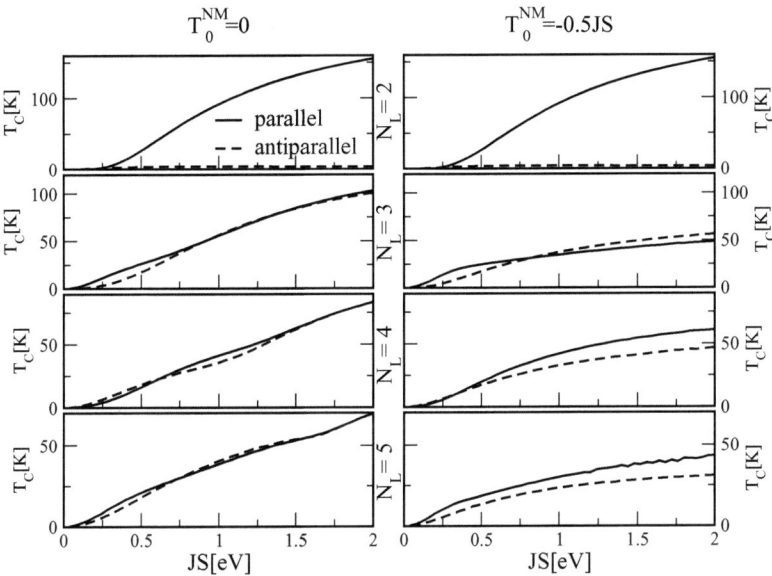

Abbildung 6.19.: Curietemperaturen in paralleler (durchgezogen) und antiparalleler (gestrichelt) Konfiguration der ferromagnetischen Schichten bzgl. der Kopplungsstärke JS. Bei $T_0^{NM} = 0$ entfernen sich die Bänder der FM-Schichten von denen der NM-Schichten und der Unterschied zwischen $T_C^{\uparrow\uparrow}$ und $T_C^{\uparrow\downarrow}$ wird mit steigendem JS geringer. Dies ist bei $T_0^{NM} = -\frac{1}{2}JS$ nicht der Fall. Dadurch dass mit wachsender Kopplungstärke die Übergangstemperaturen generell steigen, wird der Unterschied sogar größer. Parameter: $S = 7.5$, $W^{2D} = 1\text{eV}$, $n = 0.3$

stemperaturen beider Konfigurationen, da sich ja T_C generell mit steigendem JS erhöht. So sind beide Temperaturen im Sättigungsfall $T_C(J) \overset{JS \gg W}{\approx}$ const. absolut am weitesten entfernt.

Natürlich hat der Ladungträgertransfer ebenfalls einen erheblichen Einfluss auf T_C. Bei veränderlichem J liegen die korrelierten Bänder bei niedrigem $|J|$ immer in den korrelierten, während bei großem $|J|$ und $T_0^{NM} = 0$ diese weit auseinander liegen. Somit ändert sich n^M viel stärker als bei $T_0^{NM} = -\frac{1}{2}JS$. Für den Unterschied zwischen den beiden Übergangstemperaturen $\Delta T = T_C^{\uparrow\uparrow} - T_C^{\downarrow\uparrow}$ ist allerdings der Hybridisierungsgrad wichtiger.

6. Verdünnte ungeordnete magnetische Systeme und magnetische Filme

6.3. Zusammenfassung des Verhaltens verdünnter/geschichteter System

Es wurden in diesem Kapitel Systeme betrachtet, die durch eine Reduktion der Symmetrie aus dem konzentrierten Volumensystem entstehen. Verdünnte Systeme haben nicht an jeden Gitterplatz einen Spin und das System verliert somit seine Translationsinvarianz. Bei Schichtsystemen ist Translationinvarianz nur in einer Ebene gegeben. Durch eine Kopplung mit endlich vielen, im Allgemeinen unterschiedlichen Schichten ist das System senkrecht zu den Ebenen von gänzlich anderer Symmetrie. Beide hier betrachtete Systeme (verdünnte, geschichtete) haben gemeinsam, dass sie sich prinzipiell in ein magnetisches und ein nicht-magnetisches Untersystem aufteilen lassen. Diese sind allerdings eng miteinander verbunden, weshalb es wichtig ist theoretische Methoden zu nutzen die sowohl die Untersysteme als auch deren Verbindung zum Gesamtsystem hinreichend gut beachten (vgl. z.B. die erweiterte Legierungsanalogie in Abschnitt 6.1.2). Während das Gesamtsystem durch Parameter wie Gesamtladungsdichte n gekennzeichnet ist, bilden sich in den einzelnen Untersystemen verschiedene Ladungsträgerdichten n^M, n^{NM} aus. Die Gesamtzahl $n^M + n^{NM} = n$ bleibt dabei erhalten. Für den Magnetismus ist die Konzentration im magnetischen Untergitter n^M entscheidend. Bezüglich dieser verhält sich das System wie das konzentrierte in Bezug auf n. Durch den erwähnten Zusammenhang zwischen magnetischen und nicht-magnetischen Untersystem ist n^M allerdings stark von den anderen Parametern J, W, der Verdünnung x oder der Schichtzahl N_L abhängig. Neben dem üblichen Einfluss dieser Parameter auf z.B. die Curietemperatur kommt der zusätzliche Effekt des Ladungsträgertransfers hinzu. Dieser Transfer lässt sich ebenfalls sehr stark durch die Position der nicht-magnetischen Bänder über einen variablen Bandschwerpunkt T_0^{NM} steuern. Die zusätzliche Abhängigkeit der Ladungsträgerkonzentration von den restlichen Parametern beeinflusst die Ergebnisse, wie Phasendiagramme oder Curietemperaturen erheblich und muss bei solchen Systemen beachtet werden. Insbesondere bildet sich bei verdünnten Systemen bei einer Ladungsträgerkonzentration $n > x$, im Gegensatz zu Meanfield-Rechnungen, kein Ferromagnetismus bei großen Kopplungen aus.

Neben diesen generellen Tendenzen haben die verdünnten und geschichteten Systeme auch spezielle Eigenschaften. Bei Verdünnung ist z.B. die effektive Bandbreite von Bedeutung für T_C. Die Bandbreiten des magnetischen Untersystems verhalten sich bei starken Kopplungen proportional zur Quadratwurzel der Verdünnung. Dies führt dazu, dass in diesem Bereich sich T_C mit der gleichen Proportionalität verhält.

Bei Schichtsystemen ist man oft an der energetisch günstigsten Konfiguration der Magnetisierungen der Schichten interessiert. So können sich diese z.B. parallel oder antiparallel zueinander ausrichten, was deren elektrischen Widerstand erheblich ändert. Es zeigt sich, dass die Bevorzugung einer bestimmten Ausrichtung stark parameterabhängig ist. Hat man zwischen zwei magnetischen Schichten endlich viele nicht-magnetische, so kann ein Austausch zwischen den magnetischen Lagen nur über die Zwischenschichten erfolgen. Dies geschieht über ein Interlagenhopping bzw. eine Hybridisierung der Schichten. Deren Stärke ist von der Position der einzelnen Schichten zueinander abhängig. Liegen alle

6.3. Zusammenfassung des Verhaltens verdünnter/geschichteter System

Schichten in einem ähnlichen energetischen Bereich, wird die Hybridisierung und damit der Austausch deutlich erhöht. Dies führt z.B. zu einem größeren Unterschied zwischen den Übergangstemperaturen geordneter Konfigurationen (parallel, antiparallel) zum Paramagneten.

7. Zusammenfassung und Ausblick

In dieser Arbeit wurden magnetische Phasen im Kondo-Gitter-Modell (KLM) beschrieben. Das KLM dient zur Beschreibung von Materialien in denen lokalisierte Elektronen, z. B. in d- oder f-Schalen, mit itineranten Ladungsträgern in s-artigen Bändern wechselwirken. Bei Teilbesetzung der d, f-Niveaus formen die lokalisierten Elektronen dabei einen Spin $S \geq \frac{1}{2}$. Typische Vertreter dafür sind z.B. die Europiumchalkogenide (EuX, X=O, Se, S, Te), Gadolinium oder die Manganate $A_x B_{1-x} MnO_3$ (A=La, Nd, Pr, ... und B=Ca, Sr, ...). Wegen der vorhandenen Wechselwirkung richten sich die Spins der Elektronen vorzugsweise parallel (positive Kopplung) ober antiparallel (negative Kopplung) zu den lokalisierten Spins am jeweiligen Gitterplatz aus. Trotz der an jeden Gitterplatz gleichartigen Kopplung kommt es im KLM nicht nur zu Ferromagnetismus. Je nach Parameterkonstellation treten unterschiedliche magnetische Phasen auf, was man experimentell z.B. an den reichhaltigen Phasendiagrammen der Manganate sieht[150, 151, 152, 153]. Die Vielzahl der Phasen deuten schon ein komplexes Verhalten der Materialien an, aber außerdem kann es zu weiteren Phänomenen kommen, die nicht nur wissenschaftlich interessant sind. So sind magnetoresistive Effekte, bei denen der Widerstand stark von der Magnetisierung abhängt sehr bedeutend für elektronische Anwendungen. Insbesondere im Hinblick auf technische Anwendungen ist nicht nur das reine KLM, sondern auch das verdünnte oder das dimensionsreduzierte KLM interessant, um verdünnte magnetische Halbleiter bzw. Schichtsysteme zu beschreiben.

In der theoretischen Betrachtung des KLMs sind die Ladungsträger als auch die lokalisierten Spins von gleich hoher Bedeutung. Durch die unterschiedlichen formalen Eigenschaften und Unterräume der Operatoren ist eine direkte gemeinsame Betrachtung beider Untersysteme schwierig. Bei einer formal getrennten Auswertung muss aber darauf geachtet werden, dass diese Aufspaltung das ursprüngliche Gesamtsystem nicht zu sehr verfälscht.

Im System der itineranten Ladungsträger haben die lokalisierten Spins hauptsächlich, aber nicht zwingend ausschließlich, Einfluss durch eine Magnetisierung $\langle S_i^z \rangle$. So ist es möglich diese vorerst als Parameter aufzufassen und nur das elektronische Untersystem explizit zu behandeln. Unterschiedliche Werte von $\langle S_i^z \rangle$ bedingen dann ein unterschiedliches Verhalten der Ladungsträger. Trotz der formal einfachen Struktur des Hamilton-Operators des KLMs ist bis heute keine allgemeine exakte Lösung, auch nicht des Untersystems der Ladungsträger, bekannt. Deshalb ist man auf Näherungsmethoden angewiesen. Die einfachste, aber auch unbefriedigendste, ist sicher die Molekularfeldnäherung (Meanfield-Näherung, MFN), bei der die Wirkung der Spins auf die Ladungsträger durch ein mittleres Feld ersetzt wird. Diese Methode beschreibt Vielteilcheneffekte, insbesondere bei kleinen Magnetisierungen $\langle S_i^z \rangle$, nur sehr unzureichend. Bessere Methoden sind aber bekannt. Dies sind zum Beispiel der Doppelaustausch mit unendlich starker

135

7. Zusammenfassung und Ausblick

Kopplung [154], Spinwellenentwicklungen bzgl. $1/S$ [155], die dynamische Molekularfeld-Theorie (DMFT, [156, 84, 39, 157]), die *density matrix renormalization group method*[73] und/oder die Beschreibung der Spins als klassische Größen. Alle diese Näherungen haben ihre Vor- und Nachteile und damit auch Einfluss auf die Resultate.
Es ist also notwendig, die Näherungen gemäß bestimmter Aspekte beurteilen zu können. Dies kann unter anderem über einen Vergleich mit bekannten exakten Grenzfällen des KLMs erfolgen. Bei der hier vorliegenden Arbeit wurden, neben der MFN, der interpolierende Selbstenergieansatz (ISA, [54, 55]) und der momenterhaltende Entkopplungsansatz (*moment conserving decoupling approach*, MCDA[59]) als Näherungen besprochen. Die ISA erfüllt alle bekannten Grenzfälle *per constructionem* und sollte auch abseits davon gute Ergebnisse liefern. Wie gut tatsächlich muss im Nachhinein anhand der Ergebnisse entschieden werden. Der Ansatz der MCDA geschieht über Bewegungsgleichungen ohne Voraussetzung von Grenzfällen. Trotzdem erfüllt er den Grenzfall des magnetischen Polarons. Allerdings gilt dies nicht für den wichtigen Grenzfall des unendlich schmalen Bands bei endlicher Bandbesetzung. Es ist hier nun gelungen, die MCDA durch explizite Betrachtung von Doppelbesetzungseffekten der Ladungsträger nicht-trivial zu erweitern (D-MCDA). Diese enthält nun beide Grenzfälle und zeugt von der Wichtigkeit der Doppelbesetzungszustände auch schon bei mittleren Ladungsträgerdichten. Insbesondere werden Polverschiebungseffekte der ursprünglichen MCDA vermieden. Da die D-MCDA auf einer allgemeinen, nicht grenzfallmotivierten Bewegungsgleichungsmethode beruht, sollte sie in allen Parameterregionen ähnlich gute Werte liefern.
Die Berechnung des Untersystems der Ladungsträger erlaubt bereits ohne explizite Kenntnis des Verhaltens der Spins, Aussagen über die Eigenschaften des Systems bei verschwindender Temperatur $T = 0$ zu machen. Dabei hat die D-MCDA das physikalisch plausibelste Verhalten. Alle anderen betrachteten Methoden zeigen beim Übergang von mittleren zu großen negativen Kopplungen eine Vergrößerung des paramagnetischen Bereichs gegenüber dem ferromagnetischen. Das geschieht bei der D-MCDA nicht. Zu erklären ist dies dadurch, dass mittlere Kopplungen bei der ISA am weitesten von den zur Konstruktion benötigten Grenzfällen abweichen, während bei der MCDA näherungsbedingt Polverschiebungen auftreten. Diese Verschiebungen führen auch zu einer starken Spinabhängigkeit der kritischen Bandbesetzung bzgl. der Übergangs vom Ferro- zum Paramagneten bei der MCDA, welche weder in der D-MCDA noch in anderen Methoden[73] gefunden wurden. All diese Ergebnisse weisen auf eine deutliche Verbesserung der Näherung durch die D-MCDA hin.
Neben dem Ferromagneten wurden ebenfalls antiferromagnetische Phasen untersucht. In den Phasendiagrammen treten diese vorrangig bei mittleren und größeren Bandbesetzungen auf. Vergleicht man das Auftreten der einzelnen geordneten Phasen mit dem Paramagneten, so ergibt sich eine ungefähre Antisymmetrie der Phasendiagramme bzgl. der Phasen mit entgegengesetzter Anzahl an parallelen/antiparallelen Spins an benachbarten Gitterplätzen. Die Untersuchung der Phasendiagramme beim Übergang geordneter Phasen zum Paramagneten zeigt, dass dies mit einer stetig sinkenden Magnetisierung geschieht. Es findet also kein abrupter Übergang vom gesättigten System mit $\langle S^z \rangle = S$ zum Paramagneten mit $\langle S^z \rangle = 0$ statt. Ebenso deutet das Auftreten von Phasenseparation zwischen geordneten Phasen darauf hin, dass hier auf ähnliche Weise

"Zwischenphasen" auftreten sollten..
Da in realen Systemen nicht nur die Kopplung zwischen Ladungsträgern und Spins eine Rolle spielt, wurde ebenfalls der Einfluss von Erweiterungstermen auf die Phasendiagramme untersucht. Diese haben entweder eine direkte Wirkung (z.B. Heisenbergterm) oder verändern die für die Phasenabfolge wichtigen Parameter (z.B. Jahn-Teller-Aufspaltung). Beide Effekte können die Phasendiagramme sehr stark ändern.
Deutlich komplizierter ist das Problem bei endlichen Temperaturen, da die Magnetisierung eine temperaturabhängige Größe ist. Man kann damit keine Magnetisierung mehr voraussetzen. Hier müssen Wege gefunden werden, durch die die Magnetisierung selbstkonsistent aus dem System bestimmt werden kann. Insbesondere spielt die Wirkung der Ladungsträger auf die Spins eine entscheidende Rolle. Oft wird das Verhalten der lokalisierten Spins über eine Abbildung auf ein effektives Heisenberg-Modell (RKKY-Wechselwirkung) bestimmt, in dem dann die Magnetisierung über bekannte Näherungen berechnet werden kann. Diese Vorgehensweise führt dabei zu dem Problem, dass dem KLM Eigenschaften des Heisenberg-Modells „aufgeprägt" werden, die dann mehr oder weniger den eigentlichen Charakter des KLMs verfälschen können. In dieser Arbeit wurde nun eine Methode entwickelt, mit der man die Magnetisierung direkt aus dem Minimum der freien Energie des Systems berechnen kann (Freie-Energie-Minimierung, FEM). Die freie Energie erhält man dabei aus der inneren Energie sowie der Entropie bei $T = 0$.
In der Tat stellt sich die Bestimmung der Magnetisierung über die FEM als deutlich empfindlichere Methode gegenüber einer modifizierten RKKY-Wechselwirkung (mRKKY) heraus. Das Verhalten bei großen Kopplungen $|J|$ hängt bei der FEM deutlich von der Näherung des elektronischen Systems ab, während sich bei der mRKKY in jeder hinreichend guten Methode das bekannte Doppelaustauschverhalten ($T_C \stackrel{JS \gg W}{=}$ const.) einstellt. Es zeigt sich also, dass bei der FEM das elektronische System einen wesentlich stärkeren Einfluss hat, was eine direktere Beschreibung des KLMs impliziert. Bei einer genügend genauen Näherung des elektronischen Systems können aber durch die FEM, Resultate aus der Heisenberg-Abbildung qualitativ bestätigt werden. So tritt bei Verwendung der D-MCDA ebenfalls meistens das Doppelaustauschverhalten bei großen Kopplungen $|J|$ auf. Außerdem verschwindet der Ferromagnetismus, wie zu erwarten, bei $n \to 1$. Es gibt aber auch bestimmte Parameterbereiche in denen sich beide Methoden unterscheiden.
Solch einen Spezialfall stellt das KLM bei $S = \frac{1}{2}$ und negativen Kopplungen dar. Das maximale T_C tritt hier bei mittleren und nicht bei starken Kopplungen auf. Ebenfalls unterscheidet sich die Abhängigkeit der Curie-Temperatur von der Ladungsträgerdichte deutlich vom „Normalverhalten". Es sollte hinzugefügt werden, dass in der D-MCDA bei $S = \frac{1}{2}$, im Gegensatz zu höheren Spins, alle nicht direkt berechenbaren höheren Green-Funktionen (GF) *exakt* durch GF niedriger Ordnungen ausgedrückt werden können. Deshalb sollte die Methode gerade hier vertrauenswürdig und das veränderte Verhalten kein Artefakt der Näherung sein. Zusätzlich konnte auch der bekannte Effekt der Kondo-Abschirmung gefunden werden, was als Bestätigung der Güte der Methode auch bei negativen J gesehen werden kann. Die Gesamtmagnetisierung aus den Einzelma-

7. Zusammenfassung und Ausblick

gnetisierungen der Elektronen und der Spins kompensieren sich durch eine Antiparallelstellung zu $M^{\text{total}} = \langle S^z \rangle (1-n)$. Bei Halbfüllung $n = 1$ kommt es also zu keiner Gesamtmagnetisierung, obwohl die Einzelmagnetisierungen bis zu einer kritischen Temperatur von null verschieden sind.
Durch die Bestimmung der freien Energie bei beliebigen Temperaturen war es auch möglich, Phasenseparation bei $T > 0$ zu untersuchen. Es zeigte sich, dass es beim KLM, unter Einbeziehung eines Jahn-Teller-Terms, zu Phasenseparation zwischen der para- und ferromagnetischen Phase kommen kann. Diese tritt in Bereichen auf, die auch im Experiment gemessen wurden[42].
Die FEM lässt weiterhin eine einfache Beschreibung von antiferromagnetischen Phasen bei $T > 0$ zu. Es ergibt sich wie bei den Phasendiagrammen bei $T = 0$, dass die Phasen mit entgegengesetzter Anzahl an (anti-)parallelen benachbarten Spins auch eine ungefähr antisymmetrische Übergangstemperatur haben. So hat z.B. der AFg-Typ Antiferromagnet nur bis zu einer bestimmten Kopplung $|J_c|$ eine positives T_N, während der Ferromagnet diese Mindestkopplung für $T_C > 0$ benötigt. Die Analyse der freien Energie bzgl. verschiedener Phasen hat auch gezeigt, dass eine Phase mit der maximalen Übergangstemperatur gewöhnlich über das ganze Temperaturintervall $[0, T_{C,N}^{\max}]$ existent ist, auch wenn andere Phasen ebenfalls ein positives $0 < T_{C,N} < T_{C,N}^{\max}$ besitzen.
Die Verbindung aus D-MCDA und FEM stellt sich als sehr gutes Instrument zur Beschreibung von konzentrierten Volumensystemen mit Ladungsträger-Spin-Wechselwirkung dar. Aber vor allem zur Beschreibung von Systemen mit reduzierter Symmetrie ist diese Kombination geeignet. Lässt man nur an bestimmten Gitterplätzen ein lokalisiertes Moment zu, so erhält man das verdünnte KLM. Hierbei hat die D-MCDA bzw. die MCDA bei hohen Spins, den Vorteil, dass sie sich gut mit der *coherent potential approximation* (CPA) in Einklang bringen lässt. Es wurde in dieser Arbeit eine erweiterte dynamische Legierungsanalogie zur Berechnung des verdünnten Systems entwickelt. Die Erweiterung liegt darin, dass die Green-Funktion des magnetischen Untersystems durch eine Projektion der Gesamt-GF entsteht und damit nicht von Gesamtsystem abgegrenzt ist. Mit dieser MCDA/CPA-Kombination lässt sich das elektronische System beschreiben und es konnten die Phasendiagramme des verdünnten KLMs berechnet werden. Es zeigen sich deutliche Unterschiede zwischen den Bereichen schwacher und starker Kopplung.
Der nächste Vorteil liegt in der Verwendung der FEM zur Bestimmung der Spineigenschaften bei $T > 0$, anstatt eine RKKY-artige Abbildung des Spinsystems zu benutzen. Deshalb muss nämlich keine zusätzliche Unordnung im Heisenberg-Modell betrachtet werden. Damit war es möglich Curietemperaturen in verdünnten Systemen zu berechnen. Als eine neue wichtige resultierende Größe stellt sich die Besetzung der magnetischen Gitterplätze n^M heraus, die im Allgemeinen von der Gesamtbesetzung n abweicht. Im Gegensatz zu n ist n^M erheblich von den anderen Parametern des Modells abhängig, wodurch es neue Effekte in magnetisch verdünnten Materialien gibt.
Das verdünnte KLM dient z.B. zur Beschreibung der wichtigen Stoffklasse der verdünnten magnetischen Halbleiter, die als Kandidaten für Spintronik-Anwendungen gelten. Neben der Modellbeschreibung ist es nun außerdem gelungen, die Dotierungsabhängigkeit $T_C(x)$ eines dieser Halbleiter, $\text{Ga}_{1-x}\text{Mn}_x\text{As}$, qualitativ sehr gut nachzuvollziehen.

Eine weitere Klasse von symmetriegebrochenen Systemen sind magnetische Schichtsysteme. Diese haben vor allem nach der Entdeckung des Riesenmagnetwiderstand erhebliche Aufmerksamkeit durch die Forschung erfahren. Eine wichtige Fragestellung war es, wann die Magnetisierungen in den einzelnen Schichten parallel oder antiparallel zueinander sind. In dieser Arbeit wurde sich auf zwei magnetische Schichten beschränkt, die durch eine beliebige Zahl nicht-magnetischer Lagen getrennt sind. Der Austausch erfolgt durch diese Zwischenschichten (Interlagenaustausch) und ist damit von den intrinsischen Kopplungsmechanismen der einzelnen Schichten zu unterscheiden. Über das Vorzeichen des Interlagenaustauschs konnte die bevorzugte Stellung der Magnetisierungen der magnetischen Schichten zueinander bestimmt werden. Insgesamt ist dieser stark parameterabhängig und zeigt insbesondere ein oszillatorisches Verhalten. Dies überträgt sich auch auf die Übergangstemperaturen des magnetischen Systems. Wie beim verdünnten System hat die Position der Zustandsdichte der nicht-magnetischen Schichten bzgl. der magnetischen einen erheblichen Einfluss. Neben des bekannten Ladungsträgertransfers hat diese hier auch Auswirkung auf die Hybridisierung zwischen den Schichten und damit auf den Betrag der Interlagenkopplung.

Es hat sich insgesamt gezeigt, dass sich durch die FEM und die D-MCDA das Kondo-Gitter-Modell und auch einzelne Aspekte von Realsystemen sehr gut beschreiben lassen. Trotzdem handelt es sich natürlich immer noch um Näherungen, in denen Raum für Verbesserungen ist. So könnte versucht werden einige Approximationen innerhalb der Herleitung der D-MCDA nicht-lokal zu gestalten, um eventuell das Problem negativer Zustandsdichten zu lösen. Dadurch würde sich der analytische Aufwand aber erheblich steigern. Bei der FEM würden Alternativen zur Bestimmung der Entropie bei $T = 0$ von Vorteil zum Vergleich der Ergebnisse sein. Wenn man dies unter den speziellen Voraussetzungen von anderen Modellen, z.B. dem allgemeinen Heisenberg-Modell, machen könnte, würde das die Anwendbarkeit der FEM auf diese ausdehnen. Auch diese Erweiterung ist sicher nicht-trivial.

Insgesamt könnte die Komplexität der betrachteten Modellsysteme erhöht werden. So könnten in den Phasendiagrammen andere Phasen hinzugefügt werden, was zumindest bei Spiralphasen keinen erheblich höheren analytischen Aufwand erfordern würde. Dafür muss numerisch erheblich mehr investiert werden. Ebenso könnten Schichtsysteme mit mehr oder anders angeordneten magnetischen Schichten betrachtet werden.

Nun dient die Theorie vor Allem zur Beschreibung der Natur. Um den Bezug zum Experiment zu verbessern, wäre es ein deutlicher Fortschritt, die hier vorgestellten Modell-Methoden mit ab-initio Rechnungen zu verbinden, wie es z.B. in [60] oder seit neuerer Zeit bei LDA+DMFT-Rechnungen geschieht[158, 159, 160]. Damit wäre man in der Lage, materialspezifische Eigenschaften als auch Korrelationen zu beschreiben.

A. Koeffizienten und Erwartungswerte der MCDA

A.1. Erwartungswerte in der MCDA

Um die Koeffizienten $\alpha_{i\sigma}, \beta_{i\sigma}$ der Formeln (3.61-3.64) anzupassen, muss die Erhaltung verschiedener Größen gefordert bzw. Meanfield-Entkopplungen durchführt werden. Dabei tauchen verschiedene Erwartungswerte auf, die durch die jeweiligen Green-Funktionen bestimmt werden können.

$$G_{ii\sigma}(E) \to \langle n_{i\sigma} \rangle \tag{A.1}$$

$$F_{ii\sigma}(E) \to \gamma_\sigma = \left\langle S_i^{\bar\sigma} c_{i\sigma}^+ c_{i\bar\sigma} \right\rangle \tag{A.2}$$

$$\Gamma_{ii\sigma}(E) \to \Delta_\sigma - \langle S_i^z \rangle \langle n_{i\sigma} \rangle = \langle (\delta S_i^z) n_{i\sigma} \rangle \tag{A.3}$$

$$F_{ii\sigma}^{(1)}(E) \to \eta_\sigma = \left\langle S_i^{\bar\sigma} S_i^z c_{i\sigma}^+ c_{i\bar\sigma} \right\rangle = \alpha_{1\sigma} \langle n_{i\sigma} \rangle + \beta_{1\sigma} \gamma_\sigma \tag{A.4}$$

$$F_{ii\sigma}^{(2)}(E) \to \mu_\sigma = \left\langle S_i^{\bar\sigma} S_i^\sigma n_\sigma \right\rangle = \left(\alpha_{2\sigma} + \left\langle S_i^{\bar\sigma} S^\sigma \right\rangle \right) \langle n_{i\sigma} \rangle +$$
$$+ \beta_{2\sigma} \left(\Delta_\sigma - \langle S_i^z \rangle \langle n_{i\sigma} \rangle \right) \tag{A.5}$$

$$F_{ii\sigma}^{(3)}(E) \to \nu_\sigma = \left\langle S_i^{\bar\sigma} c_{i\sigma}^+ n_{i\sigma} c_{i\bar\sigma} \right\rangle = \alpha_{3\sigma} \langle n_{i\sigma} \rangle + \beta_{3\sigma} \gamma_\sigma \tag{A.6}$$

$$F_{ii\sigma}^{(4)}(E) \to \vartheta_\sigma = \langle S_i^z n_\sigma n_{\bar\sigma} \rangle = \alpha_{4\sigma} \langle n_{i\sigma} \rangle + \beta_{4\sigma} \left(\Delta_\sigma - \langle S_i^z \rangle \langle n_{i\sigma} \rangle \right) \tag{A.7}$$

Über das Spektraltheorem ergeben sich folgende Erwartungswerte

$$\langle n_{i\sigma} \rangle = -\frac{1}{N\pi} \sum_{\mathbf{k}} \int dE f_-(E,\mu) \mathrm{Im} G_{\mathbf{k}\sigma}(E) \tag{A.8}$$

$$\langle S_i^z n_{i\sigma} \rangle = -\frac{1}{N^2\pi} \sum_{\mathbf{kq}} \int dE f_-(E,\mu) \mathrm{Im} \Gamma_{\mathbf{kq}\sigma}(E) + \langle S_i^z \rangle \langle n_{i\sigma} \rangle \tag{A.9}$$

$$\left\langle S_i^\sigma c_{i\sigma}^+ c_{i-\sigma} \right\rangle = -\frac{1}{N^2\pi} \sum_{\mathbf{kq}} \int dE f_-(E,\mu) \mathrm{Im} F_{\mathbf{kq}\sigma}(E) \ . \tag{A.10}$$

Will man die Erwartungswerte eines Untersystems bestimmen (magnetisches Untersystem im verdünnten System oder magnetische Schicht in Schichtsystemen, Kapitel 6), so müssen die entsprechenden GF (z.B. $G^M_{\mathbf{k}\sigma}(E)$) eingesetzt werden.

Des Weiteren gibt es noch Erwartungswerte, die sich nur aus Spinoperatoren zusammensetzen. Hat man eine Magnonenbesetzungszahl φ (vgl. Abschnitt 4.1.1) gefunden, ist die

A. Koeffizienten und Erwartungswerte der MCDA

Magnetisierung zu

$$\langle S_i^z \rangle = \frac{(1+S+\varphi)\varphi^{2S+1} - (S-\varphi)(1+\varphi)^{2S+1}}{(1+\varphi)^{2S+1} - \varphi^{2S+1}} \quad \text{(A.11)}$$

gegeben. Umgekehrt kann man auch eine Magnetisierung vorgeben und daraus φ bestimmen. Daraus lassen sich auch alle weiteren benötigten Spinerwartungswerte berechnen. Es sind

$$\left\langle (S_i^z)^2 \right\rangle = S(S+1) - \langle S_i^z \rangle (1+2\varphi) \quad \text{(A.12)}$$

$$\left\langle (S_i^z)^3 \right\rangle = S(S+1)\varphi + \langle S_i^z \rangle \left(S(S+1) + \varphi \right) - \left\langle (S_i^z)^2 \right\rangle (1+3\varphi) \quad \text{(A.13)}$$

$$\left\langle S_i^{\bar{\sigma}} S_i^{\sigma} \right\rangle = S(S+1) - \left\langle (S_i^z)^2 \right\rangle - z_\sigma \langle S_i^z \rangle . \quad \text{(A.14)}$$

A.2. Koeffizienten der MCDA

A.2.1. Spektralmomenterhaltung

Als erstes, und für die MCDA namensgebend, kann man Momenterhaltung auf beiden Seiten der Gleichungen (3.61)-(3.64) fordern. Bei zwei Unbekannten pro Gleichung benötigt man also die ersten zwei Momente $M_{ij\sigma}^{(0,1)}$, für die

$$M_{ij\sigma}^{(0,1)}\left(F_{iij\sigma}^{(\nu)}(E)\right) = \alpha_{\nu\sigma} M_{ij\sigma}^{(0,1)}\left(G_{ij\sigma}(E)\right) + \beta_{\nu\sigma} M_{ij\sigma}^{(0,1)}\left(X_{iij\sigma}(E)\right) \quad \text{(A.15)}$$

$$X_{iij\sigma}(E) = \Gamma_{iij\sigma}(E) \text{ bzw. } F_{iij\sigma}(E), \quad \nu = 1,\ldots,4$$

gelten soll. Die benötigten Momente sind:

$$M_{ij\sigma}^{(0)}(G) = \delta_{ij} \quad \text{(A.16)}$$

$$M_{ij\sigma}^{(1)}(G) = T_{ij} - \frac{1}{2}Jz_\sigma \langle S_i^z \rangle \delta_{ij} \quad \text{(A.17)}$$

$$M_{ij\sigma}^{(0)}(F) = 0 \quad \text{(A.18)}$$

$$M_{ij\sigma}^{(1)}(F) = -\frac{J}{2}\left(\left\langle S_i^{\bar{\sigma}} S_i^{\sigma} \right\rangle - \gamma_\sigma + 2z_\sigma \Delta_{\bar{\sigma}}\right)\delta_{ij} \quad \text{(A.19)}$$

$$M_{ij\sigma}^{(0)}(\Gamma) = 0 \quad \text{(A.20)}$$

$$M_{ij\sigma}^{(1)}(\Gamma) = -z_\sigma \frac{J}{2}\left(\left\langle (S_i^z)^2 \right\rangle - \langle S_i^z \rangle^2 - \gamma_\sigma\right)\delta_{ij} \quad \text{(A.21)}$$

A.2. Koeffizienten der MCDA

$$M_{ij\sigma}^{(0)}(F^{(1)}) = 0 \tag{A.22}$$

$$M_{ij\sigma}^{(1)}(F^{(1)}) = -\frac{J}{2}\Big(3z_\sigma\langle S_i^{\bar\sigma} S_i^\sigma\rangle + 2\langle S_i^z\rangle + \langle S_i^\sigma S_i^{\bar\sigma} S_i^z\rangle -$$
$$- 2z_\sigma S(S+1)(1 - \langle n_{i\bar\sigma}\rangle) + 4\Delta_{\bar\sigma} - 3z_\sigma\mu_{\bar\sigma} - \eta_\sigma\Big)\delta_{ij} \tag{A.23}$$

$$M_{ij\sigma}^{(0)}(F^{(2)}) = 0 \tag{A.24}$$

$$M_{ij\sigma}^{(1)}(F^{(2)}) = -z_\sigma\frac{J}{2}\Big(\langle S_i^{\bar\sigma} S_i^\sigma S_i^z\rangle - \langle S_i^{\bar\sigma} S_i^\sigma\rangle\langle S_i^z\rangle + 2\eta_\sigma\Big)\delta_{ij} \tag{A.25}$$

$$M_{ij\sigma}^{(0)}(F^{(3)}) = -\gamma_\sigma \delta_{ij} \tag{A.26}$$

$$M_{ij\sigma}^{(1)}(F^{(3)}) = -\gamma_\sigma T_{ij} - \frac{J}{2}(\nu_\sigma + 2z_\sigma\vartheta_\sigma - z_\sigma\eta_\sigma + \mu_\sigma) \tag{A.27}$$

$$M_{ij\sigma}^{(0)}(F^{(4)}) = \Delta_{\bar\sigma}\delta_{ij} \tag{A.28}$$

$$M_{ij\sigma}^{(1)}(F^{(4)}) = \Delta_{\bar\sigma}T_{ij} - z_\sigma\frac{J}{2}\Big(S(S+1)\langle n_{i\bar\sigma}\rangle + z_\sigma\Delta_{\bar\sigma} - \mu_{\bar\sigma} - z_\sigma\eta_\sigma\Big) \tag{A.29}$$

Mit Formel (A.15) lassen sich dann die Koeffizienten zu

$$\alpha_{1\sigma} = 0 \tag{A.30}$$

$$\beta_{1\sigma} = \frac{M_{ij\sigma}^{(1)}(F^{(1)})}{M_{ij\sigma}^{(1)}(F)} \tag{A.31}$$

$$\alpha_{2\sigma} = 0 \tag{A.32}$$

$$\beta_{2\sigma} = \frac{\langle S_i^{\bar\sigma} S_i^\sigma S_i^z\rangle - \langle S_i^{\bar\sigma} S_i^\sigma\rangle\langle S_i^z\rangle + 2\eta_\sigma}{\langle (S_i^z)^2\rangle - \langle S_i^z\rangle^2 - \gamma_\sigma} \tag{A.33}$$

$$\alpha_{3\sigma} = -\gamma_\sigma \tag{A.34}$$

$$\beta_{3\sigma} = \frac{\nu_\sigma + 2z_\sigma\vartheta_\sigma - z_\sigma\eta_\sigma + z_\sigma\gamma_\sigma\langle S_i^z\rangle + \mu_\sigma}{\langle S_i^{\bar\sigma} S_i^\sigma\rangle - \gamma_\sigma + 2z_\sigma\Delta_{\bar\sigma}} \tag{A.35}$$

$$\alpha_{4\sigma} = \Delta_{\bar\sigma} \tag{A.36}$$

$$\beta_{4\sigma} = \frac{S(S+1)\langle n_{i\bar\sigma}\rangle + (z_\sigma - \langle S_i^z\rangle)\Delta_{\bar\sigma} - \mu_{\bar\sigma} - z_\sigma\eta_\sigma}{\langle (S_i^z)^2\rangle - \langle S_i^z\rangle^2 - \gamma_\sigma} \tag{A.37}$$

bestimmen.

A.2.2. Erwartungswerterhaltung

Zu den Erwartungswerten ν_σ (A.6) und ϑ_σ (A.7) gibt es exakte Aussagen. Zum Einen ist wegen $c_{i\sigma}^+ n_{i\sigma} = 0$ auch ν_σ gleich null und zum Anderen ist wegen $[n_{i\sigma}, n_{i\bar\sigma}]_- = 0$ der Erwartungswert ϑ_σ spinunabhängig. Aus diesen Bedingungen können jetzt durch (A.6),

A. Koeffizienten und Erwartungswerte der MCDA

(A.7)
$$\nu_\sigma = \alpha_{3\sigma} \langle n_{i\sigma} \rangle + \beta_{3\sigma} \gamma_\sigma \stackrel{!}{=} 0 \qquad \text{(A.38)}$$
$$\vartheta_\sigma = \alpha_{4\sigma} \langle n_{i\sigma} \rangle + \beta_{4\sigma} \Big(\Delta_\sigma - \langle S_i^z \rangle \langle n_{i\sigma} \rangle \Big) \stackrel{!}{=} \vartheta_{\bar\sigma}$$
$$= \alpha_{4\bar\sigma} \langle n_{i\bar\sigma} \rangle + \beta_{4\bar\sigma} \Big(\Delta_{\bar\sigma} - \langle S_i^z \rangle \langle n_{i\bar\sigma} \rangle \Big) \qquad \text{(A.39)}$$

die Koeffizienten angepasst werden. Natürlich ist das Gleichungssystem noch unterbestimmt. Deshalb soll weiterhin gelten, dass das nullte Moment ebenfalls erhalten ist. Damit ist wie im vorherigen Abschnitt

$$\alpha_{3\sigma} = -\gamma_\sigma \qquad \text{(A.40)}$$
$$\alpha_{4\sigma} = \Delta_{\bar\sigma} \ . \qquad \text{(A.41)}$$

Wenn (A.38) bzw. (A.39) für alle $\gamma_\sigma, \Delta_\sigma, \langle n_{i\sigma} \rangle$ und $\langle S_i^z \rangle$ gelten soll, bleibt als Wahl nur

$$\beta_{3\sigma} = \langle n_{i\sigma} \rangle \qquad \text{(A.42)}$$
$$\beta_{4\sigma} = \langle n_{i\bar\sigma} \rangle \ . \qquad \text{(A.43)}$$

Es gibt außerdem noch die einfache Möglichkeit bei (A.38), ohne Rücksicht auf Momentenerhaltung $\alpha_{3\sigma} = \beta_{3\sigma} = 0$ zu setzen. Die übrigen Koeffizienten bleiben wie im obigen Abschnitt.

A.2.3. Meanfield-Entkopplung

Es ist auch möglich, die höheren Green-Funktionen $F^{(3,4)}_{iij\sigma}(E)$ zu vereinfachen, indem man näherungsweise den Besetzungszahloperator durch seinen Erwartungswert ersetzt.

$$F^{(3)}_{iij\sigma}(E) = \langle\langle S_i^{\bar\sigma} n_{i\sigma} c_{i\bar\sigma}; c_{j\sigma}^+ \rangle\rangle$$
$$\approx \langle n_{i\sigma} \rangle \langle\langle S_i^{\bar\sigma} c_{i\bar\sigma}; c_{j\sigma}^+ \rangle\rangle = \langle n_{i\sigma} \rangle F_{iij\sigma}(E) \qquad \text{(A.44)}$$
$$F^{(4)}_{iij\sigma}(E) = \langle\langle S_i^z n_{i\bar\sigma} c_{i\sigma}; c_{j\sigma}^+ \rangle\rangle$$
$$\approx \langle n_{i\bar\sigma} \rangle \langle\langle S_i^z c_{i\sigma}; c_{j\sigma}^+ \rangle\rangle = \langle n_{i\bar\sigma} \rangle \Big(\Gamma_{iij\sigma}(E) + \langle S_i^z \rangle G_{ij\sigma}(E) \Big) \qquad \text{(A.45)}$$

Aus diesen Formeln kann man sofort die Koeffizienten

$$\alpha_{3\sigma} = 0 \qquad \text{(A.46)}$$
$$\alpha_{4\sigma} = \langle S_i^z \rangle \langle n_{i\bar\sigma} \rangle \qquad \text{(A.47)}$$
$$\beta_{3\sigma} = \langle n_{i\sigma} \rangle \qquad \text{(A.48)}$$
$$\beta_{4\sigma} = \langle n_{i\bar\sigma} \rangle \qquad \text{(A.49)}$$

ablesen. Es zeigen sich deutliche Ähnlichkeiten zu den Koeffizienten aus der Erwartungswerthaltung.

A.2.4. Komplette Vernachlässigung von Doppelbesetzung

Bei dieser Variante werden die Doppelbesetzungs-Green-Funktion komplett vernachlässigt. Es gilt also $F^{(3)}_{iij\sigma}(E) \equiv F^{(4)}_{iij\sigma}(E) \equiv 0$ und damit

$$\alpha_{3\sigma} = \alpha_{4\sigma} = \beta_{3\sigma} = \beta_{4\sigma} = 0 \;. \tag{A.50}$$

Sicher sollte sich diese Näherung bei kleinen Bandbesetzungen als besser herausstellen.

A.2.5. Hybridvarianten

Natürlich muss man keine der Varianten in Reinform benutzen. Es können also unterschiedliche Verfahren zur Bestimmung der Koeffizienten bei $F^{(3)}_{iij\sigma}(E)$ oder $F^{(4)}_{iij\sigma}(E)$ verwendet werden. Die zu $F^{(1,2)}_{iij\sigma}(E)$ gehörigen Koeffizienten werden aber immer mit Hilfe der Momenterhaltung bestimmt! Man kann hierbei einwenden, dass eine unterschiedliche Behandlung der Koeffizientenbestimmung die Methode inkonsistent machen könnte. Dabei ist zu erwähnen, dass die Wahl der Momentenerhaltung eben nur eine von mehreren Möglichkeiten ist. Insbesondere ist die Wahl der Darstellung der höheren Green-Funktionen $F^{(i)}_{iij\sigma}(E)$ als Linearkombinationen aus $G_{ij\sigma}(E)$ und $F_{iij\sigma}(E)/\Gamma_{iij\sigma}(E)$ für $F^{(1,2)}_{iij\sigma}(E)$ viel stärker durch die Grenzfälle motiviert als für $F^{(3,4)}_{iij\sigma}(E)$. Deshalb ist es zumindest plausibel hier nach verschiedenen Darstellungen zu suchen und diese im Nachhinein zu bewerten. Trotz der Verwendung verschiedener Bestimmungsmethoden der $\alpha_{i\sigma}$ bzw. $\beta_{i\sigma}$, soll der Begriff „Moment Conserving Decoupling Approach" weiterhin verwendet werden, weil die Momenterhaltung immer der Hauptaspekt bleibt.

A.3. Bezeichnung der einzelnen MCDA-Varianten

Zur Vereinfachung der Beschreibung der Methoden werden diese in Tabelle A.1 durchnummeriert.

Name	$\alpha_{3\sigma}$	$\beta_{3\sigma}$	$\alpha_{4\sigma}$	$\beta_{4\sigma}$	Kommentar
MCDA(0)	0	0	0	0	ohne DB-GF
MCDA(1)	$-\gamma_\sigma$	$\beta^M_{3\sigma}$	$\Delta_{\bar\sigma}$	$\beta^M_{4\sigma}$	Momenterhaltung
MCDA(2)	$-\gamma_\sigma$	$\langle n_{i\sigma}\rangle$	$\Delta_{\bar\sigma}$	$\langle n_{i\bar\sigma}\rangle$	Erwartungswerterhaltung
MCDA(2a)	0	0	$\Delta_{\bar\sigma}$	$\langle n_{i\bar\sigma}\rangle$	
MCDA(3)	0	$\langle n_{i\sigma}\rangle$	$\langle S^z_i\rangle\langle n_{i\bar\sigma}\rangle$	$\langle n_{i\bar\sigma}\rangle$	Meanfield-Entkopplung
H(x,y)	$\alpha^{(x)}_{3\sigma}$	$\beta^{(x)}_{3\sigma}$	$\alpha^{(y)}_{4\sigma}$	$\beta^{(y)}_{4\sigma}$	Hybridvarianten, $(x,y = 0,\ldots,3)$
z.B. H(1,2)	$-\gamma_\sigma$	$\beta^M_{3\sigma}$	$\Delta_{\bar\sigma}$	$\langle n_{i\bar\sigma}\rangle$	

Tabelle A.1.: Nummerierung und Koeffizienten der einzelnen MCDA-Methoden. Die länglichen Ausdrücke der Momenterhaltung in (A.35) und (A.37) wurden zu $\beta^M_{3,4\sigma}$ abgekürzt.

A. *Koeffizienten und Erwartungswerte der MCDA*

A.4. Koeffizienten bei expliziter Betrachtung der Doppelbesetzung

Die Koeffizienten in den Gleichungen (3.103, 3.104) werden wieder mittels Momenterhaltung angepasst. Allerdings sind ist man diesmal zwingend auch auf die Forderung der Erwartungswerterhaltung angewiesen. An den Momenten von $F_{iij\sigma}(E)$, $\Gamma_{iij\sigma}(E)$, $F^{(1)}_{iij\sigma}(E)$ und $F^{(2)}_{iij\sigma}(E)$ ändert sich nichts. Damit bleiben auch die Koeffizienten $\alpha_{(1,2)\sigma}$ und $\beta_{(1,2)\sigma}$ gleich. Die übrigen (nullten) Momente sind

$$M^{(0)}_\sigma(D_{iiij\sigma}(E)) = \langle n_{\bar\sigma}\rangle \delta_{ij} \tag{A.51}$$

$$M^{(0)}_\sigma(F^{(3)}_{iiiij\sigma}(E)) = -\gamma_\sigma \delta_{ij} \tag{A.52}$$

$$M^{(0)}_\sigma(\Gamma^{(4)}_{iiiij\sigma}(E)) = \left(\Delta_{\bar\sigma} - \langle S^z_i\rangle\langle n_{\bar\sigma}\rangle\right)\delta_{ij} \tag{A.53}$$

$$M^{(0)}_\sigma(F^{(5)}_{iiiij\sigma}(E)) = -\eta_\sigma \delta_{ij} \tag{A.54}$$

$$M^{(0)}_\sigma(F^{(6)}_{iiiij\sigma}(E)) = \left(\mu_{\bar\sigma} - 2z_\sigma\Delta_{\bar\sigma} - \langle S^{\bar\sigma}_i S^\sigma_i\rangle\langle n_{\bar\sigma}\rangle\right)\delta_{ij} \ . \tag{A.55}$$

In den höheren Momenten würden Erwartungswerte ($\langle S^{\bar\sigma}_i S^\sigma_i S^z_i n_{\bar\sigma}\rangle$, ...) auftauchen, die innerhalb dieser Methode nicht bestimmt werden können. Aber eine andere Forderung ist die der Erwartungswerterhaltung. Aus Gleichung (3.103) folgt

$$\underbrace{\left\langle S^{\bar\sigma}_i S^z_i c^+_{i\sigma} n_{i\sigma} c_{i\bar\sigma}\right\rangle}_{=0} = \alpha_{5\sigma}\langle n_\sigma n_{\bar\sigma}\rangle + \beta_{5\sigma}\underbrace{\left\langle S^{\bar\sigma}_i c^+_{i\sigma}n_{i\sigma}c_{i\bar\sigma}\right\rangle}_{=0} \tag{A.56}$$

$$\Rightarrow \alpha_{5\sigma} = 0 \ .$$

Bei Gleichung (3.104) kann man Spinsymmetrie ausnutzen. Es gilt nämlich

$$\left\langle (\delta S^{\bar\sigma}_i S^\sigma_i) n_{i\sigma} n_{i\bar\sigma}\right\rangle = \alpha_{6\sigma}\langle n_\sigma n_{\bar\sigma}\rangle + \beta_{6\sigma}\langle (\delta S^z_i n_{i\sigma} n_{i\bar\sigma}\rangle \tag{A.57}$$

$$\Rightarrow \left\langle (\delta S^z)^2 n_{i\sigma} n_{i\bar\sigma}\right\rangle = \alpha_{6\sigma}\langle n_\sigma n_{\bar\sigma}\rangle + (\beta_{6\sigma} + z_\sigma)\langle (\delta S^z_i n_{i\sigma} n_{i\bar\sigma}\rangle \tag{A.58}$$

$$\stackrel{!}{=} \alpha_{6\bar\sigma}\langle n_\sigma n_{\bar\sigma}\rangle + (\beta_{6\bar\sigma} - z_\sigma)\langle (\delta S^z_i n_{i\sigma} n_{i\bar\sigma}\rangle \tag{A.59}$$

Alle Erwartungswerte sind hier spinsymmetrisch. Die einzige explizite Spinabhängigkeit liegt in dem Vorfaktor „z_σ". Geht man weiterhin davon aus, dass die Gleichung für alle Kombinationen von S^z_i, $(S^z_i)^2$, $n_{i\sigma}$ bzw. deren Eigenwerte gelten soll, bleibt als einzige Möglichkeit die Spinsymmetrie von $\langle (\delta S^z)^2 n_{i\sigma} n_{i\bar\sigma}\rangle$ zu erhalten, die Wahl

$$\alpha_{6\sigma} = \alpha_6$$
$$\beta_{6\sigma} = \beta_6 - z_\sigma \ .$$

Kombiniert man diese Vorgaben mit der Momenterhaltung ergibt sich

$$\alpha_{5\sigma} = 0 \tag{A.60}$$

$$\beta_{5\sigma} = \beta_{1\sigma} \tag{A.61}$$

$$\alpha_6 = \frac{\mu_{\bar{\sigma}} - 2z_\sigma \Delta_{\bar{\sigma}} - \langle S_i^\sigma S_i^{\bar{\sigma}} \rangle \langle n_{\bar{\sigma}} \rangle - \beta_{6\sigma}(\Delta_{\bar{\sigma}} - \langle S_i^z \rangle \langle n_{\bar{\sigma}} \rangle)}{\langle n_{\bar{\sigma}} \rangle} \tag{A.62}$$

$$\beta_{6\sigma} = \frac{\mu_{\bar{\sigma}} \langle n_\sigma \rangle - \mu_\sigma \langle n_{\bar{\sigma}} \rangle - z_\sigma(\Delta_\sigma \langle n_{\bar{\sigma}} \rangle + \Delta_{\bar{\sigma}} \langle n_\sigma \rangle)}{\Delta_{\bar{\sigma}} \langle n_\sigma \rangle - \Delta_\sigma \langle n_{\bar{\sigma}} \rangle} - z_\sigma \ . \tag{A.63}$$

A.5. MCDA des Antiferromagneten

Es soll hier kurz skizziert werden, dass sich bei der MCDA für den Antiferromagneten die formale der Struktur der Bestimmungsgleichungen nicht ändert, sondern nur die Form der darin enthaltenen lokalen Green-Funktion $G_\sigma^\alpha(E)$.
Der Hamiltonoperator des Antiferromagneten ist

$$\mathcal{H} = \sum_{\substack{<i,j>,\sigma \\ \alpha,\beta}} T_{ij}^{\alpha\beta} c_{i\sigma\alpha}^+ c_{j\sigma\alpha} - \frac{J}{2} \sum_{i,\sigma,\alpha} z_\alpha \left(z_\sigma S_{i\alpha}^z n_{i\sigma\alpha} + S_{i\alpha}^\sigma c_{i\bar\sigma}^+ c_{i\sigma} \right) \tag{A.64}$$

$$= H_0 + \tilde{H}_{sf} \ , \tag{A.65}$$

wobei α, β den Untergitterindex bezeichnen. Die BGL einer Untergittergreenfunktion lautet somit

$$\sum_m (E\delta_{im}^{\alpha\alpha} - T_{im}^{\alpha\alpha}) G_{mj\sigma}^{\alpha\alpha}(E) = \hbar\delta_{ij}^{\alpha\alpha} + \sum_m T_{im}^{\alpha\bar\alpha} G_{mj\sigma}^{\bar\alpha\alpha}(E) +$$
$$+ \langle\langle [c_{i\sigma\alpha}, H_{sf}^\alpha]_-; c_{j\sigma\alpha}^+ \rangle\rangle \tag{A.66}$$

$$\langle\langle [c_{i\sigma\alpha}, H_{sf}^\alpha]_-; c_{j\sigma\alpha}^+ \rangle\rangle = \sum_k M_{ik\sigma}^{\alpha\alpha}(E) G_{kj\sigma}^{\alpha\alpha}(E)$$

$$= -\frac{J}{2} \left(z_\sigma \Gamma_{iij\sigma}^{\alpha\alpha}(E) + F_{iij\sigma}^{\alpha\alpha}(E) \right) \ . \tag{A.67}$$

Es taucht hier noch eine Zwischengittergreenfunktion $G_{kj\sigma}^{\bar\alpha\alpha}(E)$ auf, für die die entsprechende BGL

$$\sum_m \left(E\delta_{im}^{\bar\alpha\alpha} - T_{im}^{\bar\alpha\bar\alpha} \right) G_{mj\sigma}^{\bar\alpha\alpha}(E) = \sum_m T_{im}^{\bar\alpha\alpha} G_{mj\sigma}^{\alpha\alpha}(E) + \sum_k M_{ik\sigma}^{\bar\alpha\bar\alpha}(E) G_{kj\sigma}^{\bar\alpha\alpha}(E) \tag{A.68}$$

lautet. Mit den Symmetriebedingungen $T_{ij}^{\alpha\alpha} = T_{ij}^{\bar\alpha\bar\alpha}$ und $T_{ij}^{\alpha\bar\alpha} = T_{ij}^{\bar\alpha\alpha}$ ergibt sich ein geschlossenes Gleichungssystem. Bei einer lokalen Selbstenergie und Translationsinvarianz im Untergitter, ist die Untergittergreenfunktion dann

$$G_{\mathbf{k}\sigma}^{\alpha\alpha}(E) = \left(E - \epsilon^{\alpha\alpha}(\mathbf{k}) - M_\sigma^\alpha(E) - \frac{(\epsilon^{\alpha\bar\alpha}(\mathbf{k}))^2}{E - \epsilon^{\alpha\alpha}(\mathbf{k}) - M_\sigma^{\bar\alpha}(E)} \right)^{-1} \ . \tag{A.69}$$

A. Koeffizienten und Erwartungswerte der MCDA

Die weitere Vorgehensweise ist wieder ähnlich zum Ferromagneten, mit den Ersetzungen

$$\left[c_{i\sigma\alpha}, \bar{H}_{sf}\right]_{-} \longrightarrow \sum_{k} M_{ik\sigma}^{\alpha\alpha}(E) \tag{A.70}$$

und den Linearkombinationen für die höheren Green-Funktionen

$$F_{iiij\sigma}^{(i),\alpha\alpha\alpha}(E) = \alpha_{(i)\sigma\alpha} G_{ij\sigma}^{\alpha\alpha}(E) + \beta_{(i)\sigma\alpha} X_{iij\sigma}^{\alpha\alpha}(E), \qquad X = \Gamma, F \tag{A.71}$$

In der BGL der Untergitterising- bzw. Untergitterspinflipfunktion

$$\sum_{l}\left(E\delta_{kl}^{\alpha\alpha} - T_{kl}^{\alpha\alpha} - M_{kl\pm\sigma}^{\alpha\alpha}(E)\right) X_{ilj\sigma}^{\alpha\alpha}(E) = -\delta_{ik}^{\alpha\alpha}\sum_{l} M_{kl\pm\sigma}^{\alpha\alpha}(E) X_{ilj\sigma}^{\alpha\alpha}(E) -$$
$$-\delta_{ik}^{\alpha\alpha}\frac{J}{2}\left(A_{X\sigma}G_{ij\sigma}^{\alpha\alpha}(E) + B_{X\sigma}\Gamma_{iij\sigma}^{\alpha\alpha}(E) + C_{X\sigma}F_{iij\sigma}^{\alpha\alpha}(E)\right) + \tag{A.72}$$
$$+\sum_{l} T_{kl}^{\alpha\bar{\alpha}} X_{ilj\sigma}^{\bar{\alpha}\alpha}(E)$$

tauchen wieder Zwischengitterfunktionen $X_{ilj\sigma}^{\bar{\alpha}\alpha}(E)$ auf, welche sich aber auch als

$$\sum_{l}\left(E\delta_{kl}^{\bar{\alpha}\bar{\alpha}} - T_{kl}^{\bar{\alpha}\bar{\alpha}} - M_{kl\pm\sigma}^{\bar{\alpha}\bar{\alpha}}(E)\right) X_{ilj\sigma}^{\bar{\alpha}\alpha}(E) = \sum_{l} T_{kl}^{\bar{\alpha}\alpha} X_{ilj\sigma}^{\alpha\alpha}(E) \tag{A.73}$$

bestimmen lassen. Kombiniert man die Gleichungen (A.72) und (A.73), so ergeben sich formal identische Gleichungen zum Fall des Ferromagneten in (3.69) und (3.70):

$$X_{iij\sigma}^{\alpha\alpha} = G_{\pm\sigma}^{\alpha}\left((-M_{\pm\sigma}^{\alpha} - \frac{J}{2}B_{X\sigma})\Gamma_{iij\sigma}^{\alpha\alpha} - \frac{J}{2}(A_{X\sigma}G_{ij\sigma}^{\alpha\alpha} + C_{X\sigma}F_{iij\sigma}^{\alpha\alpha})\right) . \tag{A.74}$$

Der einzige Unterschied ist, dass die darin enthaltene lokale Green-Funktion die Form

$$G_{\sigma}^{\alpha}(E) = \frac{1}{N}\sum_{\mathbf{k}}\left(E - \epsilon^{\alpha\alpha}(\mathbf{k}) - M_{\sigma}^{\alpha}(E) - \frac{(\epsilon^{\alpha\bar{\alpha}}(\mathbf{k}))^2}{E - \epsilon^{\alpha\alpha}(\mathbf{k}) - M_{\sigma}^{\bar{\alpha}}(E)}\right)^{-1} \tag{A.75}$$

hat. Die formale Identität gilt dann weiterhin für alle weiteren Gleichungen.

B. Erweiterungsterme zum Kondo-Gitter-Modell

B.1. Erweiterung des Hamilton-Operators in der MCDA

Im Rahmen dieser Arbeit wird hauptsächlich der Hamilton-Operator des reinen KLMs besprochen. Zur Beschreibung von Realsystemen sind aber oft noch andere Wechselwirkungen von Bedeutung. Es soll hier nun der Einfluss der drei zusätzlichen Terme aus Abschnitt 2.1 auf die Formeln der MCDA untersucht werden. Da keine neuen Greenfunktionen oder sonstige prinzipielle Änderungen vorkommen, werden hauptsächlich die Koeffizienten $A_{X\sigma}, \ldots$ z.B. in (3.105), (3.106), die in den Bewegungsgleichungen der verschiedenen Green-Funktionen stehen, beeinflusst.

Hubbardanteil

Der Hubbardanteil bringt den zusätzlichen Term

$$H_U = U_H \sum_i n_{i\sigma} n_{i\bar{\sigma}} \tag{B.1}$$

zum Hamilton-Operator. Es müssen also nun bei den BGL weitere Kommutatoren der Form $[\ldots, H_U]_-$ berechnet werden. So ist z.B. die BGL der Einelektron-GF

$$\sum_l (E\delta_{il} - T_{il}) G_{lj\sigma}(E) = \delta_{ij} - \frac{J}{2} (F_{iij\sigma}(E) + z_\sigma I_{iij\sigma}(E)) + U_H D_{iiij\sigma}(E), \tag{B.2}$$

$$F_{iij\sigma}(E) = \langle\!\langle S_i^{\bar{\sigma}} c_{i\bar{\sigma}}; c_{j\sigma}^+ \rangle\!\rangle, \quad I_{iij\sigma}(E) = \langle\!\langle S_i^z c_{i\sigma}; c_{j\sigma}^+ \rangle\!\rangle, \quad D_{iiij\sigma}(E) = \langle\!\langle n_{i\bar{\sigma}} c_{i\sigma}; c_{j\sigma}^+ \rangle\!\rangle.$$

Da der Hubbardterm direkt mit Doppelbesetzung verbunden ist, soll dieser auch nur bei der Variante der MCDA mit deren expliziten Berücksichtigung verwendet werden (D-MCDA, Abschnitt 3.2.2). Mit den dort üblichen Vereinfachungen, ändern sich dann

B. Erweiterungsterme zum Kondo-Gitter-Modell

die Größen zu:

$$M_\sigma^2(E) = M_\sigma^{2(sf)}(E) + U_H D_\sigma(E) \tag{B.3}$$

$$M_\sigma^{D1}(E) = M_\sigma^{D1,(sf)}(E) + U_H \tag{B.4}$$

$$\beta_{2\sigma} = \frac{\langle S_i^{\bar\sigma} S_i^\sigma S_i^z\rangle - \langle S_i^{\bar\sigma} S_i^\sigma\rangle \langle S_i^z\rangle + 2\eta_\sigma}{\langle (S_i^z)^2\rangle - \langle S_i^z\rangle^2 - \gamma_\sigma - \frac{2U_H}{J} z_\sigma(\Delta_{\bar\sigma} - \langle S_i^z\rangle\langle n_{\bar\sigma}\rangle)} -$$

$$- \frac{2U_H}{J} \frac{(\mu_{\bar\sigma} - 2z_\sigma \Delta_{\bar\sigma} - \langle S_i^\sigma S_i^{\bar\sigma}\rangle \langle n_{i\bar\sigma}\rangle)}{\langle (S_i^z)^2\rangle - \langle S_i^z\rangle^2 - \gamma_\sigma - \frac{2U_H}{J} z_\sigma(\Delta_{\bar\sigma} - \langle S_i^z\rangle\langle n_{\bar\sigma}\rangle)} \tag{B.5}$$

$$C_{3\sigma} = C_{3\sigma}^{(sf)} - \frac{2U_H}{J} \tag{B.6}$$

$$B_{4\sigma} = B_{4\sigma}^{(sf)} - \frac{2U_H}{J} \; . \tag{B.7}$$

Der Index (sf) verweist auf die ursprünglichen Größen des reinen KLMs. Weiterhin werden die Inhomogenitäten in den Gleichungen (3.120) und (3.121) zu

$$z_\sigma F_\sigma^{(3)}(E) \to z_\sigma F_\sigma^{(3)}(E) - \frac{2U_H}{J} \Gamma_\sigma^{(4)}(E) \tag{B.8}$$

$$F_\sigma^{(3)}(E) + 2z_\sigma F_\sigma^{(4)}(E) \to (1 - \frac{2U_H}{J}) F_\sigma^{(3)}(E) + 2z_\sigma F_\sigma^{(4)}(E) \; . \tag{B.9}$$

Durch den neuen Anteil am Hamilton-Operator ist auch die innere Energie wegen $U = \langle \mathcal{H}\rangle$ beeinflusst. Es lässt sich in diesen Fall keine Formel finden, die ausschließlich auf $G_{\mathbf{k}\sigma}(E)$ beruht[1]. Hinzu kommt der Erwartungswert der Doppelbesetzung $\langle n_\sigma n_{\bar\sigma}\rangle$ und es gilt

$$U = -\frac{1}{\pi N} \sum_{\mathbf{k},\sigma} \int dE\; E f_-(E) \mathrm{Im} G_{\mathbf{k}\sigma}(E) - U_H \langle n_\sigma n_{\bar\sigma}\rangle \; . \tag{B.10}$$

Das Minuszeichen vor $U_H \langle n_\sigma n_{\bar\sigma}\rangle$ entsteht dadurch, dass in dem Integral der Hubbard-Anteil schon doppelt gezählt worden ist. Der Erwartungswert kann über das Spektraltheorem aus $D_\sigma(E)$ berechnet werden.

Heisenberg-Anteil

Das Heisenberg-Modell an sich ist ein recht kompliziertes Modell, d.h. eine Lösung des selben kann erhebliche Schwierigkeiten mit sich bringen. Als besondere Schwierigkeit zur Erweiterung des sf-Hamilton-Operators, ist die *inter*-atomare Wechselwirkung J_{ij} in

$$H_{ff} = -\sum_{\langle i,j\rangle} J_{ij} \mathbf{S}_i \cdot \mathbf{S}_j \tag{B.11}$$

---

[1] Für das reine Hubbardmodell gibt es zwar solch eine Formel[52, 161], aber eben nicht in Kombination mit einem sf-Wechselwirkungsterm.

B.1. Erweiterung des Hamilton-Operators in der MCDA

zu sehen. Im Folgenden soll dieser Austausch aber als sehr klein gegenüber den anderen Kopplungen angenommen werden. Deshalb wird es plausibel sein, hier in ein Meanfield-Heisenbergmodell überzugehen:

$$H_{ff}^{MF} = \underbrace{-J_{AF} N_{NN} \langle S^z \rangle}_{B^{\text{eff}}} \sum_i S_i^z \qquad (B.12)$$

In diesem wird der Effekt der ein lokales Moment umgebenden Spins als ein effektives Feld berücksichtigt. Die Kopplung der einzelnen Spins J_{AF} ist nun nicht mehr in bestimmten Richtungen definiert. Außerdem ist $N_{NN} = N_{\uparrow\uparrow} - N_{\uparrow\downarrow}$ die Anzahl der nächsten Nachbarn, bzw. genauer die Differenz der a priori parallelen und antiparallelen Spins, die aus der Definition der konkreten magnetischen Phase kommt (vgl. Abschnitt 3.3). Der einzige Operator in dieser Arbeit, der nicht mit S_i^z kommutiert, ist $S_i^{\pm\sigma}$. Dem zur Folge hat der Heisenberg-Anteil nur Auswirkung auf die BGL der Spin-Flip-Funktionen und es kommt zu folgenden Änderungen:

$$C_{F\sigma} = C_{F\sigma}^{sf} + N_{NN} \frac{2 J_{AF}}{J} \langle S^z \rangle \qquad (B.13)$$

$$C_{3\sigma} = C_{3\sigma}^{sf} + N_{NN} \frac{2 J_{AF}}{J} \langle S^z \rangle . \qquad (B.14)$$

Auch die innere Energie (pro Gitterplatz) ändert sich wieder und bekommt den additiven Beitrag

$$U_{ff} = -N_{NN} J_{AF} \langle S^z \rangle^2 . \qquad (B.15)$$

Elektron-Phonon-Kopplung

Auch die Beschreibung einer Elektron-Phonon-Kopplung stellt ein nicht-triviales Problem, besonders als Ergänzung zum KLM, dar[157, 162]. Es soll also wieder ein einfacheres, einer Jahn-Teller-induzierten Elektron-Phonon-Kopplung angepasstes, Meanfield-Modell benutzt werden[46, 36, 43]. Es müssen mindestens zwei verschiedene Orbitale an einem Atom betrachtet werden, die energetisch unterschiedlich bevorzugt werden. Im Festkörper formen sie Bänder und der entsprechende Hamilton-Operator ist dann

$$H_{JT} = -g^2 \sum_{\mathbf{k}\alpha\sigma} (\langle n_{\alpha\sigma} \rangle - \langle n_{\bar{\alpha}\sigma} \rangle) c_{\mathbf{k}\alpha\sigma}^+ c_{\mathbf{k}\alpha\sigma} \qquad (B.16)$$

ganz ähnlich zu dem Hoppinganteil des Hamilton-Operators. Dabei spalten die beiden Bänder mit dem Index $\alpha = \pm 1$ proportional zum Besetzungsunterschied $\langle n_{\alpha\sigma} \rangle - \langle n_{\bar{\alpha}\sigma} \rangle$ auf. In der Tat stellt es formal nur eine Verschiebung der Bandschwerpunkte

$$\epsilon^\alpha(\mathbf{k}) \to \epsilon(\mathbf{k}) - g^2 (\langle n_{\alpha\sigma} \rangle - \langle n_{\bar{\alpha}\sigma} \rangle) \qquad (B.17)$$

dar und es muss nur in den Formel der MCDA diese neue Dispersion eingesetzt werden. Die Verschiebung ist dabei selbstkonsistent zu berechnen.

B. Erweiterungsterme zum Kondo-Gitter-Modell

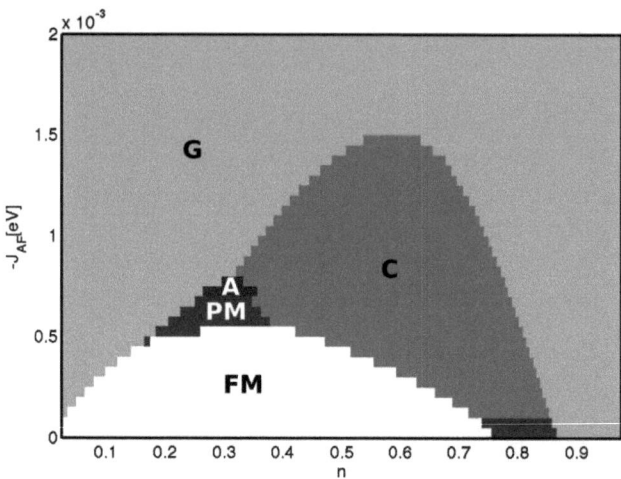

Abbildung B.1.: Auftreten von magnetischen Phasen (FM-weiß, PM-weinrot, A-dunkelblau, C-hellblau, G-grün) in Abhängigkeit der antiferromagnetischen Kopplung $-J_{AF}$. Mit zunehmender Kopplung $|J_{AF}|$ werden Phasen mit größerem antiferromagnetischem Charakter bevorzugt, bis schließlich nur noch die AFg-Phase bleibt. Parameter: $S = \frac{3}{2}$ $W = 1\text{eV}$, $U_H = 0\text{eV}$, $J = 0.5\text{eV}$, D-MCDA

B.2. Phasendiagramme im erweiterten KLM

In Abschnitt B.1 wurden mehrere Erweiterungen des KLMs vorgeschlagen, die erheblichen Einfluss auf das Vorkommen magnetischer Phasen nehmen können. Dies ist besonders leicht ersichtlich bei dem Heisenberg-Modell

$$H_{ff} = -\sum_{i,j} J_{ij} \mathbf{S}_i \cdot \mathbf{S}_j \tag{B.18}$$

$$\Rightarrow U_{ff} \stackrel{\text{MFN}}{\approx} - J_{AF}(N_{\uparrow\uparrow} - N_{\uparrow\downarrow})\langle S^z \rangle^2 , \tag{B.19}$$

welches hier in dessen Meanfield-Näherung betrachtet werden soll. Man erkennt den direkten Bezug zum antiferromagnetischen Charakter einer Phase in dem Vorfaktor $N_{\uparrow\uparrow} - N_{\uparrow\downarrow}$, welcher die Differenz der Anzahl von parallel und antiparallel ausgerichteten Nachbarspins bezeichnet. Im Falle vom Ferromagneten beträgt dieser im einfach kubischen Gitter 6 und sinkt dann sukzessive auf 2 (AFa), 0 (PM), -2 (AFc) und -6 (AFg). Dies bedeutet, dass die AFg-Phase eine erheblichen energetischen Gewinn aus einer direkten antiferromagnetischen Kopplung $J_{AF} < 0$ ziehen kann, während die ferromagnetische Phase stark benachteiligt wird. Dies lässt sich im Phasenverlauf von Abb. B.1 erkennen. Ab einem genügend starken $J_{AF} < 0$ existiert schließlich nur noch die

B.2. Phasendiagramme im erweiterten KLM

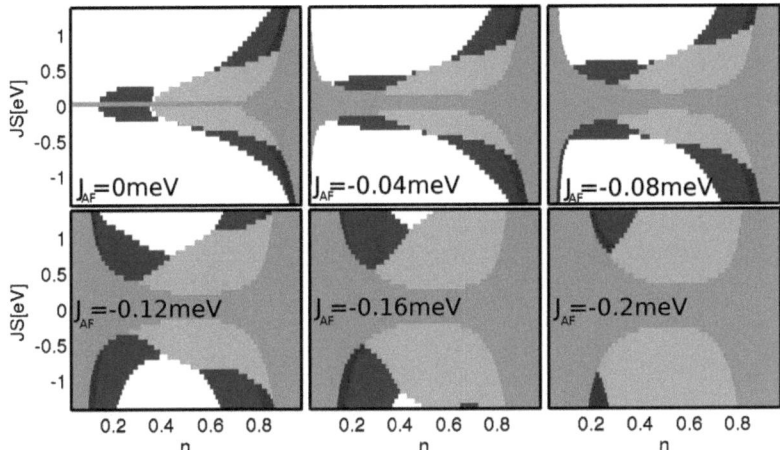

Abbildung B.2.: Magnetische Phasendiagramme (FM-weiß, PM-weinrot, A-dunkelblau, C-hellblau, G-grün) bei verschiedenen antiferromagnetischen Kopplungen J_{AF}. Die antiferromagnetische Kopplung fließt nur über die innere Energie ein (vgl. Text). Parameter: $S = \frac{7}{2}$ $W = 1\mathrm{eV}$, $U_H = 0\mathrm{eV}$, D-MCDA

AFg-Phase. Die Energieveränderung durch eine unterschiedlich starke direkte Kopplung der Momente steht natürlich im Wechselspiel zu den ursprünglichen Energiedifferenzen aus dem KLM. So verschieben sich die Phasengrenzen im J-n-Phasendiagramm mit Anstieg von $|J_{AF}|$ unterschiedlich stark und hängen neben dem Energiegewinn/-verlust aus dem Zusatzterm von dem absoluten Energieunterschied aus dem KLM ab (Abb. B.2). So entsteht für endliches $J_{AF} < 0$ bei niedrigen Bandbesetzungen sofort die AFg-Phase. Durch die geringe Anzahl an Elektronen ist hier die innere Energie aus dem KLM sehr klein ($U^{\mathrm{KLM}}(n \to 0) \to 0$) und die ferromagnetische Ausrichtung des reinen KLMs geht sofort verloren. Mit größer werdendem energetischem Beitrag der direkten Kopplung verschiebt sich das Phasendiagramm immer mehr zu Phasen mit stärkerem antiferromagnetischem Charakter.

Es sei hier angemerkt, dass in den Berechnungen der Phasendiagramme in Abb. B.2 der Einfluss von J_{AF} auf die Greenfunktionen der D-MCDA in (B.13, B.14) vernachlässigt worden ist. Dies hat ausschließlich Gründe in der zeitaufwändigen Berechnung der Phasendiagramme. Damit geht also die Kopplung J_{AF} nur direkt über die innere Energie in (B.15) ein, was aber bei $T = 0$ den Haupteinfluss hat. Bei endlichen Temperaturen wird diese Vernachlässigung zu überprüfen sein.

Neben einer direkten Kopplung der magnetischen Momente, kann es, z.B. in Manganaten, zu einer Aufspaltung der Leitungsbänder durch den Jahn-Teller-Effekt kommen. Dieser wurde in dieser Arbeit angenähert durch eine MF-Abschätzung der Elektron-

B. Erweiterungsterme zum Kondo-Gitter-Modell

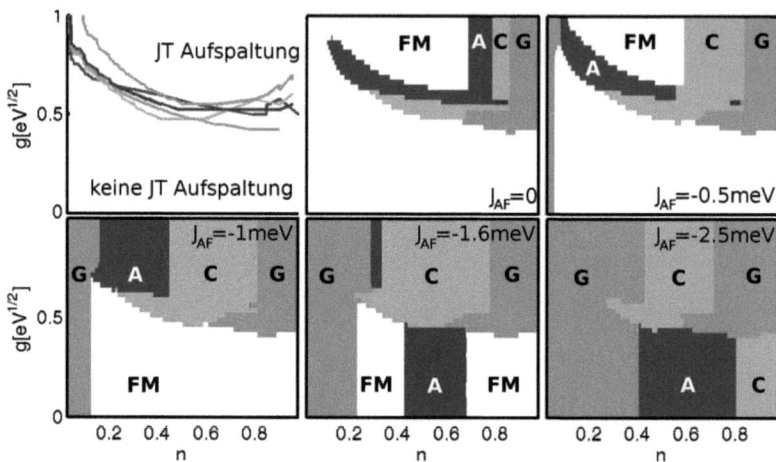

Abbildung B.3.: *links oben:* Bereiche in denen eine Jahn-Teller-Bandaufspaltung eintritt. (FM-orange, PM-weinrot, A-dunkelblau, C-hellblau, G-grün) in Abhängigkeit der JT-Kopplung g. *sonst:* Phasendiagramme bzgl. der JT-Kopplung bei verschiedenen direkten antiferromagnetischen Kopplung J_{AF} (Einfluss nur auf innere Energie, vgl. Text). Starke Kopplungen und große n verschieben die Bänder um $\approx 2g^2 n$ gegeneinander und führen zu einem effektiven Einband-Verhalten (vgl. Abb. 5.6 bei $S = \frac{3}{2}$ und $J = 0.5\text{eV}$). Bricht die JT-Bandaufspaltung bei kleinen g bzw. n zusammen, so verschieben sich die Phasen so, dass das Phasenverhalten des Einbandmodells mit einer effektiven Bandbesetzung $n^{\text{eff}} = n/2$ entsteht. Man beachte, dass die Phasen bei mittleren g unterschiedlich stark von einer Bandaufspaltung profitieren (z.B. AFa-Phase entsteht bei $J_{AF} = 0$ in der Nähe der JT-Aufspaltungsgrenze). Parameter: $S = \frac{3}{2}$ $W = 1\text{eV}$, $U_H = 0\text{eV}$, $J = 0.5\text{eV}$, 2 Elektronenbänder, D-MCDA

Phonon-Kopplung zu

$$H_{JT} = -g^2 \sum_{i,\alpha,\sigma} (\langle n_{\sigma\alpha} \rangle - \langle n_{\sigma\bar\alpha} \rangle) n_{i\alpha\sigma} . \qquad (B.20)$$

Im Gegensatz zu den vorher betrachteten Systemen sind hier mindestens zwei Bänder nötig, damit der JT-Effekt auftritt. Alle elektronischen Operatoren im Gesamt-Hamilton-Operator bekommen nun einen weiteren Bandindex α über den summiert werden muss. In dieser Arbeit wird das System auf zwei Bänder beschränkt. Es kann dann zu einer selbstkonsistenten Aufspaltung der beiden Bänder mit Index $\alpha = \pm 1$, die um dem Energiebetrag $\Delta E_{JT} = 2g^2(\langle n_{\sigma\alpha=1} \rangle - \langle n_{\sigma\alpha=-1} \rangle)$ gegeneinander verschoben werden. Der Besetzungsunterschied $\langle n_{\sigma\alpha=1} \rangle - \langle n_{\sigma\alpha=-1} \rangle$ ist dabei selbstkonsistent zu berechnen, was dazu führt, dass eine Aufspaltung der Bänder erst ab einer n-abhängigen kritischen Kopplung g_C auftritt. Diese ist ebenfalls unterschiedlich für verschiedene magnetische

B.2. Phasendiagramme im erweiterten KLM

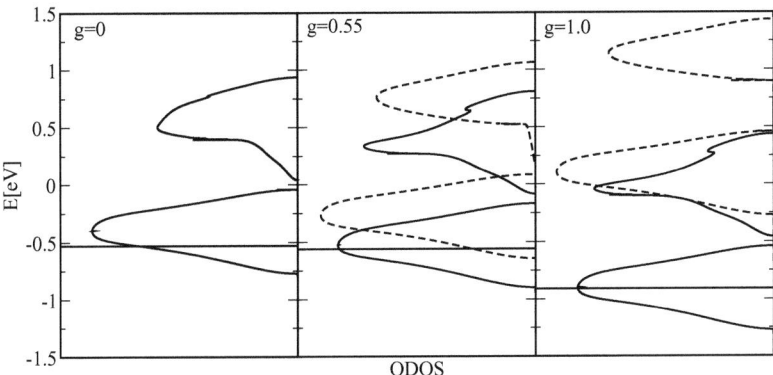

Abbildung B.4.: Zustandsdichte der paramagnetischen Phase für verschiedene Kopplungen g. Bei genügend großem g trennen sich die Bänder (unteres Band - durchgezogene Linie, oberes Band - gestrichelte Linie). Die Bänder sind dabei unterschiedlich stark gefüllt (chemisches Potential - senkrechte Linie). Parameter: $S = \frac{3}{2}$ $W = 1\text{eV}$, $U_H = 0\text{eV}$, $J = 0.5\text{eV}$, $n = 0.5$, D-MCDA

Phasen (Abb. B.3). Bei großen g sind die Bänder so weit voneinander entfernt, dass bei $n < 1$, nur das untere Band besetzt ist und das Verhalten des 2-Band-Systems in das eines effektiven Einband-Systems übergeht (Abb. B.4). Somit treten auch die Phasen aus den vorherigen Phasendiagrammen bei großem g in Abb. B.3 auf. Ist die Kopplung hingegen sehr klein so ist bei $g \to 0$ ein ungestörtes Zweiband-System vorhanden, welches sich nur vom Einbandsystem durch die halbierte Füllung der Bänder bei gleichem n unterscheidet. Weil aber zwei Bänder besetzt sind, verdoppelt sich die innere Energie gegenüber dem Einbandmodell und es gilt der Zusammenhang:

$$U_{g=0}^{\text{2band}}(n) = 2U^{\text{1band}}(\frac{n}{2}) \,. \tag{B.21}$$

So ist die Energie bei $g = 0$ eng mit der des Einbandsystems verbunden. Dadurch skaliert das Phasendiagramm gegenüber dem Einbandsystem auch nur mit der n-Achse. Im mittleren Bereich der Kopplung g kann man das System nicht mehr auf eine Einbandsystem zurückführen und die Phasengrenzen hängen hier stark von der tatsächlichen Kopplung g ab. Bei Erhöhung der antiferromagnetischen Kopplung $|J_{AF}|$ treten immer mehr antiferromagnetische Phasen auf. Es ist sehr gut ersichtlich, dass die Phasengrenzen ebenfalls im Bereich des Übergangs von der JT-Aufspaltung liegen. Dabei wurde in Abb. B.3 bei endlichen J_{AF} wieder die gleiche Vereinfachung wie bei Abb. B.2 gemacht. Die Erweiterung des KLMs durch einen Hubbard-Term führt in den hier verwendeten Näherung zu keinem selbstkonsistenten Bandferromagnetismus. Trotzdem hat die Verschiebung der Doppelbesetzungsanteile der Zustandsdichte zu höheren Energien Einfluss

B. Erweiterungsterme zum Kondo-Gitter-Modell

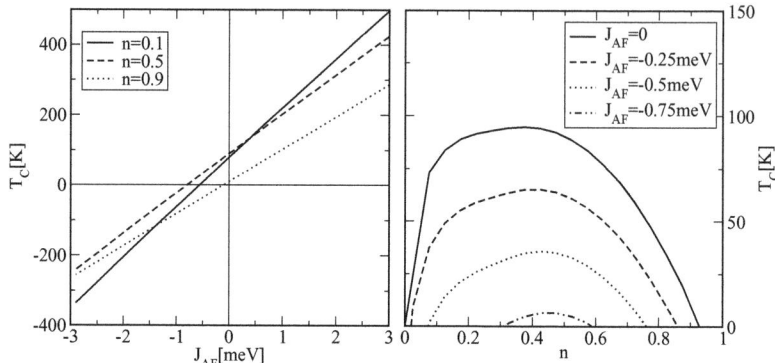

Abbildung B.5.: *links:* Curietemperaturen bzgl. der direkten Kopplung der Spins für verschiedene Bandbesetzungen n. *rechts:* T_C vs. n bei verschiedenen J_{AF}. Man beachte, dass sich die direkte Kopplung bei kleineren n wesentlich stärker auswirkt. So ist die Steigung der Geraden auf der linken Seite stark von der Bandbesetzung abhängig. Parameter: $W = 1\text{eV}$, $J = 1\text{eV}$, $U_H = 0$, $S = \frac{3}{2}$

auf das Phasendiagramm, wie in Abb. 5.4 zu sehen war. In der D-MCDA ist dies allerdings nicht stark ausgeprägt.
Nimmt man die ISA aus Abschnitt 3.1 zur Beschreibung des KLMs, so ergeben sich die gleichen qualitativen Einflüsse der Erweiterungsterme[163].

B.3. Einfluss der Erweiterungsterme auf die Curietemperatur

Schon die Parameter des reinen KLMs sind nicht unabhängig voneinander. So kann sich durch die Festlegung eines Parameters (z.B. J derart, dass starke/schwache Kopplung herrscht) der Einfluss eines anderen (z.B. $T_C \sim W$ bzw. $\sim W^{-1}$) komplett verändern. Natürlich wird sich dies mit der Einführung von Erweiterungen noch weiter verkomplifizieren.
Die Erweiterung des Modells mit einem direkten Heisenberg-Term (vgl. B.1)

$$H_{ff} = -J_{AF} N_{NN} \underbrace{\langle S^z \rangle}_{M} \sum_i S_i^z \tag{B.22}$$

führt an erster Stelle zu einem neuen additiven Beitrag der inneren Energie

$$U^{ff} = -J_{AF} N_{NN} M^2 \ . \tag{B.23}$$

B.3. Einfluss der Erweiterungsterme auf die Curietemperatur

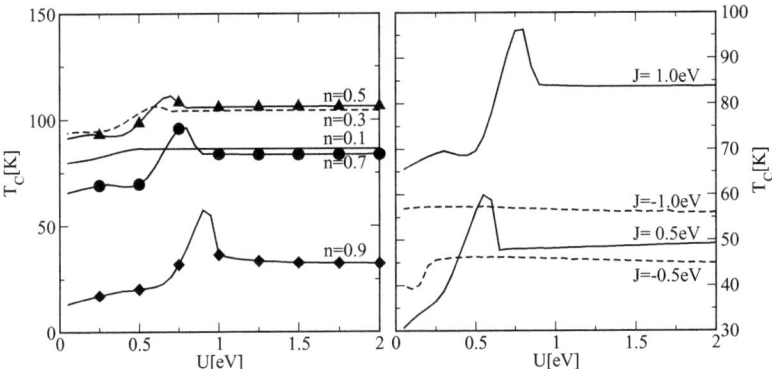

Abbildung B.6.: Curietemperaturen bzgl. der Hubbard-Abstoßung U_H bzgl. *(links)* verschiedener Bandbesetzungen n und *(rechts)* verschiedener J. Mit Erhöhung von U_H verschieben sich die Doppelbesetzungssubbänder um den entsprechenden Betrag nach oben. Dabei äußert sich ein Übereinanderschieben der DB- und Einzelbesetzungsbänder durch einen Peak in der T_C-U_H-Kurve. Bei negativen J sind die EB-Subbänder von vornherein energetisch am günstigsten und somit fehlt dort auch der Peak. Parameter: *links:* $J = 1$eV *rechts:* $n = 0.7$eV *alle:* $W = 1$eV, $S = \frac{3}{2}$

Setzt man dies nun in die Formel für T_C ein,

$$T_C = \frac{d_M U_0(M)}{d_M S_0(M)}\bigg|_{M=0^+}$$
$$= \frac{d_M U_0^{\text{KLM}}(M)}{d_M S_0(M)}\bigg|_{M=0^+} + \frac{d_M U_0^{ff}(M)}{d_M S_0(M)}\bigg|_{M=0^+} \qquad (B.24)$$

so ergibt sich eine Summe aus zwei Termen. Erwartet man naiv, dass sich die innere Energie des *elektronischen* Untersystems $U_0^{\text{KLM}}(M)$ mit J_{AF} nicht ändert, so würde das nur eine konstante Verschiebung der Curietemperatur bzgl. J_{AF} bedeuten. Dass dies nicht der Fall ist sieht man in Abb. B.5. Zwar verändert sich T_C linear mit der direkten Kopplung der Spins, aber die Steigung der Geraden ist für verschiedene Bandbesetzungen unterschiedlich. Obwohl es keine direkte Kopplung zum elektronischen Untersystem gibt, wird also trotzdem dessen innere Energie verändert! Gerade bei kleineren Bandbesetzungen wirkt sich die direkte Kopplung der Spins wesentlich stärker aus als bei großen.

Die Erweiterung des KLMs mit einem Hubbard-Term sollte auch eine starke Auswirkung auf den Magnetismus haben. Immerhin sind ja solche Systeme zu kollektiven Bandferromagnetismus fähig. Es soll hier aber nochmals darauf hingewiesen sein, dass der Hubbard-Term in dieser Arbeit ganz ähnlich zur Hubbard-I-Näherung verarbeitet wurde. Diese ist dafür bekannt, dass sie *keinen* kollektiven Magnetismus zeigt. So ist

B. Erweiterungsterme zum Kondo-Gitter-Modell

auch hier kein Ferromagnetismus zu erwarten, der nur durch den Hubbard-Teil entsteht. Trotzdem hat dieser Auswirkung auf die vom KLM verursachte magnetische Ordnung. Die Lage der Doppelbesetzungspole ändert sich durch ein endliches Hubbard-U_H zu

$$E_{\text{DB}}^{(1)} = -\frac{J}{2}(S+1) + U_H \tag{B.25}$$

$$E_{\text{DB}}^{(2)} = +\frac{J}{2}S + U_H \ . \tag{B.26}$$

Sie werden also energetisch nach oben verschoben. Bei positiven J bedeutet dies, dass das energetisch am tiefsten liegende DB-Band um $E_{\text{DB}}^{(1)}$ bei $U_H \approx \frac{1}{2}J$ in das niedrige EB-Band um $E_{\text{EB}}^{(1)} = -\frac{J}{2}S$ wandert, das ja von den Elektronen besetzt ist. In diesem Bereich bildet sich ein maximales T_C aus (Abb. B.6). Die Lage des Maximums variiert leicht mit der Bandbesetzung und dessen relative Höhe ist um so größer desto höher n. Nach dem Maximum sättigt sich T_C wieder bei einem Wert, der aber höher ist als bei $U_H = 0$. Das Hubbard-U_H hat also eine unterstützende Wirkung auf den durch das KLM verursachten kollektiven Magnetismus.
Bei negativen J fehlt dieses Verhalten. Die Hubbard-Wechselwirkung hat keinen oder nur wenig (bei kleinen $|J|$) Einfluss auf T_C. Hier ist allerdings der EB-Pol schon der energetisch niedrigste. Somit führt eine Erhöhung von U_H nicht zu einer Überlagerung von DB- mit besetzten EB-Zuständen.

Schlussendlich wurde als Erweiterung ein Jahn-Teller-Term

$$H_{JT} = -g^2 \sum_{\mathbf{k}\alpha\sigma} (\langle n_{\alpha\sigma}\rangle - \langle n_{\bar{\alpha}\sigma}\rangle) c_{\mathbf{k}\alpha\sigma}^+ c_{\mathbf{k}\alpha\sigma} \tag{B.27}$$

im Zweibandsystem eingeführt. Dieser führt ab einer gewissen kritischen Kopplung g_C zu einer selbstkonsistenten Bandaufspaltung (vgl. Abb. B.3) der zwei Bänder. Wie im Fall von $T = 0$ sind die beiden Grenzfälle $g \ll g_C$ und $g \gg g_C$ eng mit dem Einbandsystem verbunden. Tatsächlich ist der zweite Fall fast genau der des Einbandmodells, da nur das untere Band besetzt ist. Es findet lediglich eine energetische Verschiebung statt. Im ersten existiert keine Bandverschiebung und die beiden Bänder liegen übereinander. Somit hat jedes Band nur die halbe nominelle Bandbesetzung und gleicht fast dem Einbandsystem mit $n \to n/2$, nur bis auf die schon in Abschnitt B.2 erwähnte Verdopplung der Einbandenergie

$$U_{g=0}^{\text{2band}}(n) = 2U^{\text{1band}}(\frac{n}{2}) \ . \tag{B.28}$$

Das gleiche gilt für die elektronische Nullpunktsentropie, während die der lokalen Momente n-unabhängig ist. Durch diesen Zusammenhang ergibt sich mit der Formel für die

B.3. Einfluss der Erweiterungsterme auf die Curietemperatur

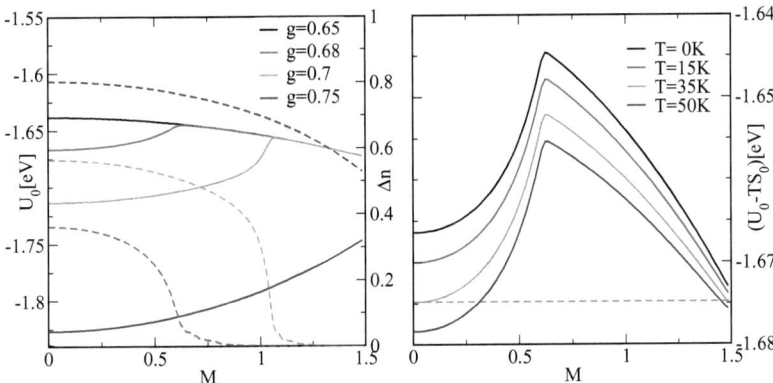

Abbildung B.7.: *links:* Innere Energien bei $T=0$ und verschiedenen JT-Kopplungen g (durchgezogene Linien) und der Besetzungsunterschied $\langle \Delta n \rangle$ (gestrichelte Linien). Ab einer kritischen Kopplung g_C existiert eine endliche Bandaufspaltung, die zu einer Absenkung der inneren Energie führt. Dies geschieht bevorzugt bei niedrigen Magnetisierungen M. *rechts:* Vereinfachte freie Energie für verschiedene Temperaturen und $g=0.68$. Der Übergang zum Paramagnetismus geschieht abrupt (erster Ordnung) bei $T \approx 35K$. Die freie Energie bei $M=0$ und $M \lesssim S$ werden hier gleich (vgl. gestrichelte grüne Linie). Das Integral $I_M(T)$ wurde aus graphischen Gründen weggelassen, was aber nur zu geringen qualitativen Änderungen führt. Parameter: $n=0.8875$, $W=1\text{eV}$, $J=1\text{eV}$, $U_H=0$, $S=\frac{3}{2}$

Curietemperatur

$$T_C(n) = \left.\frac{d_M U_0^{\text{2band}}(M,n)}{d_M(S_0^{\text{lok}}(M)+S_0^{\text{el,2band}}(M,n))}\right|_{M=0^+}$$
$$= \left.\frac{2d_M U_0^{\text{1band}}(M,n/2)}{d_M(S_0^{\text{lok}}(M)+2S_0^{\text{el,1band}}(M,n/2))}\right|_{M=0^+}. \quad (B.29)$$

Für höhere Spins ist die elektronische Entropie gegenüber der der lokalen Momente vernachlässigbar und somit ergibt sich auch eine Verdopplung der Curietemperatur

$$T_C^{\text{2band}}(g=0,n) \overset{S>\frac{1}{2}}{\approx} 2T_C^{\text{1band}}(\frac{n}{2}) \quad (B.30)$$

im Zweibandmodell bei gleicher *relativer* Füllung.
Deutlich drastischere Unterschiede treten aber bei einer Kopplung $g \approx g_C$ nahe der kritischen Kopplung auf. Abbildung B.7 zeigt, dass die JT-Aufspaltung bei solchen Werten stark von der im System herrschenden Magnetisierung M abhängt. Bei kleinen M findet teilweise schon eine Aufspaltung statt, die dann bei großen verschwindet. Dies geht einher mit einer starken Veränderung der Form der $U(M)$-Kurve. Berechnet man nun

B. *Erweiterungsterme zum Kondo-Gitter-Modell*

die freie Energie für verschiedene Temperaturen verhält sich das System bis zu einer kritischen Temperatur „normal", d.h. die Position des Minimus der freien Energie wandert *stetig* zu kleineren M. Bei der kritischen Temperatur T^* sind aber die Werte von $F(M, T^*)$ der stetig erreichten Magnetisierung und der bei $M = 0$ gleich. Es kommt nun zu einem Übergang erster Ordnung zum Paramagneten.

Weitere Aspekte des Einfluss der JT-Kopplung werden im Abschnitt 5.3 besprochen.

C. Austauschintegrale der mRKKY

Die numerische Berechnung der Austauschintegrale $J^{\alpha\beta}(\mathbf{q})$ der mRKKY ist durch die dreidimensionale $\mathbf{k}$-Summation sehr aufwändig. Deshalb ist es zur praktischen Auswertung nötig, diese eine numerisch einfachere Form zu bringen. Eine erster Schritt ist bei den hier verwendeten Dispersionen möglich. Diese sind im $\mathbf{k}$-Raum symmetrisch gegenüber Spiegelungen, d.h. $\epsilon^{\alpha\beta}(\mathbf{k}) = \epsilon^{\alpha\beta}(-\mathbf{k})$. Dadurch gilt (Beweis in [60, 43])

$$\sum_{\mathbf{k}} G_{\mathbf{k}\sigma}^{(0)\alpha\beta}(E) G_{\mathbf{k}+\mathbf{q}\sigma}^{\beta\alpha}(E) = \sum_{\mathbf{k}} G_{\mathbf{k}+\mathbf{q}\sigma}^{(0)\alpha\beta}(E) G_{\mathbf{k}\sigma}^{\beta\alpha}(E) \tag{C.1}$$

und die Größe $A_{\mathbf{k}\mathbf{k}+\mathbf{q}\sigma}^{\alpha\beta}$ in (4.50) vereinfacht sich zu

$$A_{\mathbf{k}\mathbf{k}+\mathbf{q}\sigma}^{\alpha\beta} = 2\sum_{\mathbf{k}} G_{\mathbf{k}\sigma}^{(0)\alpha\beta}(E) G_{\mathbf{k}+\mathbf{q}\sigma}^{\beta\alpha}(E) \tag{C.2}$$

$$= 2\sum_{ij} e^{i\mathbf{q}(\mathbf{R}_i^\alpha - \mathbf{R}_j^\beta)} G_{ij\sigma}^{(0)\alpha\beta}(E) G_{ij\sigma}^{\beta\alpha}(E) . \tag{C.3}$$

Die effektiven Austauschintegrale (4.48) schreiben sich dann

$$J^{\alpha\beta}(\mathbf{q}) = \frac{1}{N} \sum_{ij} \underbrace{\frac{J^2}{4\pi} \sum_\sigma \int_{-\infty}^{+\infty} dE \; f_-(E) \; \mathrm{Im} G_{ij}^{(0)\alpha\beta}(E) G_{ij\sigma}^{\beta\alpha}(E)}_{J_{ij}^{\alpha\beta}} e^{i\mathbf{q}(\mathbf{R}_i^\alpha - \mathbf{R}_j^\beta)} \tag{C.4}$$

$$= \frac{1}{N} \sum_{n,\Delta n} \underbrace{\frac{J^2}{4\pi} \sum_\sigma \int_{-\infty}^{+\infty} dE \; f_-(E) \; \mathrm{Im} G_{n,\Delta n}^{(0)\alpha\beta}(E) G_{n,\Delta n\sigma}^{\beta\alpha}(E)}_{J_{n,\Delta n}^{\alpha\beta}} e^{i\mathbf{q}\mathbf{R}_{n,\Delta n}^{\alpha\beta}} \tag{C.5}$$

In der zweiten Zeile der Formel wurde die Summation über ortsabhängige Austauschintegrale $\sum_{ij} J_{ij}^{\alpha\beta}$ durch eine Schalensummation $\sum_{n,\Delta n} J_{n,\Delta n}^{\alpha\beta}$ ersetzt. Die n-te Schale um ein Aufatom bezeichnet alle Gitterplätze $\mathbf{R}_{n,\Delta n}$, die sich im gleichen Abstand $|n|$ zu dem Aufatom befinden[1]. Der Vorteil liegt jetzt darin, dass man die $G_{n,\Delta n\sigma}^{\beta\alpha}(E)$ numerisch

---
[1] Hier ist eine mögliche Entartung zu beachten. Zum Beispiel hat die Schale mit dem Abstand $|n| = 3$ zwei Unterschalen mit den Koordinaten $\{(\pm 3, 0, 0)\}$ und $\{(\pm 1, \pm 2, \pm 2)\}$, wobei $\{\dots\}$ eine beliebige Vertauschung der Koordinaten meint.

C. Austauschintegrale der mRKKY

einfacher berechnen kann. Es ist

$$G^{\beta\alpha}_{n,\Delta n\sigma}(E) = \frac{1}{N} \sum_{\mathbf{k}} G^{\alpha\beta}_{\mathbf{k}\sigma}(E) e^{i\mathbf{k}\mathbf{R}^{\alpha\beta}_{n,\Delta n}} \tag{C.6}$$

$$= \frac{1}{N} \sum_{\mathbf{k}} G^{\alpha\beta}_{\sigma}\left(\epsilon^{\alpha\alpha}(\mathbf{k}_\parallel), \epsilon^{\alpha\bar{\alpha}}(\mathbf{k}_\perp), E\right) e^{i\mathbf{k}_\parallel \mathbf{R}^{\alpha\beta}_{n,\Delta n}} e^{i\mathbf{k}_\perp \mathbf{R}^{\alpha\beta}_{n,\Delta n}} \tag{C.7}$$

$$= \iint dx\, dy\, \underbrace{\frac{1}{N_\parallel} \sum_{\mathbf{k}_\parallel} \delta(x - \epsilon^{\alpha\alpha}(\mathbf{k}_\parallel)) e^{i\mathbf{k}_\parallel \mathbf{R}^{\alpha\beta}_{n,\Delta n}}}_{\rho^{(n)}_\parallel(x)} \times$$

$$\times \underbrace{\frac{1}{N_\perp} \sum_{\mathbf{k}_\perp} \delta(y - \epsilon^{\alpha\bar{\alpha}}(\mathbf{k}_\perp)) e^{i\mathbf{k}_\perp \mathbf{R}^{\alpha\beta}_{n,\Delta n}}}_{\rho^{(n)}_\perp(y)} G^{\alpha\beta}_{\sigma}(x,y,E) \tag{C.8}$$

$$= \iint dx\, dy\, \rho^{(n)}_\parallel(x) \rho^{(n)}_\perp(y) G^{\alpha\beta}_{\sigma}(x,y,E) . \tag{C.9}$$

Dieses Auseinanderspalten der Dispersionen ist nur wegen deren speziellen Form möglich. So ist z.B. im A-Typ Antiferromagneten (AFa)

$$\epsilon^{\alpha\alpha}(\mathbf{k}) = \frac{W}{6}\left(\cos(ak_x) + \cos(ak_y)\right) = \epsilon^{\alpha\alpha}(\mathbf{k}_\parallel), \qquad \mathbf{k}_\parallel = (k_x, k_y, 0) \tag{C.10}$$

$$\epsilon^{\alpha\bar{\alpha}}(\mathbf{k}) = \frac{W}{6}\cos(ak_z) = \epsilon^{\alpha\bar{\alpha}}(\mathbf{k}_\perp), \qquad \mathbf{k}_\perp = (0,0,k_z) . \tag{C.11}$$

Die drei Komponenten des Wellenzahlvektors mischen also nicht in den Dispersionen und damit auch nicht in den Greenfunktionen. Wegen der Ersetzung der Dispersionen durch Schalen-Zustandsdichten $\rho^{(n)}$ kann die dreidimensionale Summation über $\mathbf{k}$ auf eine eindimensionale (FM, AFg) bzw. eine zweidimensionale (AFa, AFc) Energieintegration zurückgeführt werden. Insbesondere sind die $\rho^{(n)}$ nur vom Gittertyp bzw. der Art der magnetischen Ordnung abhängig und müssen nur einmal berechnet werden. A priori ist es nicht klar, wieviele Schalen nötig sind, um den RKKY-Austausch genügend zu beschreiben. Bei großen sf-Kopplungen J reichen meist drei bis zehn Schalen, wobei sich die Anzahl bei kleineren J deutlich erhöhen kann.

Die Darstellung der Austauschintegrale im Ortsraum erlaubt auch eine einfache Ergänzung einer direkten Kopplung der lokalen Momente

$$H_{ff} = -\sum_{\langle i,j \rangle} J^{(\mathrm{AF})\alpha\beta}_{ij} \mathbf{S}_{i\alpha} \cdot \mathbf{S}_{j\beta} \tag{C.12}$$

zum KLM. Dazu muss nur, wie hier im Fall von Wechselwirkung nächster Nachbarn, die Kopplung zu den Austauschintegralen der ersten Schale hinzu addiert werden:

$$J^{\alpha\beta}_{n=1,\Delta n} = J^{(sf)\alpha\beta}_{n=1,\Delta n} + J^{(\mathrm{AF})\alpha\beta}_{n=1,\Delta n} \tag{C.13}$$

D. Freie Energie und Entropie

D.1. Numerische Bestimmung von $S_M^{lok}(0)$ für $S > \frac{1}{2}$

Pro Gitterplatz gibt es $2S+1$ Spineinstellungsmöglichkeiten m_i. Jede dieser Möglichkeiten soll auf N_i Gitterplätzen vorhanden sein ($i = 1, \ldots, 2S+1$, $\sum_i N_i = N$). Dann sucht man alle möglichen, sich nicht wiederholenden, der Größe nach sortierten Sätze $\{N_i\}$. Z. B. für $S = \frac{3}{2}$, $N = 10$, $m_1 = \frac{3}{2}$, $m_2 = \frac{1}{2}$, $m_3 = -\frac{1}{2}$, $m_4 = -\frac{3}{2}$

N_1	N_2	N_3	N_4	N_1	N_2	N_3	N_4
10	0	0	0	5	5	0	0
9	1	0	0	5	4	1	0
8	2	0	0	5	3	2	0
8	1	1	0	5	3	1	1
7	3	0	0	5	2	2	1
7	2	1	0	4	4	2	0
7	1	1	1	4	4	1	1
6	4	0	0	4	3	3	0
6	3	1	0	4	3	2	1
6	2	2	0	3	3	3	1
6	2	1	1	3	3	2	2

Jeder dieser Sätze hat $\Gamma(\{N_i\}) = \frac{N!}{\prod_i N_i!}$ Realisierungsmöglichkeiten und eine ihm entsprechende Magnetisierung $M(\{N_i\}) = \sum_i N_i m_i$. Geht man jetzt alle $\{N_i\}$ durch, erhält man die daraus jeweils folgende Magnetisierung, die sich mit der Anzahl der Möglichkeiten $\Gamma(\{N_i\})$ realisieren lässt. Eine bestimmte Magnetisierung M kann aber durch verschiedene Sätze $\{N_i\}$ erreicht werden. Es müssen also alle Realisierungsmöglichkeiten dieser Magnetisierung addiert werden. Ebenso muss zu jeder Magnetisierung, die durch nicht-identische Vertauschung der $\{N_i\}$ entsteht[1] die gleiche Anzahl $\Gamma(\{N_i\})$ hinzugefügt werden. Damit hat man alle Realisierungsmöglichkeiten für jeden möglichen Gesamtspinwert erhalten. Der Ablauf ist also wie folgt:

- bestimme eine Satz $\{N_i\}$
- bestimme die entsprechende Magnetisierung M
- addiere zu $\Gamma(M)$ die Möglichkeiten $\Gamma(\{N_i\})$
- nicht-identische Vertauschung der N_i

---
[1] z.B. $(10,0,0,0), (0,10,0,0), (0,0,10,0), (0,0,0,10)$

D. Freie Energie und Entropie

- daraus neues M'
- addiere zu $\Gamma(M')$ die Möglichkeiten $\Gamma(\{N_i\})$
- neue nicht-identische Vertauschung der N_i

• bestimme einen neuen Satz $\{N_i'\}$

D.2. Numerische iterative Berechnung der freien Energie

Zur Berechnung der Temperaturabhängigkeit der freien Energie aus der inneren Energie und der Entropie wurden in dieser Arbeit die Formel

$$F_M(T) = U_M(0) - T\int_0^T \frac{U_M(T') - U_M(0)}{T'^2}dT' - TS_M(0) \qquad \text{(D.1)}$$

verwendet. Für jede Magnetisierung M muss für $F_M(T)$ das Integral berechnet werden. Dies erfordert also eine Berechnung von $N_M \cdot N_T$ Werten der inneren Energie (N_M, N_T: Größe des Rasters der Magnetisierung, Temperatur), was einen sehr hohen numerischen Aufwand bedeutet. Ist man aber nur an der minimalen freien Energie bei einem gegebenen Parametersatz($M, T, \ldots$) interessiert, lässt sich der Aufwand erheblich reduzieren. Es ist nämlich auch möglich eine iterative Formel direkt aus (4.56) zu erhalten:

$$\frac{F(T_2)}{T_2} = \frac{F(T_1)}{T_1} - \int_{T_1}^{T_2} \frac{U(T)}{T^2}dT \; . \qquad \text{(D.2)}$$

Dabei werden nur die Minimumswerte der Magnetisierung M bei der Temperatur T eingesetzt. Diese Formel ist nur anwendbar, wenn die Starttemperatur T_1 endlich ist. Wie in Abschnitt 5.2.1 gezeigt ist die Position des Minimums der freien Energie bzgl. M kaum abhängig von dem Integral $\int_0^T \frac{U(T')-U(0)}{T'^2}dT'$ und die Magnetisierungskurve $M(T)$ lässt sich aus

$$T(M) = \frac{\partial_M U(T=0,M)}{\partial_M S(T=0,M)} \qquad \text{(D.3)}$$

bestimmen. So lässt sich daraus die gesamte freie Energie $F(T)$ durch folgende Schritte bestimmen:

• bestimme $M(T)$ aus innerer Energie und Entropie bei $T=0$

• bestimme $F(T_1 \gtrsim 0)$ aus (D.1)

• bestimme $F(T > T_1)$ iterativ aus (D.2) .

Der Vorteil ist, dass man nicht mehr das Integral $\int_0^T \frac{U(T')-U(0)}{T'^2}dT'$ in (D.1) für alle möglichen M-Werte bestimmen muss. Da die innere Energie numerisch nur auf bestimmten Werten der Temperatur bekannt ist (z.B. äquidistante Temperaturen $T_i = i\Delta T$ mit

$i = 0 \ldots N$), bietet sich zur Bestimmung der Integrale in (D.1) und (D.2) eine quadratische Näherung der inneren Energie

$$U(T) \approx \beta + \alpha(T - T_1)^2 \tag{D.4}$$

an. Ein linearer Term würde (D.1) divergieren lassen. Wenn $U(T_1)$ und $U(T_2)$ bekannt sind, ergibt sich

$$\beta = U(T_1) \tag{D.5}$$

$$\alpha = \frac{U(T_2) - U(T_1)}{(T_2 - T_1)^2} \tag{D.6}$$

und die Formeln (D.1) und (D.2) nähern sich zu

$$F(T_1) \approx 2U(0) - U(T_1) - S(0)T_1 \tag{D.7}$$

$$F(T_2) \approx \frac{T_2}{T_1} F(T_1) - \left(\left(\frac{T_2}{T_1} - 1 \right) U(T_1) + \right. \tag{D.8}$$
$$\left. + \frac{U(T_2) - U(T_1)}{(T_2 - T_1)^2} \left(T_2^2 - T_1^2 - 2T_1 T_2 \ln \left(\frac{T_2}{T_1} \right) \right) \right) \, .$$

Mit (D.8) lässt sich dann die gesamte Temperaturentwicklung iterativ berechnen. Es wird nur $U(T_2)$ als neu zu berechnende Größe benötigt. Die stellt einen enormen numerischen Vorteil dar.

D.3. Freie Energie und ISA

Der Ansatz der ISA ist es, zwischen bekannten exakten Grenzfällen zu interpolieren. Diese Interpolation findet z.B. zwischen kleinen J (Störungstheorie) und großen J (Grenzfall des unendlich schmalen Bandes) statt. Es ist also zu erwarten, dass gerade bei mittleren J-Werten diese Approximation am wenigsten genau ist. Dies lässt sich deutlich in Abb. D.1 erkennen, wo sich bei mittleren $|J|$ (Übergangszone von schwacher Kopplung zum Doppelaustausch) ein unerwartet starker Anstieg der Curietemperaturen findet. Da bei der Freie-Energie-Minimierung die Curie-Temperaturen aus der Ableitung der inneren Energie nach M berechnet werden, ist es sinnvoll das Verhalten der Zustandsdichte mit Veränderung von M zu betrachten. Dies zeigt Abb. D.2 für prägnante J-Werte. Im kritischen Bereich $J \approx 0.4$eV findet eine besonders starke Verschiebung der Zustandsdichte im mit Elektronen besetzten Bereich statt. Dies hat dann erheblichen Einfluss auf die innere Energie bzw. deren Ableitung nach M. Somit steigen hier die T_Cs stark an. Da dies nicht bei anderen Methoden beobachtet wurde und es der unsicherste Bereich der ISA ist, sollte dies als Artefakt der Näherung betrachtet werden.
In den Grenzfällen in denen die ISA abgeleitet wurde ($J \to 0$ und $JS \gg W$) liefert sie aber sehr gute Ergebnisse.

D. Freie Energie und Entropie

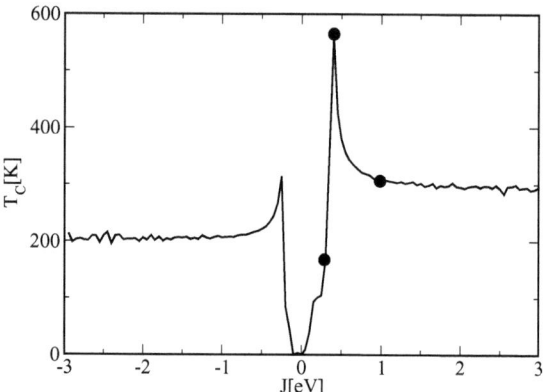

Abbildung D.1.: Curietemperatur vs. Kopplung J in der ISA. Bei mittleren $|J|$-Werten steigt die Curietemperatur stark an. Die Punkte bezeichnen die J Werte bei denen die QDOS in Abb. D.2 berechnet wurden. Parameter: $S = 1.5$, $W = 1\text{eV}$, $n = 0.7$, $U_H \to \infty$

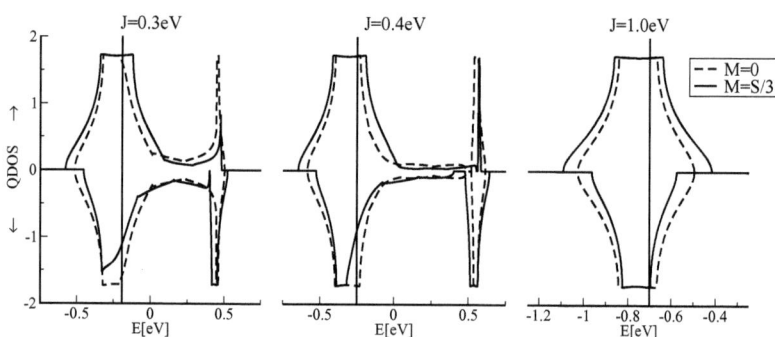

Abbildung D.2.: Zustandsdichte an den in Abb. D.1 gekennzeichneten Punkten bei verschiedenen M-Werten. Für $J = 1\text{eV}$ wird nur das untere Subband gezeigt. Senkrechte Linien bezeichnen das chemische Potential μ (für beide M-Werte ungefähr gleich). Besonders bei $J = 0.4\text{eV}$ gibt es im besetzten Bereich $E < \mu$ eine drastische Verlagerung von spektralem Gewicht mit Veränderung von M, was sich in den hohen T_Cs bemerkbar macht. Parameter: $S = 1.5$, $W = 1\text{eV}$, $n = 0.7$, $U_H \to \infty$

E. Berechnung des spezifischen Widerstands

Die Berechnung des Widerstands erfolgt in *linear response theory*, d.h. die Stromstärke j geht linear mit dem elektrischen Feld. Damit lautet die Kubo-Formel[164] für den Tensor der elektrischen Leitfähigkeit

$$\sigma^{\nu\mu}(E) = V \int_0^\beta d\lambda \int_0^\infty dt \langle j_\mu(0) j_\nu(t+i\lambda) \rangle e^{i(E+i0^+)t} , \tag{E.1}$$

wobei sich die Indizes ν, μ auf die kartesischen Koordinaten beziehen. Des Weiteren sind V das Volumen und β die inverse Temperatur $\beta = (k_B T)^{-1}$. Die weitere Herleitung skizziert die Berechnung in [165], die wiederum auf [166, 167] basiert. Für Details sei auf [165] verwiesen. Mit der Beschränkung auf

$$j_\nu = \lim_{q_\nu \to 0} \lim_{\omega \to 0} j_\nu(q_\nu, \omega) = \lim_{q_\nu \to 0} j_\nu(q_\nu) \tag{E.2}$$

erhält man über die Kontinuitätsgleichung und die Bewegungsgleichung für Heisenbergoperatoren den Ausdruck

$$j_\nu = \lim_{q_\nu \to 0} \frac{e}{q_\nu} [\mathcal{H}, \hat{\rho}(q_\nu)]_- \tag{E.3}$$

mit der Elementarladung e und dem Ladungsdichteoperator $\hat{\rho}(q_\nu)$. Beim Ferromagneten lässt sich durch das explizite Lösen des Kommutators und die Grenzwertbildung $\lim_{q_\nu \to 0}$ dafür ein recht einfacher Ausdruck

$$j_\nu = -e \sum_{\mathbf{k},\sigma} \frac{\partial \epsilon(\mathbf{k})}{\partial k_\nu} c^+_{\mathbf{k}\sigma} c_{\mathbf{k}\sigma} \tag{E.4}$$

mit der Ableitung der Dispersion $\epsilon(\mathbf{k})$ finden.

Für die dynamische Molekularfeldtheorie (DMFT) des Hubbardmodells wurden verschiedene Transportgleichungen hergeleitet[168], die nur auf der Spektraldichte beruhen, was ein Resultat der lokalen Selbstenergie ist[169, 170]. Da hier die verwendeten Selbstenergien auch lokal sind und der Dichteoperator der gleiche, ist es möglich, diese ebenfalls zu benutzen. Sie lauten

$$A_s = -\frac{\pi}{V} \frac{T}{(k_B T)^s} \sum_{\mathbf{k},\sigma} \int_{-\infty}^{+\infty} dE \frac{\partial f_-(E)}{\partial E} E^s \left(-\frac{1}{\pi} \text{Im} G_{\mathbf{k}\sigma}(E) \right)^2 \left(\frac{\partial \epsilon(\mathbf{k})}{\partial k_\nu} \right)^2 , \tag{E.5}$$

E. Berechnung des spezifischen Widerstands

wobei sich die elektrische Leitfähigkeit in Richtung $\nu = x, y, z$ als

$$\sigma^{\nu\nu} = \frac{e^2}{T} A_0 \tag{E.6}$$

ergibt. Zur numerischen Vereinfachung bietet sich die Definition einer Transportfunktion

$$\phi(x) = \frac{1}{V} \sum_{\mathbf{k}} \left(\frac{\partial \epsilon(\mathbf{k})}{\partial k_\nu} \right)^2 \delta(x - \epsilon(\mathbf{k})) \tag{E.7}$$

an, was zu

$$\sigma^{\nu\nu} = -\pi e^2 \sum_\sigma \int_{-\infty}^{+\infty} dx \int_{-\infty}^{+\infty} dE \frac{\partial f_-(E)}{\partial E} \left(-\frac{1}{\pi} \mathrm{Im} G_{x\sigma}(E) \right)^2 \phi(x) \tag{E.8}$$

führt. Der spezifische elektrische Widerstand ergibt sich schlussendlich aus dem Reziproken der Leitfähigkeit

$$\rho_{el}^{\nu\nu} = \frac{1}{\sigma^{\nu\nu}} \,. \tag{E.9}$$

Abkürzungen und Begriffe

AFM	Antiferromagnetismus
BGL	Bewegungsgleichung
CMR	*colossal magneto resistance*, Magnetwiderstand bei Manganaten
CPA	*coherent potential approximation*, Methode zur Berechnung der Einteilchen-Green-Funktion in ungeordneten Systemen
D-MCDA	Variante der MCDA mit expliziter Berücksichtigung von Doppelbesetzung (Abschnitt 3.2.2)
DB-GF	Doppelbesetzungs-Green-Funktion
DMS	*diluted magnetic semiconductors*, Halbleiter die mit einer geringen Zahl magnetischer Atome dotiert sind
EB-GF	Einzelbesetzungs-Green-Funktion
FEM	Freie-Energie-Minimierung, Methode zur Bestimmung der Magnetisierung aus der freien Energie (Abschnitt 4.2)
FM	Ferromagnetismus
GF	Green-Funktion
GMR	*giant magneto resistance*, Magnetwiderstand in Filmen
Halbfüllung	Bei typischerweise einem Band mit zwei Spinrichtungen ist eine Halbfüllung bei einer Elektronendichte von $n = 1$ erreicht. Hier bricht (bei genügend guten Näherungen) der Ferromagnetismus zusammen.
ISA	*interpolating self-energy approach*, Näherung der Einteilchen-Green-Funktion aus exakten Grenzfällen (Abschnitt 3.1)
JT(E)	Jahn-Teller(-Effekt), Aufhebung der Entartung von Elektronen-Niveaus in Kristallen
KLM	*Kondo lattice model*
MCDA	*moment conserving decoupling approach*, Näherungsmethode zur Bestimmung der Einteilchen-Green-Funktion (Abschnitt 3.2)

E. Berechnung des spezifischen Widerstands

MCDA(x)   Variante der MCDA ohne explizite Berücksichtigung von Doppelbesetzung in der Version x=0,1,2,3 (Abschnitt 3.2.1 und 5.1.1)

MF(N)   Molekularfeld- oder *Mean-field*(-Näherung)

mRKKY   modifizierte RKKY, Methode zur Abbildung des KLMs auf ein Heisenberg-Modell (Abschnitt 4.1)

PM   Paramagnetismus

Polaronband   Subband, das durch wiederholte Magnonen-Absorption/-Emissison entsteht (vgl. Abb. 2.3)

PS   Phasenseparation, es treten mehrere Phasen gleichzeitig auf

QDOS   *quasi-particle density of states*, Quasiteilchenzustandsdichte

RKKY   Rudermann-Kittel-Kasuya-Yoshida, die RKKY-Wechselwirkung bewirkt durch die freien Ladungsträger eine effektive Kopplung der lokalen Momente untereinander

spektrales Gewicht   (anschaulich) die Fläche unter dem jeweiligen Teil der Zustandsdichte

Streuspektrum   Teil der Spin-down-Zustandsdichte im KLM der aus Streuprozessen entsteht (vgl. Abb. 2.3)

Subband   deutlich abgetrennter Teil der Zustandsdichte, der durch Aufspaltung des Gesamtbands bei starken Kopplungen entsteht.

Literaturverzeichnis

[1] BOZORTH, R. M.: Magnetism. In: *Rev. Mod. Phys.* 19 (1947), Jan, Nr. 1, S. 29–86. http://dx.doi.org/10.1103/RevModPhys.19.29. – DOI 10.1103/RevModPhys.19.29

[2] FOWLER, Michael: *Summer 1995 Lectures on History of Theories of Electricity and Magnetism.* 1995

[3] GILBERT, William: *Tractatus, sive physiologia nova de magnete, magneticisque corporibus et de magno magnete tellure. Sex libris comprehensus.* 1600

[4] OERSTED, H.C.: *Experiments on the Effect of a Current of Electricty on the Magnetic Needle.* Printed by C. Baldwin... for Baldwin, Cradock, and Joy, 1820

[5] AMPÈRE, A.M.: *Théorie des phénomènes électro-dynamiques, uniquement déduite de l'expérience.* Méquignon-Marvis, 1826

[6] MAXWELL, J.C.: *A treatise on electricity and magnetism.* Clarendon Press, 1873

[7] WEISS, P.: L'hypothèse du champ moléculaire et la propriété ferromagnétique. (1907)

[8] BINASCH, G. ; GRÜNBERG, P. ; SAURENBACH, F. ; ZINN, W.: Enhanced magnetoresistance in layered magnetic structures with antiferromagnetic interlayer exchange. In: *Phys. Rev. B* 39 (1989), Mar, Nr. 7, S. 4828–4830. http://dx.doi.org/10.1103/PhysRevB.39.4828. – DOI 10.1103/PhysRevB.39.4828

[9] BAIBICH, M. N. ; BROTO, J. M. ; FERT, A. ; VAN DAU, F. N. ; PETROFF, F. ; ETIENNE, P. ; CREUZET, G. ; FRIEDERICH, A. ; CHAZELAS, J.: Giant Magnetoresistance of (001)Fe/(001)Cr Magnetic Superlattices. In: *Phys. Rev. Lett.* 61 (1988), Nov, Nr. 21, S. 2472–2475. http://dx.doi.org/10.1103/PhysRevLett.61.2472. – DOI 10.1103/PhysRevLett.61.2472

[10] ŽUTIĆ, Igor ; FABIAN, Jaroslav ; DAS SARMA, S.: Spintronics: Fundamentals and applications. In: *Rev. Mod. Phys.* 76 (2004), Apr, Nr. 2, S. 323–410. http://dx.doi.org/10.1103/RevModPhys.76.323. – DOI 10.1103/RevModPhys.76.323

[11] OHNO, Hideo: Toward Functional Spintronics. In: *Science* 291 (2001), S. 840–841. http://dx.doi.org/10.1126/science.1058371. – DOI 10.1126/science.1058371

Literaturverzeichnis

[12] FERT, A. ; GEORGE, J.M. ; JAFFRÈS, H. ; MATTANA, R. ; SENEOR, P.: The new era of spintronics. In: *Europhysics News* 34 (2003), Nr. 6, S. 227–229. – ISSN 0531–7479

[13] AWSCHALOM, D. ; LOSS, D. ; SAMARTH, N.: *Semiconductor spintronics and quantum computation*. Springer, 2002. – ISBN 3540421769

[14] HOHENBERG, P. ; KOHN, W.: Inhomogeneous Electron Gas. In: *Phys. Rev.* 136 (1964), Nov, Nr. 3B, S. B864–B871. http://dx.doi.org/10.1103/PhysRev.136.B864. – DOI 10.1103/PhysRev.136.B864

[15] GROSS, E.K.U. ; DREIZLER, R.M.: *Density functional theory*. Bd. 337. Springer, 1995. – ISBN 0306449056

[16] KOHN, W. ; BECKE, A. D. ; PARR, R. G.: Density Functional Theory of Electronic Structure. In: *The Journal of Physical Chemistry* 100 (1996), Nr. 31, S. 12974–12980. http://dx.doi.org/10.1021/jp960669l. – DOI 10.1021/jp960669l

[17] PERDEW, John P. ; YUE, Wang: Accurate and simple density functional for the electronic exchange energy: Generalized gradient approximation. In: *Phys. Rev. B* 33 (1986), Jun, Nr. 12, S. 8800–8802. http://dx.doi.org/10.1103/PhysRevB.33.8800. – DOI 10.1103/PhysRevB.33.8800

[18] HUBBARD, J.: Electron correlations in narrow energy bands. In: *Proceedings of the Royal Society of London. Series A. Mathematical and Physical Sciences* 276 (1963), Nr. 1365, S. 238. – ISSN 1364–5021

[19] HEISENBERG, W.: Zur Theorie des Ferromagnetismus. In: *Zeitschrift für Physik A Hadrons and Nuclei* 49 (1928), 619-636. http://dx.doi.org/10.1007/BF01328601. – ISSN 0939–7922. – 10.1007/BF01328601

[20] ANDERSON, P. W.: Localized Magnetic States in Metals. In: *Phys. Rev.* 124 (1961), Oct, Nr. 1, S. 41–53. http://dx.doi.org/10.1103/PhysRev.124.41. – DOI 10.1103/PhysRev.124.41

[21] KONDO, Jun: g-Shift and Anomalous Hall Effect in Gadolinium Metals. In: *Progress of Theoretical Physics* 28 (1962), Nr. 5, 846-856. http://dx.doi.org/10.1143/PTP.28.846. – DOI 10.1143/PTP.28.846

[22] KONDO, Jun: Resistance Minimum in Dilute Magnetic Alloys. In: *Progress of Theoretical Physics* 32 (1964), Nr. 1, 37-49. http://dx.doi.org/10.1143/PTP.32.37. – DOI 10.1143/PTP.32.37

[23] ZENER, C.: Interaction Between the d Shells in the Transition Metals. In: *Phys. Rev.* 81 (1951), Feb, Nr. 3, S. 440–444. http://dx.doi.org/10.1103/PhysRev.81.440. – DOI 10.1103/PhysRev.81.440

Literaturverzeichnis

[24] ZENER, Clarence: Interaction between the *d*-Shells in the Transition Metals. II. Ferromagnetic Compounds of Manganese with Perovskite Structure. In: *Phys. Rev.* 82 (1951), May, Nr. 3, S. 403–405. http://dx.doi.org/10.1103/PhysRev.82.403. – DOI 10.1103/PhysRev.82.403

[25] SCHILLER, R. ; MÜLLER, W. ; NOLTING, W.: Kondo lattice model: Application to the temperature-dependent electronic structure of EuO(100) films. In: *Phys. Rev. B* 64 (2001), Sep, Nr. 13, S. 134409. http://dx.doi.org/10.1103/PhysRevB.64.134409. – DOI 10.1103/PhysRevB.64.134409

[26] JONKER, GH ; VAN SANTEN, JH: Ferromagnetic compounds of manganese with perovskite structure. In: *Physica* 16 (1950), Nr. 3, S. 337–349. – ISSN 0031–8914

[27] MORITOMO, Y. ; ASAMITSU, A. ; KUWAHARA, H. ; TOKURA, Y.: Giant magnetoresistance of manganese oxides with a layered perovskite structure. (1996)

[28] MILLIS, A. J. ; SHRAIMAN, Boris I. ; MUELLER, R.: Dynamic Jahn-Teller Effect and Colossal Magnetoresistance in $La_{1-x}Sr_xMnO_3$. In: *Phys. Rev. Lett.* 77 (1996), Jul, Nr. 1, S. 175–178. http://dx.doi.org/10.1103/PhysRevLett.77.175. – DOI 10.1103/PhysRevLett.77.175

[29] OHNO, H. ; SHEN, A. ; MATSUKURA, F. ; OIWA, A. ; ENDO, A. ; KATSUMOTO, S. ; IYE, Y.: (Ga,Mn)As: A new diluted magnetic semiconductor based on GaAs. In: *Applied Physics Letters* 69 (1996), Nr. 3, 363-365. http://dx.doi.org/10.1063/1.118061. – DOI 10.1063/1.118061

[30] OHNO, H.: Making Nonmagnetic Semiconductors Ferromagnetic. In: *Science* 281 (1998), Nr. 5379, 951-956. http://dx.doi.org/10.1126/science.281.5379.951. – DOI 10.1126/science.281.5379.951

[31] JOHNSTON-HALPERIN, E. ; LOFGREEN, D. ; KAWAKAMI, R. K. ; YOUNG, D. K. ; COLDREN, L. ; GOSSARD, A. C. ; AWSCHALOM, D. D.: Spin-polarized Zener tunneling in (Ga,Mn)As. In: *Phys. Rev. B* 65 (2002), Jan, Nr. 4, S. 041306. http://dx.doi.org/10.1103/PhysRevB.65.041306. – DOI 10.1103/PhysRevB.65.041306

[32] GUPTA, J. A. ; AWSCHALOM, D. D. ; EFROS, Al. L. ; RODINA, A. V.: Spin dynamics in semiconductor nanocrystals. In: *Phys. Rev. B* 66 (2002), Sep, Nr. 12, S. 125307. http://dx.doi.org/10.1103/PhysRevB.66.125307. – DOI 10.1103/PhysRevB.66.125307

[33] SHANNON, Nic: Kondo atoms, double exchange molecules, and a novel large S expansion for the ordered Kondo lattice. In: *Journal of Physics: Condensed Matter* 13 (2001), Nr. 29, 6371. http://stacks.iop.org/0953-8984/13/i=29/a=307

Literaturverzeichnis

[34] SANTOS, C. ; NOLTING, W.: Ferromagnetism in the Kondo-lattice model. In: *Phys. Rev. B* 65 (2002), Mar, Nr. 14, S. 144419. http://dx.doi.org/10.1103/PhysRevB.65.144419. – DOI 10.1103/PhysRevB.65.144419

[35] TUREK, I. ; KUDRNOVSKÝ, J. ; BIHLMAYER, G. ; BLÜGEL, S.: Ab initio theory of exchange interactions and the Curie temperature of bulk Gd. In: *Journal of Physics: Condensed Matter* 15 (2003), S. 2771

[36] STIER, M. ; NOLTING, W.: Extensions to the Kondo lattice model to achieve realistic Curie temperatures and appropriate behavior of the resistivity for manganites. In: *Phys. Rev. B* 75 (2007), Apr, Nr. 14, S. 144409. http://dx.doi.org/10.1103/PhysRevB.75.144409. – DOI 10.1103/PhysRevB.75.144409

[37] KIENERT, Jochen: *Ferromagnetism and interlayer exchange coupling in thin metallic films*, Humboldt-Universität zu Berlin, Diss., 2008

[38] *Kapitel* Electron Theory of Finite Temperature Magnetism. In: KÜBLER, Jürgen: *Handbook of Magnetism and Advanced Magnetic Materials*. John Wiley & Sons, Ltd, 2007

[39] PETERS, Robert ; PRUSCHKE, Thomas: Magnetic phases in the correlated Kondo-lattice model. In: *Phys. Rev. B* 76 (2007), Dec, Nr. 24, S. 245101. http://dx.doi.org/10.1103/PhysRevB.76.245101. – DOI 10.1103/PhysRevB.76.245101

[40] HELD, K. ; VOLLHARDT, D.: Electronic Correlations in Manganites. In: *Phys. Rev. Lett.* 84 (2000), May, Nr. 22, S. 5168–5171. http://dx.doi.org/10.1103/PhysRevLett.84.5168. – DOI 10.1103/PhysRevLett.84.5168

[41] YANG, Y.-F. ; HELD, K.: Dynamical mean field theory for manganites. In: *Phys. Rev. B* 82 (2010), Nov, Nr. 19, S. 195109. http://dx.doi.org/10.1103/PhysRevB.82.195109. – DOI 10.1103/PhysRevB.82.195109

[42] ALEJANDRO, G ; OTERO-LEAL, M ; GRANADA, M ; LAURA-CCAHUANA, D ; TOVAR, M ; WINKLER, E ; CAUSA, M T.: Phase coexistence in manganites: doping and structural dependence. In: *Journal of Physics: Condensed Matter* 22 (2010), Nr. 25, 256002. http://stacks.iop.org/0953-8984/22/i=25/a=256002

[43] STIER, Martin: *Magnetismus und Jahn-Teller-Aufspaltung in CMR-Materialien*, Humboldt-Universität zu Berlin, Diplomarbeit, 2006

[44] DEDIU, V. ; FERDEGHINI, C. ; MATACOTTA, F. C. ; NOZAR, P. ; RUANI, G.: Jahn-Teller Dynamics in Charge-Ordered Manganites from Raman

Literaturverzeichnis

Spectroscopy. In: *Phys. Rev. Lett.* 84 (2000), May, Nr. 19, S. 4489–4492. http://dx.doi.org/10.1103/PhysRevLett.84.4489. – DOI 10.1103/PhysRevLett.84.4489

[45] ILIEV, Milko N. ; ABRASHEV, Miroslav V.: Raman phonons and Raman Jahn-Teller bands in perovskite-like manganites. In: *Journal of Raman Spectroscopy* 32 (2001), Nr. 10, 805–811. http://dx.doi.org/10.1002/jrs.770. – DOI 10.1002/jrs.770. – ISSN 1097–4555

[46] DAGOTTO, Elbio: *Solid-State Sciences*. Bd. 136: *Nanoscale Phase Separation and Colossal Magnetoresistance*. Springer-Verlag Berlin-Heidelberg, 2003

[47] HOTTA, Takashi ; MALVEZZI, Andre L. ; DAGOTTO, Elbio: Charge-orbital ordering and phase separation in the two-orbital model for manganites: Roles of Jahn-Teller phononic and Coulombic interactions. In: *Phys. Rev. B* 62 (2000), Oct, Nr. 14, S. 9432–9452. http://dx.doi.org/10.1103/PhysRevB.62.9432. – DOI 10.1103/PhysRevB.62.9432

[48] SHASTRY, B. S. ; MATTIS, D. C.: Theory of the magnetic polaron. In: *Phys. Rev. B* 24 (1981), Nov, Nr. 9, S. 5340–5348. http://dx.doi.org/10.1103/PhysRevB.24.5340. – DOI 10.1103/PhysRevB.24.5340

[49] ALLAN, S R. ; EDWARDS, D M.: The effect of electron-magnon interaction on the band structure of ferromagnetic semiconductors with application to EuO and EuS. In: *Journal of Physics C: Solid State Physics* 15 (1982), Nr. 10, 2151. http://stacks.iop.org/0022-3719/15/i=10/a=015

[50] NOLTING, W: Rigorous results for electronic excitation spectrum of a ferromagnetic semiconductor. In: *Journal of Physics C: Solid State Physics* 12 (1979), Nr. 15, 3033. http://stacks.iop.org/0022-3719/12/i=15/a=012

[51] NOLTING, W. ; DUBIL, U.: $T = 0$ Magnetic Polaron in f-Systems with Antiferromagnetic s-f Exchange. In: *Physica Status Solidi B Basic Research* 130 (1985), S. 561–573. http://dx.doi.org/10.1002/pssb.2221300219. – DOI 10.1002/pssb.2221300219

[52] NOLTING, W.: *Grundkurs Theoretische Physik*. Bd. 7. 5. Auflage. Springer Verlag Berlin-Heidelberg, 2003

[53] NOLTING, W. ; MATLAK, M.: Complete Analytical Solution for the Zero Bandwidth s-f Model. In: *Physica Status Solidi B Basic Research* 123 (1984), S. 155–168. http://dx.doi.org/10.1002/pssb.2221230118. – DOI 10.1002/pssb.2221230118

[54] NOLTING, W. ; REDDY, G. G. ; RAMAKANTH, A. ; MEYER, D.: Low-density approach to the Kondo-lattice model. In: *Phys. Rev. B* 64 (2001), Sep, Nr.

15, S. 155109. http://dx.doi.org/10.1103/PhysRevB.64.155109. – DOI 10.1103/PhysRevB.64.155109

[55] NOLTING, W. ; REDDY, G. G. ; RAMAKANTH, A. ; MEYER, D. ; KIENERT, J.: Self-energy approach to the correlated Kondo lattice model. In: *Phys. Rev. B* 67 (2003), Jan, Nr. 2, S. 024426. http://dx.doi.org/10.1103/PhysRevB.67.024426. – DOI 10.1103/PhysRevB.67.024426

[56] LUTTINGER, J. M.: Fermi Surface and Some Simple Equilibrium Properties of a System of Interacting Fermions. In: *Phys. Rev.* 119 (1960), Aug, Nr. 4, S. 1153–1163. http://dx.doi.org/10.1103/PhysRev.119.1153. – DOI 10.1103/PhysRev.119.1153

[57] HERRMANN, T. ; NOLTING, W.: Magnetism in the single-band Hubbard model. In: *Journal of Magnetism and Magnetic Materials* 170 (1997), Nr. 3, 253 - 276. http://dx.doi.org/10.1016/S0304-8853(97)00042-5. – DOI 10.1016/S0304-8853(97)00042-5. – ISSN 0304–8853

[58] HICKEL, T. ; NOLTING, W.: Proper weak-coupling approach to the periodic s-$d(f)$ exchange model. In: *Phys. Rev. B* 69 (2004), Feb, Nr. 8, S. 085110. http://dx.doi.org/10.1103/PhysRevB.69.085110. – DOI 10.1103/PhysRevB.69.085110

[59] NOLTING, W ; REX, S ; JAYA, S M.: Magnetism and electronic structure of a local moment ferromagnet. In: *Journal of Physics: Condensed Matter* 9 (1997), Nr. 6, 1301. http://stacks.iop.org/0953-8984/9/i=6/a=015

[60] DOS SANTOS, Carlos Augusto M.: *Temperaturabhängige elektronische Struktur von metallischen Systemen mit lokalisierten Momenten: Anwendung auf Gadolinium*, Humboldt-Universität zu Berlin, Diss., 2005

[61] HUBBARD, J.: Electron Correlations in Narrow Energy Bands. In: *Proceedings of the Royal Society of London. Series A, Mathematical and Physical Sciences* 276 (1963), Nr. 1365, 238–257. http://www.jstor.org/stable/2414761. – ISSN 00804630

[62] KASUYA, Tadao: A Theory of Metallic Ferro- and Antiferromagnetism on Zener's Model. In: *Progress of Theoretical Physics* 16 (1956), Nr. 1, 45-57. http://dx.doi.org/10.1143/PTP.16.45. – DOI 10.1143/PTP.16.45

[63] RUDERMAN, M. A. ; KITTEL, C.: Indirect Exchange Coupling of Nuclear Magnetic Moments by Conduction Electrons. In: *Phys. Rev.* 96 (1954), Oct, Nr. 1, S. 99. http://dx.doi.org/10.1103/PhysRev.96.99. – DOI 10.1103/PhysRev.96.99

[64] YOSIDA, Kei: Magnetic Properties of Cu-Mn Alloys. In: *Phys. Rev.* 106 (1957), Jun, Nr. 5, S. 893–898. http://dx.doi.org/10.1103/PhysRev.106.893. – DOI 10.1103/PhysRev.106.893

[65] CALLEN, Herbert B.: Green Function Theory of Ferromagnetism. In: *Phys. Rev.* 130 (1963), May, Nr. 3, S. 890–898. http://dx.doi.org/10.1103/PhysRev.130.890. – DOI 10.1103/PhysRev.130.890

[66] BOGOLYUBOV, N. N. ; TYABLIKOV, S. V.: Retarded and Advanced Green Functions in Statistical Physics. In: *Soviet Physics Doklady* 4 (1959), Dezember, S. 589

[67] NOLTING, W.: *Grundkurs Theoretische Physik*. Bd. 6. 4. Auflage. Springer Verlag Berlin-Heidelberg, 2002

[68] KITTEL, Charles ; KRÖMER, Herbert: *Physik der Wärme*. 4. Auflage. R. Oldenbourg Verlag München Wien, 1993

[69] BORN, M. ; OPPENHEIMER, R.: Zur Quantentheorie der Molekeln. In: *Ann. Phys.* 389 (1927), S. 457. http://dx.doi.org/http://dx.doi.org/10.1002/andp.19273892002. – DOI http://dx.doi.org/10.1002/andp.19273892002

[70] OTSUKI, Junya ; KUSUNOSE, Hiroaki ; KURAMOTO, Yoshio: The Kondo Lattice Model in Infinite Dimensions: I. Formalism. In: *Journal of the Physical Society of Japan* 78 (2009), Nr. 1, 014702. http://dx.doi.org/10.1143/JPSJ.78.014702. – DOI 10.1143/JPSJ.78.014702

[71] OTSUKI, Junya ; KUSUNOSE, Hiroaki ; KURAMOTO, Yoshio: The Kondo Lattice Model in Infinite Dimensions: II. Static Susceptibilities and Phase Diagram. In: *Journal of the Physical Society of Japan* 78 (2009), Nr. 3, 034719. http://dx.doi.org/10.1143/JPSJ.78.034719. – DOI 10.1143/JPSJ.78.034719

[72] KIENERT, J. ; NOLTING, W.: Magnetic phase diagram of the Kondo lattice model with quantum localized spins. In: *Phys. Rev. B* 73 (2006), Jun, Nr. 22, S. 224405. http://dx.doi.org/10.1103/PhysRevB.73.224405. – DOI 10.1103/PhysRevB.73.224405

[73] DAGOTTO, E. ; YUNOKI, S. ; MALVEZZI, A. L. ; MOREO, A. ; HU, J. ; CAPPONI, S. ; POILBLANC, D. ; FURUKAWA, N.: Ferromagnetic Kondo model for manganites: Phase diagram, charge segregation, and influence of quantum localized spins. In: *Phys. Rev. B* 58 (1998), Sep, Nr. 10, S. 6414–6427. http://dx.doi.org/10.1103/PhysRevB.58.6414. – DOI 10.1103/PhysRevB.58.6414

[74] ANDERSON, PW: An approximate quantum theory of the antiferromagnetic ground state. In: *Physical Review* 86 (1952), Nr. 5, S. 694

[75] SRIRAM SHASTRY, B. ; SUTHERLAND, B.: Exact ground state of a quantum mechanical antiferromagnet. In: *Physica B+ C* 108 (1981), Nr. 1-3, S. 1069–1070. – ISSN 0378–4363

Literaturverzeichnis

[76] TRIVEDI, Nandini ; CEPERLEY, D. M.: Ground-state correlations of quantum antiferromagnets: A Green-function Monte Carlo study. In: *Phys. Rev. B* 41 (1990), Mar, Nr. 7, S. 4552–4569. http://dx.doi.org/10.1103/PhysRevB.41.4552. – DOI 10.1103/PhysRevB.41.4552

[77] HENNING, S. ; NOLTING, W.: Ground-state magnetic phase diagram of the ferromagnetic Kondo-lattice model. In: *Phys. Rev. B* 79 (2009), Feb, Nr. 6, S. 064411. http://dx.doi.org/10.1103/PhysRevB.79.064411. – DOI 10.1103/PhysRevB.79.064411

[78] PRADHAN, Kalpataru ; MAJUMDAR, Pinaki: Magnetic order beyond RKKY in the classical Kondo lattice. In: *EPL (Europhysics Letters)* 85 (2009), Nr. 3, 37007. http://stacks.iop.org/0295-5075/85/i=3/a=37007

[79] LACROIX, C. ; CYROT, M.: Phase diagram of the Kondo lattice. In: *Phys. Rev. B* 20 (1979), Sep, Nr. 5, S. 1969–1976. http://dx.doi.org/10.1103/PhysRevB.20.1969. – DOI 10.1103/PhysRevB.20.1969

[80] YUNOKI, S. ; HU, J. ; MALVEZZI, A. L. ; MOREO, A. ; FURUKAWA, N. ; DAGOTTO, E.: Phase Separation in Electronic Models for Manganites. In: *Phys. Rev. Lett.* 80 (1998), Jan, Nr. 4, S. 845–848. http://dx.doi.org/10.1103/PhysRevLett.80.845. – DOI 10.1103/PhysRevLett.80.845

[81] AROVAS, Daniel P. ; GUINEA, Francisco: Some aspects of the phase diagram of double-exchange systems. In: *Phys. Rev. B* 58 (1998), Oct, Nr. 14, S. 9150–9155. http://dx.doi.org/10.1103/PhysRevB.58.9150. – DOI 10.1103/PhysRevB.58.9150

[82] MALVEZZI, A. L. ; YUNOKI, S. ; DAGOTTO, E.: Influence of nearest-neighbor Coulomb interactions on the phase diagram of the ferromagnetic Kondo model. In: *Phys. Rev. B* 59 (1999), Mar, Nr. 10, S. 7033–7042. http://dx.doi.org/10.1103/PhysRevB.59.7033. – DOI 10.1103/PhysRevB.59.7033

[83] KAGAN, M.Yu. ; KHOMSKII, D.I. ; MOSTOVOY, M.V.: Double-exchange model: phase separation versus canted spins. In: *The European Physical Journal B - Condensed Matter and Complex Systems* 12 (1999), 217–223. http://dx.doi.org/10.1007/s100510050998. – ISSN 1434–6028. – 10.1007/s100510050998

[84] CHATTOPADHYAY, A. ; MILLIS, A. J. ; DAS SARMA, S.: $T = 0$ phase diagram of the double-exchange model. In: *Phys. Rev. B* 64 (2001), Jun, Nr. 1, S. 012416. http://dx.doi.org/10.1103/PhysRevB.64.012416. – DOI 10.1103/PhysRevB.64.012416

Literaturverzeichnis

[85] KUGEL, K. I. ; RAKHMANOV, A. L. ; SBOYCHAKOV, A. O.: Phase Separation in Jahn-Teller Systems with Localized and Itinerant Electrons. In: *Phys. Rev. Lett.* 95 (2005), Dec, Nr. 26, S. 267210. http://dx.doi.org/10.1103/PhysRevLett.95.267210. – DOI 10.1103/PhysRevLett.95.267210

[86] WOHLFELD, Krzysztof ; OLEŚ, Andrzej M.: Double exchange model in cubic vanadates. In: *physica status solidi (b)* 243 (2006), Nr. 1, 142–145. http://dx.doi.org/10.1002/pssb.200562500. – DOI 10.1002/pssb.200562500. – ISSN 1521–3951

[87] DAGHOFER, Maria ; OLEŚ, Andrzej M. ; NEUBER, Danilo R. ; LINDEN, Wolfgang von d.: Doping dependence of spin and orbital correlations in layered manganites. In: *Phys. Rev. B* 73 (2006), Mar, Nr. 10, S. 104451. http://dx.doi.org/10.1103/PhysRevB.73.104451. – DOI 10.1103/PhysRevB.73.104451

[88] ANDERSON, P. W. ; HASEGAWA, H.: Considerations on Double Exchange. In: *Phys. Rev.* 100 (1955), Oct, Nr. 2, S. 675–681. http://dx.doi.org/10.1103/PhysRev.100.675. – DOI 10.1103/PhysRev.100.675

[89] KUBO, K. ; OHATA, N.: A Quantum Theory of Double Exchange. I. In: *Journal of the Physical Society of Japan* 33 (1972), Juli, S. 21–+

[90] FURUKAWA, Nobuo: Magnetic Transition Temperature of $(La,Sr)MnO_3$. In: *Journal of the Physical Society of Japan* 64 (1995), Nr. 8, 2754-2757. http://dx.doi.org/10.1143/JPSJ.64.2754. – DOI 10.1143/JPSJ.64.2754

[91] NOLTING, W ; MÜLLER, W ; SANTOS, C: Ferromagnetic Kondo-lattice model. In: *Journal of Physics A: Mathematical and General* 36 (2003), Nr. 35, 9275. http://stacks.iop.org/0305-4470/36/i=35/a=313

[92] KIENERT, J. ; NOLTING, W.: Curie temperature of Kondo lattice films with finite itinerant charge carrier density. In: *Phys. Rev. B* 75 (2007), Mar, Nr. 9, S. 094401. http://dx.doi.org/10.1103/PhysRevB.75.094401. – DOI 10.1103/PhysRevB.75.094401

[93] LI, Guang-Bin ; ZHANG, Guang-Ming ; YU, Lu: Kondo screening coexisting with ferromagnetic order as a possible ground state for Kondo lattice systems. In: *Phys. Rev. B* 81 (2010), Mar, Nr. 9, S. 094420. http://dx.doi.org/10.1103/PhysRevB.81.094420. – DOI 10.1103/PhysRevB.81.094420

[94] ZEREC, I. ; SCHMIDT, B. ; THALMEIER, P.: Kondo lattice model studied with the finite temperature Lanczos method. In: *Phys. Rev. B* 73 (2006), Jun, Nr. 24, S. 245108. http://dx.doi.org/10.1103/PhysRevB.73.245108. – DOI 10.1103/PhysRevB.73.245108

[95] PERKINS, N. B. ; REGUEIRO, M. D. n. ; COQBLIN, B. ; IGLESIAS, J. R.: Underscreened Kondo lattice model applied to heavy fermion uranium compounds. In: *Phys. Rev. B* 76 (2007), Sep, Nr. 12, S. 125101. http://dx.doi.org/10.1103/PhysRevB.76.125101. – DOI 10.1103/PhysRevB.76.125101

[96] TSUNETSUGU, Hirokazu ; SIGRIST, Manfred ; UEDA, Kazuo: Phase diagram of the one-dimensional Kondo-lattice model. In: *Phys. Rev. B* 47 (1993), Apr, Nr. 13, S. 8345–8348. http://dx.doi.org/10.1103/PhysRevB.47.8345. – DOI 10.1103/PhysRevB.47.8345

[97] WERNER, Philipp ; MILLIS, Andrew J.: Hybridization expansion impurity solver: General formulation and application to Kondo lattice and two-orbital models. In: *Phys. Rev. B* 74 (2006), Oct, Nr. 15, S. 155107. http://dx.doi.org/10.1103/PhysRevB.74.155107. – DOI 10.1103/PhysRevB.74.155107

[98] BECKER, T. ; STRENG, C. ; LUO, Y. ; MOSHNYAGA, V. ; DAMASCHKE, B. ; SHANNON, N. ; SAMWER, K.: Intrinsic Inhomogeneities in Manganite Thin Films Investigated with Scanning Tunneling Spectroscopy. In: *Phys. Rev. Lett.* 89 (2002), Nov, Nr. 23, S. 237203. http://dx.doi.org/10.1103/PhysRevLett.89.237203. – DOI 10.1103/PhysRevLett.89.237203

[99] JO, Moon-Ho ; MATHUR, N. D. ; TODD, N. K. ; BLAMIRE, M. G.: Very large magnetoresistance and coherent switching in half-metallic manganite tunnel junctions. In: *Phys. Rev. B* 61 (2000), Jun, Nr. 22, S. R14905–R14908. http://dx.doi.org/10.1103/PhysRevB.61.R14905. – DOI 10.1103/PhysRevB.61.R14905

[100] XIONG, G. C. ; LI, Q. ; JU, H. L. ; MAO, S. N. ; SENAPATI, L. ; XI, X. X. ; GREENE, R. L. ; VENKATESAN, T.: Giant magnetoresistance in epitaxial Nd[sub 0.7]Sr[sub 0.3]MnO[sub 3 - delta] thin films. In: *Applied Physics Letters* 66 (1995), Nr. 11, 1427-1429. http://dx.doi.org/10.1063/1.113267. – DOI 10.1063/1.113267

[101] MILLIS, A. J. ; DARLING, T. ; MIGLIORI, A.: Quantifying strain dependence in "colossal" magnetoresistance manganites. In: *Journal of Applied Physics* 83 (1998), Nr. 3, 1588-1591. http://dx.doi.org/10.1063/1.367310. – DOI 10.1063/1.367310

[102] RÖDER, H. ; ZANG, Jun ; BISHOP, A. R.: Lattice Effects in the Colossal-Magnetoresistance Manganites. In: *Phys. Rev. Lett.* 76 (1996), Feb, Nr. 8, S. 1356–1359. http://dx.doi.org/10.1103/PhysRevLett.76.1356. – DOI 10.1103/PhysRevLett.76.1356

[103] KABANOV, V. ; ZAGAR, K. ; MIHAILOVIC, D.: Electric conductivity of inhomogeneous two-component media in two dimensions. In:

Journal of Experimental and Theoretical Physics 100 (2005), 715-721. http://dx.doi.org/10.1134/1.1926432. – 10.1134/1.1926432

[104] BAŁA, Jan ; OLEŚ, Andrzej M.: Jahn-Teller effect on orbital ordering and dynamics in ferromagnetic $LaMnO_3$. In: *Phys. Rev. B* 62 (2000), Sep, Nr. 10, S. R6085–R6088. http://dx.doi.org/10.1103/PhysRevB.62.R6085. – DOI 10.1103/PhysRevB.62.R6085

[105] YUNOKI, Seiji ; HOTTA, Takashi ; DAGOTTO, Elbio: Ferromagnetic, A-Type, and Charge-Ordered CE-Type States in Doped Manganites Using Jahn-Teller Phonons. In: *Phys. Rev. Lett.* 84 (2000), Apr, Nr. 16, S. 3714–3717. http://dx.doi.org/10.1103/PhysRevLett.84.3714. – DOI 10.1103/PhysRevLett.84.3714

[106] KHOMSKII, D. I. ; KUGEL, K. I.: Elastic interactions and superstructures in manganites and other Jahn-Teller systems. In: *Phys. Rev. B* 67 (2003), Apr, Nr. 13, S. 134401. http://dx.doi.org/10.1103/PhysRevB.67.134401. – DOI 10.1103/PhysRevB.67.134401

[107] POPOVIC, Z. ; SATPATHY, S.: Cooperative Jahn-Teller Coupling in the Manganites. In: *Phys. Rev. Lett.* 84 (2000), Feb, Nr. 7, S. 1603–1606. http://dx.doi.org/10.1103/PhysRevLett.84.1603. – DOI 10.1103/PhysRevLett.84.1603

[108] OLEŚ, Andrzej M. ; KHALIULLIN, Giniyat ; HORSCH, Peter ; FEINER, Louis F.: Fingerprints of spin-orbital physics in cubic Mott insulators: Magnetic exchange interactions and optical spectral weights. In: *Phys. Rev. B* 72 (2005), Dec, Nr. 21, S. 214431. http://dx.doi.org/10.1103/PhysRevB.72.214431. – DOI 10.1103/PhysRevB.72.214431

[109] ROSCISZEWSKI, Krzysztof ; OLEŚ, Andrzej M.: Jahn-Teller distortions and the magnetic order in the perovskite manganites. In: *Journal of Physics: Condensed Matter* 22 (2010), Nr. 42, 425601. http://stacks.iop.org/0953-8984/22/i=42/a=425601

[110] WANG, K. Y. ; EDMONDS, K. W. ; CAMPION, R. P. ; GALLAGHER, B. L. ; FARLEY, N. R. S. ; FOXON, C. T. ; SAWICKI, M. ; BOGUSLAWSKI, P. ; DIETL, T.: Influence of the Mn interstitial on the magnetic and transport properties of (Ga,Mn)As. In: *Journal of Applied Physics* 95 (2004), Nr. 11, 6512-6514. http://dx.doi.org/10.1063/1.1669337. – DOI 10.1063/1.1669337

[111] JUNGWIRTH, T. ; WANG, K. Y. ; MAŠEK, J. ; EDMONDS, K. W. ; KÖNIG, Jürgen ; SINOVA, Jairo ; POLINI, M. ; GONCHARUK, N. A. ; MACDONALD, A. H. ; SAWICKI, M. ; RUSHFORTH, A. W. ; CAMPION, R. P. ; ZHAO, L. X. ; FOXON, C. T. ; GALLAGHER, B. L.: Prospects for high temperature ferromagnetism in (Ga,Mn)As semiconductors. In: *Phys. Rev. B* 72 (2005), Oct,

Literaturverzeichnis

Nr. 16, S. 165204. http://dx.doi.org/10.1103/PhysRevB.72.165204. – DOI 10.1103/PhysRevB.72.165204

[112] SATO, K. ; BERGQVIST, L. ; KUDRNOVSKÝ, J. ; DEDERICHS, P. H. ; ERIKSSON, O. ; TUREK, I. ; SANYAL, B. ; BOUZERAR, G. ; KATAYAMA-YOSHIDA, H. ; DINH, V. A. ; FUKUSHIMA, T. ; KIZAKI, H. ; ZELLER, R.: First-principles theory of dilute magnetic semiconductors. In: *Rev. Mod. Phys.* 82 (2010), May, Nr. 2, S. 1633–1690. http://dx.doi.org/10.1103/RevModPhys.82.1633. – DOI 10.1103/RevModPhys.82.1633

[113] SATO, K. ; SCHWEIKA, W. ; DEDERICHS, P. H. ; KATAYAMA-YOSHIDA, H.: Low-temperature ferromagnetism in (Ga, Mn)N: Ab initio calculations. In: *Phys. Rev. B* 70 (2004), Nov, Nr. 20, S. 201202. http://dx.doi.org/10.1103/PhysRevB.70.201202. – DOI 10.1103/PhysRevB.70.201202

[114] TAKAHASHI, Masao: Carrier States in Ferromagnetic Semiconductors and Diluted Magnetic Semiconductors - a Coherent Potential Approach-. In: *Materials* 3 (2010), Nr. 6, 3740–3776. http://dx.doi.org/10.3390/ma3063740. – DOI 10.3390/ma3063740. – ISSN 1996–1944

[115] TANG, Guixin ; NOLTING, Wolfgang: Carrier-induced ferromagnetism in diluted local-moment systems. In: *Phys. Rev. B* 75 (2007), Jan, Nr. 2, S. 024426. http://dx.doi.org/10.1103/PhysRevB.75.024426. – DOI 10.1103/PhysRevB.75.024426

[116] TANG, Guixin ; NOLTING, Wolfgang: Effects of dilution and disorder on magnetism in diluted spin systems. In: *physica status solidi (b)* 244 (2007), Nr. 2, S. 735. http://dx.doi.org/10.1002/pssb.200642322. – DOI 10.1002/pssb.200642322

[117] VELICKÝ, B. ; KIRKPATRICK, S. ; EHRENREICH, H.: Single-Site Approximations in the Electronic Theory of Simple Binary Alloys. In: *Phys. Rev.* 175 (1968), Nov, Nr. 3, S. 747–766. http://dx.doi.org/10.1103/PhysRev.175.747. – DOI 10.1103/PhysRev.175.747

[118] NOLTING, W ; OLEŚ, A M.: Effect of finite band filling on the excitation spectrum of the s-f model (magnetic semiconductors). In: *Journal of Physics C: Solid State Physics* 13 (1980), Nr. 5, 823. http://stacks.iop.org/0022-3719/13/i=5/a=013

[119] TAKAHASHI, Masao ; MITSUI, Kazuhiro: Single-site approximation for the s-f model in ferromagnetic semiconductors. In: *Phys. Rev. B* 54 (1996), Oct, Nr. 16, S. 11298–11304. http://dx.doi.org/10.1103/PhysRevB.54.11298. – DOI 10.1103/PhysRevB.54.11298

[120] NOLTING, W. ; HICKEL, T. ; RAMAKANTH, A. ; REDDY, G. G. ; LIPOWCZAN, M.: Carrier-induced ferromagnetism in concentrated and diluted local-moment systems. In: *Phys. Rev. B* 70 (2004), Aug, Nr. 7, S. 075207.

Literaturverzeichnis

http://dx.doi.org/10.1103/PhysRevB.70.075207. – DOI 10.1103/PhysRevB.70.075207

[121] STIER, M. ; NOLTING, W.: Curie temperatures of the concentrated and diluted Kondo-lattice model as a possible candidate to describe magnetic semiconductors and metals. In: *physica status solidi (b)* (2011). http://dx.doi.org/10.1002/pssb.201147059. – DOI 10.1002/pssb.201147059. – ISSN 1521–3951

[122] KREISSL, M. ; NOLTING, W.: Electronic properties of EuB_6 in the ferromagnetic regime: Half-metal versus semiconductor. In: *Phys. Rev. B* 72 (2005), Dec, Nr. 24, S. 245117. http://dx.doi.org/10.1103/PhysRevB.72.245117. – DOI 10.1103/PhysRevB.72.245117

[123] HARRISON, Walter A.: *Electronic structure and the properties of solids: The physics of the chemical bond.* Dover Publications (New York), 1989

[124] STIER, M. ; HENNING, S. ; NOLTING, W.: *The ground state phase diagram of the diluted ferromagnetic Kondo-lattice model.* – unpublished

[125] SANDRATSKII, L. M. ; BRUNO, P.: In: *Phys. Rev. B* 66 (2002), Oct, Nr. 13, 134435 S. http://dx.doi.org/10.1103/PhysRevB.66.134435. – DOI 10.1103/PhysRevB.66.134435

[126] BOUZERAR, G. ; KUDRNOVSKÝ, J. ; BRUNO, P.: In: *Phys. Rev. B* 68 (2003), Nov, Nr. 20, 205311 S. http://dx.doi.org/10.1103/PhysRevB.68.205311. – DOI 10.1103/PhysRevB.68.205311

[127] HILBERT, S. ; NOLTING, W.: In: *Phys. Rev. B* 70 (2004), Oct, Nr. 16, 165203 S. http://dx.doi.org/10.1103/PhysRevB.70.165203. – DOI 10.1103/PhysRevB.70.165203

[128] JUNGWIRTH, T. ; SINOVA, Jairo ; MAŠEK, J. ; KUČERA, J. ; MACDONALD, A. H.: Theory of ferromagnetic (III,Mn)V semiconductors. In: *Rev. Mod. Phys.* 78 (2006), Aug, Nr. 3, S. 809–864. http://dx.doi.org/10.1103/RevModPhys.78.809. – DOI 10.1103/RevModPhys.78.809

[129] ZHAO, L. X. ; STADDON, C. R. ; WANG, K. Y. ; EDMONDS, K. W. ; CAMPION, R. P. ; GALLAGHER, B. L. ; FOXON, C. T.: Intrinsic and extrinsic contributions to the lattice parameter of GaMnAs. In: *Applied Physics Letters* 86 (2005), Nr. 7, 071902. http://dx.doi.org/10.1063/1.1864238. – DOI 10.1063/1.1864238

[130] MATSUKURA, F. ; OHNO, H. ; SHEN, A. ; SUGAWARA, Y.: Transport properties and origin of ferromagnetism in (Ga,Mn)As. In: *Phys. Rev. B* 57 (1998), Jan, Nr. 4, S. R2037–R2040. http://dx.doi.org/10.1103/PhysRevB.57.R2037. – DOI 10.1103/PhysRevB.57.R2037

Literaturverzeichnis

[131] OKABAYASHI, J. ; KIMURA, A. ; RADER, O. ; MIZOKAWA, T. ; FUJIMORI, A. ; HAYASHI, T. ; TANAKA, M.: Core-level photoemission study of $Ga_{1-x}Mn_xAs$. In: *Phys. Rev. B* 58 (1998), Aug, Nr. 8, S. R4211–R4214. http://dx.doi.org/10.1103/PhysRevB.58.R4211. – DOI 10.1103/PhysRevB.58.R4211

[132] BOUZERAR, Richard ; BOUZERAR, Georges: Unified picture for diluted magnetic semiconductors. In: *EPL (Europhysics Letters)* 92 (2010), Nr. 4, 47006. http://stacks.iop.org/0295-5075/92/i=4/a=47006

[133] POPESCU, F. ; EN, C. Ş ; DAGOTTO, E. ; MOREO, A.: Crossover from impurity to valence band in diluted magnetic semiconductors: Role of Coulomb attraction by acceptors. In: *Phys. Rev. B* 76 (2007), Aug, Nr. 8, S. 085206. http://dx.doi.org/10.1103/PhysRevB.76.085206. – DOI 10.1103/PhysRevB.76.085206

[134] CHO, Y. J. ; LIU, X. ; FURDYNA, J. K.: Vanishing of ferromagnetic order in (Ga,Mn)As films at high hole concentrations: beyond the mean field Zener model. In: *Journal of Applied Physics* 103 (2008), Nr. 7, 07D132. http://dx.doi.org/10.1063/1.2836330. – DOI 10.1063/1.2836330

[135] CHO, Y J. ; LIU, X ; FURDYNA, J K.: Collapse of ferromagnetism in (Ga, Mn)As at high hole concentrations. In: *Semiconductor Science and Technology* 23 (2008), Nr. 12, 125010. http://stacks.iop.org/0268-1242/23/i=12/a=125010

[136] SELZER, S. ; MAJLIS, N.: Self-consistent calculation of the surface magnetization profile and the localized magnons in a Heisenberg ferromagnet. In: *Journal of Magnetism and Magnetic Materials* 15 (1980), S. 1095–1097. – ISSN 0304–8853

[137] SHICK, A. B. ; PICKETT, W. E. ; FADLEY, C. S.: Electron correlation effects and magnetic ordering at the Gd(0001) surface. In: *Phys. Rev. B* 61 (2000), Apr, Nr. 14, S. R9213–R9216. http://dx.doi.org/10.1103/PhysRevB.61.R9213. – DOI 10.1103/PhysRevB.61.R9213

[138] ZHANG, Renjun ; WILLIS, Roy F.: Thickness-Dependent Curie Temperatures of Ultrathin Magnetic Films: Effect of the Range of Spin-Spin Interactions. In: *Phys. Rev. Lett.* 86 (2001), Mar, Nr. 12, S. 2665–2668. http://dx.doi.org/10.1103/PhysRevLett.86.2665. – DOI 10.1103/PhysRevLett.86.2665

[139] WESSELINOWA, J. M. ; ILIEV, L. L. ; NOLTING, W.: Magnetic Properties of Thin Ferromagnetic Semiconducting Films. In: *physica status solidi (b)* 214 (1999), Nr. 1, S. 165–174. – ISSN 1521–3951

[140] OLEŚ, Andrzej M. ; FEINER, Louis F.: Exchange interactions and anisotropic spin waves in bilayer manganites. In: *Phys. Rev. B* 67 (2003), Mar, Nr. 9, S. 092407. http://dx.doi.org/10.1103/PhysRevB.67.092407. – DOI 10.1103/PhysRevB.67.092407

Literaturverzeichnis

[141] POTTHOFF, Michael: *Correlated Electrons at Metal Surfaces*. 1999. – Habilitationsschrift, Humboldt-Universität zu Berlin

[142] PETROFF, F. ; BARTHÉLEMY, A. ; MOSCA, D. H. ; LOTTIS, D. K. ; FERT, A. ; SCHROEDER, P. A. ; PRATT, W. P. ; LOLOEE, R. ; LEQUIEN, S.: Oscillatory interlayer exchange and magnetoresistance in Fe/Cu multilayers. In: *Phys. Rev. B* 44 (1991), Sep, Nr. 10, S. 5355–5357. http://dx.doi.org/10.1103/PhysRevB.44.5355. – DOI 10.1103/PhysRevB.44.5355

[143] BRUNO, P. ; CHAPPERT, C.: Ruderman-Kittel theory of oscillatory interlayer exchange coupling. In: *Phys. Rev. B* 46 (1992), Juli, S. 261–270. http://dx.doi.org/10.1103/PhysRevB.46.261. – DOI 10.1103/PhysRevB.46.261

[144] BLOEMEN, P. J. H. ; JOHNSON, M. T. ; VORST, M. T. H. d. ; COEHOORN, R. ; VRIES, J. J. ; JUNGBLUT, R. ; STEGGE, J. aan d. ; REINDERS, A. ; JONGE, W. J. M.: Magnetic layer thickness dependence of the interlayer exchange coupling in (001) Co/Cu/Co. In: *Phys. Rev. Lett.* 72 (1994), Jan, Nr. 5, S. 764–767. http://dx.doi.org/10.1103/PhysRevLett.72.764. – DOI 10.1103/PhysRevLett.72.764

[145] SLONCZEWSKI, J. C.: Overview of interlayer exchange theory. In: *Journal of Magnetism and Magnetic Materials* 150 (1995), S. 13–24. http://dx.doi.org/10.1016/0304-8853(95)00081-X. – DOI 10.1016/0304-8853(95)00081–X

[146] SCHWIEGER, S. ; KIENERT, J. ; LENZ, K. ; LINDNER, J. ; BABERSCHKE, K. ; NOLTING, W.: Spin-Wave Excitations: The Main Source of the Temperature Dependence of Interlayer Exchange Coupling in Nanostructures. In: *Phys. Rev. Lett.* 98 (2007), Jan, Nr. 5, S. 057205. http://dx.doi.org/10.1103/PhysRevLett.98.057205. – DOI 10.1103/PhysRevLett.98.057205

[147] GELFERT, Axel: *On the role of dimensionality in many-body theories of magnetic long-range-order*, Humboldt-Universität zu Berlin, Diplomarbeit, 2000

[148] GELFERT, A. ; NOLTING, W.: Absence of a Magnetic Phase Transition in Heisenberg, Hubbard, and Kondo-Lattice (s-f) Films. In: *physica status solidi (b)* 217 (2000), Nr. 2, S. 805–818. – ISSN 1521–3951

[149] GELFERT, Axel ; NOLTING, Wolfgang: The absence of finite-temperature phase transitions in low-dimensional many-body models: a survey and new results. In: *Journal of Physics: Condensed Matter* 13 (2001), Nr. 27, R505. http://stacks.iop.org/0953-8984/13/i=27/a=201

Literaturverzeichnis

[150] KAWANO, H. ; KAJIMOTO, R. ; KUBOTA, M. ; YOSHIZAWA, H.: Ferromagnetism-induced reentrant structural transition and phase diagram of the lightly doped insulator $La_{1-x}Sr_xMnO_3$ ($x \leq 0.17$). In: *Phys. Rev. B* 53 (1996), Jun, Nr. 22, S. R14709–R14712. http://dx.doi.org/10.1103/PhysRevB.53.R14709. – DOI 10.1103/PhysRevB.53.R14709

[151] MAEZONO, Ryo ; ISHIHARA, Sumio ; NAGAOSA, Naoto: Phase diagram of manganese oxides. In: *Phys. Rev. B* 58 (1998), Nov, Nr. 17, S. 11583–11596. http://dx.doi.org/10.1103/PhysRevB.58.11583. – DOI 10.1103/PhysRevB.58.11583

[152] HEJTMÁNEK, J. ; JIRÁK, Z. ; ŠEBEK, J. ; STREJC, A. ; HERVIEU, M.: Magnetic phase diagram of the charge ordered manganite Pr[sub 0.8]Na[sub 0.2]MnO[sub 3]. In: *Journal of Applied Physics* 89 (2001), Nr. 11, 7413-7415. http://dx.doi.org/10.1063/1.1358345. – DOI 10.1063/1.1358345

[153] TOMIOKA, Y. ; TOKURA, Y.: Global phase diagram of perovskite manganites in the plane of quenched disorder versus one-electron bandwidth. In: *Phys. Rev. B* 70 (2004), Jul, Nr. 1, S. 014432. http://dx.doi.org/10.1103/PhysRevB.70.014432. – DOI 10.1103/PhysRevB.70.014432

[154] KAPLAN, T A. ; MAHANTI, S D.: On the relation of the 'double-exchange' model to low-temperature magnetic properties of doped manganites. In: *Journal of Physics: Condensed Matter* 9 (1997), Nr. 19, L291. http://stacks.iop.org/0953-8984/9/i=19/a=002

[155] GOLOSOV, D. I.: Spin Wave Theory of Double Exchange Ferromagnets. In: *Phys. Rev. Lett.* 84 (2000), Apr, Nr. 17, S. 3974–3977. http://dx.doi.org/10.1103/PhysRevLett.84.3974. – DOI 10.1103/PhysRevLett.84.3974

[156] MEYER, D ; SANTOS, C ; NOLTING, W: Quantum effects in the quasiparticle structure of the ferromagnetic Kondo lattice model. In: *Journal of Physics: Condensed Matter* 13 (2001), Nr. 11, 2531. http://stacks.iop.org/0953-8984/13/i=11/a=310

[157] BODENSIEK, O ; ZITKO, R ; PETERS, R ; PRUSCHKE, T: Low-energy properties of the Kondo lattice model. In: *Journal of Physics: Condensed Matter* 23 (2011), Nr. 9, 094212. http://stacks.iop.org/0953-8984/23/i=9/a=094212

[158] HELD, K. ; KELLER, G. ; EYERT, V. ; VOLLHARDT, D. ; ANISIMOV, V. I.: Mott-Hubbard Metal-Insulator Transition in Paramagnetic V_2O_3: An $LDA + DMFT(QMC)$ Study. In: *Phys. Rev. Lett.* 86 (2001), Jun, Nr. 23, S. 5345–5348. http://dx.doi.org/10.1103/PhysRevLett.86.5345. – DOI 10.1103/PhysRevLett.86.5345

Literaturverzeichnis

[159] BIERMANN, S. ; ARYASETIAWAN, F. ; GEORGES, A.: First-Principles Approach to the Electronic Structure of Strongly Correlated Systems: Combining the *GW* Approximation and Dynamical Mean-Field Theory. In: *Phys. Rev. Lett.* 90 (2003), Feb, Nr. 8, S. 086402. http://dx.doi.org/10.1103/PhysRevLett.90.086402. – DOI 10.1103/PhysRevLett.90.086402

[160] POTERYAEV, AI ; LICHTENSTEIN, AI ; KOTLIAR, G.: Nonlocal Coulomb Interactions and Metal-Insulator Transition in Ti2O3: A Cluster LDA DMFT Approach. In: *Phys. Rev. Lett.* 93 (2004), Nr. 8, S. 086401

[161] SANDSCHNEIDER, Niko: *Strominduziertes Schalten der Magnetisierung*, Humboldt-Universität zu Berlin, Diss., 2009

[162] NOURAFKAN, Reza ; NAFARI, Nasser: Phase diagram of the Holstein-Kondo lattice model at half filling. In: *Phys. Rev. B* 79 (2009), Feb, Nr. 7, S. 075122. http://dx.doi.org/10.1103/PhysRevB.79.075122. – DOI 10.1103/PhysRevB.79.075122

[163] STIER, M. ; NOLTING, W.: Magnetic phase diagrams of manganite-like local-moment systems with Jahn-Teller distortions. In: *Phys. Rev. B* 78 (2008), Oct, Nr. 14, S. 144425. http://dx.doi.org/10.1103/PhysRevB.78.144425. – DOI 10.1103/PhysRevB.78.144425

[164] KUBO, Ryogo: Statistical-Mechanical Theory of Irreversible Processes. I. General Theory and Simple Applications to Magnetic and Conduction Problems. In: *Journal of the Physical Society of Japan* 12 (1957), Nr. 6, 570-586. http://dx.doi.org/10.1143/JPSJ.12.570. – DOI 10.1143/JPSJ.12.570

[165] SINJUKOW, Peter: *A model study for Eu-rich EuO*, Humboldt-Universität zu Berlin, Diss., 2004

[166] PÁLSSON, Gunnar ; KOTLIAR, Gabriel: Thermoelectric Response Near the Density Driven Mott Transition. In: *Phys. Rev. Lett.* 80 (1998), May, Nr. 21, S. 4775–4778. http://dx.doi.org/10.1103/PhysRevLett.80.4775. – DOI 10.1103/PhysRevLett.80.4775

[167] BORGIEL, W. ; HERRMANN, T. ; NOLTING, W. ; KOSIMOW, R.: Electrical Conductivity and Magnetic Order in the Single-Band Hubbard Model. In: *Acta Physica Polonica B* 32 (2001), Februar, S. 383–+

[168] PRUSCHKE, Th. ; COX, D. L. ; JARRELL, M.: Hubbard model at infinite dimensions: Thermodynamic and transport properties. In: *Phys. Rev. B* 47 (1993), Feb, Nr. 7, S. 3553–3565. http://dx.doi.org/10.1103/PhysRevB.47.3553. – DOI 10.1103/PhysRevB.47.3553

[169] KHURANA, Anil: Electrical conductivity in the infinite-dimensional Hubbard model. In: *Phys. Rev. Lett.* 64 (1990), Apr, Nr. 16, S. 1990.

http://dx.doi.org/10.1103/PhysRevLett.64.1990. – DOI 10.1103/PhysRevLett.64.1990

[170] MÖLLER, Götz ; RUCKENSTEIN, Andrei E. ; SCHMITT-RINK, Stefan: Transfer of spectral weight in an exactly solvable model of strongly correlated electrons in infinite dimensions. In: *Phys. Rev. B* 46 (1992), Sep, Nr. 12, S. 7427–7432. http://dx.doi.org/10.1103/PhysRevB.46.7427. – DOI 10.1103/PhysRevB.46.7427

[171] SHARMA, A. ; NOLTING, W.: Ferromagnetism in the multiband Kondo lattice model. In: *Phys. Rev. B* 78 (2008), Aug, Nr. 5, S. 054402. http://dx.doi.org/10.1103/PhysRevB.78.054402. – DOI 10.1103/PhysRevB.78.054402

[172] POTTHOFF, M. ; HERRMANN, T. ; NOLTING, W.: Optimization of alloy-analogy-based approaches to the infinite-dimensional Hubbard model. In: *The European Physical Journal B - Condensed Matter and Complex Systems* 4 (1998), 485-498. http://dx.doi.org/10.1007/s100510050406. – ISSN 1434–6028. – 10.1007/s100510050406

[173] MASTEROV, V. F.: Electron structure of bulk centers in gallium arsenide. In: *Russian Physics Journal* 26 (1983), 910-919. http://dx.doi.org/10.1007/BF00896645. – ISSN 1064–8887. – 10.1007/BF00896645

[174] BEACH, K. S. D. ; ASSAAD, F. F.: Coherence and metamagnetism in the two-dimensional Kondo lattice model. In: *Phys. Rev. B* 77 (2008), May, Nr. 20, S. 205123. http://dx.doi.org/10.1103/PhysRevB.77.205123. – DOI 10.1103/PhysRevB.77.205123

i want morebooks!

Buy your books fast and straightforward online - at one of world's fastest growing online book stores! Environmentally sound due to Print-on-Demand technologies.

Buy your books online at

www.get-morebooks.com

Kaufen Sie Ihre Bücher schnell und unkompliziert online – auf einer der am schnellsten wachsenden Buchhandelsplattformen weltweit! Dank Print-On-Demand umwelt- und ressourcenschonend produziert.

Bücher schneller online kaufen

www.morebooks.de

VDM Verlagsservicegesellschaft mbH
Heinrich-Böcking-Str. 6-8   Telefon: +49 681 3720 174   info@vdm-vsg.de
D - 66121 Saarbrücken   Telefax: +49 681 3720 1749 www.vdm-vsg.de

Printed by Books on Demand GmbH, Norderstedt / Germany